绿色农业·化肥农药减量增效系列丛书

农业航空植保技术应用指南

郭永旺　闫晓静　兰玉彬　袁会珠　主编

中国农业出版社

北　京

图书在版编目（CIP）数据

农业航空植保技术应用指南 / 郭永旺等主编 . —北京：中国农业出版社，2020.12

（绿色农业·化肥农药减量增效系列丛书）

ISBN 978 - 7 - 109 - 27622 - 2

Ⅰ.①农⋯ Ⅱ.①郭⋯ Ⅲ.①农业飞机－植物保护－应用－指南 Ⅳ.①S4 - 62

中国版本图书馆 CIP 数据核字（2020）第 250856 号

中国农业出版社出版

地址：北京市朝阳区麦子店街 18 号楼

邮编：100125

责任编辑：阎莎莎

版式设计：王　晨　　责任校对：周丽芳

印刷：北京中兴印刷有限公司

版次：2020 年 12 月第 1 版

印次：2020 年 12 月北京第 1 次印刷

发行：新华书店北京发行所

开本：720mm×960mm　1/16

印张：16.5　插页：2

字数：305 千字

定价：49.00 元

编写人员

主　　编　郭永旺　闫晓静　兰玉彬　袁会珠

副主编　薛新宇　王国宾　蒙艳华　王志国　刘　越　任宗杰

编写人员（按姓氏笔画排序）：

马富东　王　明　王大川　王凤乐　王凤阁　王志国
王国宾　王晓梅　太一梅　石　鑫　白禄超　兰玉彬
成胜南　朱　航　任文艺　任宗杰　刘　琪　刘　越
刘晓慧　闫晓静　孙　伟　李凤敏　李东波　李永平
李君兴　李健扬　杨　玮　杨丽莉　杨玮光　束　放
肖汉祥　何玲敏　何益民　邹　军　张　帅　张海艳
陈荣汉　陈奕璇　陈蒙蒙　陈鹏超　邵金峰　林正平
尚路英　周洋洋　周晓欣　郑　斌　赵　清　赵东芳
赵同芝　郝风娇　姚伟祥　姚志颖　秦维彩　袁会珠
徐小明　徐伟诚　高圆圆　郭永旺　唐秀军　黄军定
黄梓效　崔宗胤　崔振礼　梁自静　梁淑平　韩　鹏
谢　东　谢春春　蓝子胜　蒙艳华　薛景伦　薛新宇
魏　媛

编组单位：全国农业技术推广服务中心

前　言

　　随着我国农业现代化进程的不断推进，土地流转和规模化农业快速发展，耕、种、收机械化程度不断提高，但在田间管理的重要环节，即农作物病虫害防治的环节，机械化程度明显不足，已成为制约我国全面实现农业现代化的最后短板。2014年，中国工程院31位院士联名向国家提出《关于加快推进我国农业航空植保产业创新发展的建议》。同年，中央1号文件明确提出要"加强农用航空建设"，有力地推动了我国农业航空植保产业的发展。2015年，农业部印发《到2020年农药使用量零增长行动方案》，2016年国家设立一批化肥农药双减重点研发计划项目，其中"地面与航空高工效施药技术及智能化装备"项目，共有43家科研、教学、推广单位和生产企业开展联合攻关，多家航空植保方面的企业参与了项目的实施，全面推进我国航空植保技术的升级换代和创新发展。项目5年的科研协作研究与田间大量试验示范表明，采用植保无人飞机（也称植保无人机）等航空植保技术能够提高靶标作物上药液沉积和减少农药流失，实现精准减量施药；能够解决地面机具无法作业时的病虫害防治问题。农业航空植保实现了人机分离作业，降低劳动强度，大大提高作业效率，避免农药中毒事故的发生，达到减少农药使用量、提高农药利用率的目的。在项目的带动下，以植保无人飞机低空低容量施药技术为代表的现代航空植保技术发展迅猛。目前全国涉足植保无人飞机制造和植保服务的企业达200多家，2019年我国植保无人飞机保有量达到5万架，作业面积达2 933.3万 hm² 次，通航农用飞机飞行4万架次，作业面积达326.7万 hm² 次。我国航空植保已经呈现出蓬勃发展的趋势，农业航空植保很好地解决了病虫害防治工作中劳动力资源缺乏、人工成本高、传统植保机械作业效率低等现实问题。随着精准农业、智慧农业时代的到来，以植保无人飞机为代表的航空植保产业将迎来高速发展，并酝酿形成一个高产值的新业态和新市场。因此，社会各界对农业航空植保技术的关注度也越来越高。在市场前景和行业需求的推动下，全国农业技术推广服务中心联合中国农业科学院植物保护研究所和华南农业大学、山东理工大学，与全国各地植保站、通航公司及植保无人飞机生产和从事植保专业化服务的企业共同编写了《农业航空植保技术应用指南》一书。

　　该书主要面向学校和科研单位从事航空植保的科研人员及学生、全国植保系统技术人员、专业化统防统治组织以及广大的航空植保作业飞手。本书系统、全面地介绍了我国农业航空植保的现状、发展历史和发展前景，常用农业航空飞机的种类及性能，航空植保作业药剂、助剂的选择与使用，航空植保施药参数的选择。并结合航空植保在水稻、小麦和玉米等作物病虫害防治中的田间应用实例系统介绍了航空植保药剂沉积测定方法、飘移评价方法、风场测定方法以及防治效果评价等内容。

　　该书的出版有利于国家重点研发计划项目研究成果的转化以及满足航空植保行业的需求，有利于我国航空植保行业的健康有序和快速发展。

编　者
2020 年 4 月

目 录
CONTENTS

第一章 <<<
农业航空植保发展历程与前景展望

一、国外农业航空设备发展现状

（一）国外载人农业航空设备的发展情况

将航空设备应用于农业是由美国首先提出并实际应用的，美国在飞机发明后不久的 1918 年将其应用于喷洒农药杀灭棉花害虫，开创了农业航空的历史。随后，经历第二次世界大战后，大量的退役航空设备开始应用到农业领域，为农用航空的快速发展奠定了基础。与此同时，全球对粮食需求的增加，农药产品的发展以及对病虫草害快速、高效防治方式的需求，都在一定程度上推动了农业航空的发展。

美国农业航空作业项目主要包括播种、施肥、施药。由于美国的农场经营规模大，多采用现代化的精准农业技术，如全球定位系统（GPS）自动导航、施药自动控制系统、各种作业模型等。在此基础上，美国实现了高效、作业精准，并且对环境污染较低的农业航空体系。美国目前已拥有农业航空作业服务公司 1 625 家、农业飞机和航空材料生产企业 500 多家、大型农业飞机制造企业 4 家，其中美国空中拖拉机公司（Air Tractor, Inc.）的产品占了农业飞机市场的大部分份额，飞机价格为 100 万～140 万美元。美国农用飞机有 20 多个品种，88％的农用飞机为固定翼飞机，载重为 0.5～1.5 t。美国农业航空服务的重要特点是具有强大的农业航空组织体系，包括国家农业航空协会和近 40 个州级农业航空协会，其 1 700 名会员主要包括企业负责人和飞行员。美国实际在用的飞机大约有 4 000 多架，在册的农用飞机驾驶员 3 000 多名，平均具有 25 年的职业经历，人均大于 10 000 h 的飞行时间，年处理耕地面积近 0.33 亿 hm²，占总耕地面积的 40％以上，森林植保作业 100％采用航空作业方式，航空植保作业效率可达 100 hm²/h 以上，农业飞机都配备精密仪器和设备，如流量控制设备、实时气象测试系统和精确喷洒设备。美国农业航空对农业的直接贡献率为 15％以上，且美国政府大力扶持农业航空产业，进一步推动了美国农业航空技术与产业发展。

澳大利亚、加拿大、巴西、俄罗斯等国家农业航空的发展模式与美国类似，目前主要机型为有人驾驶的固定翼飞机和旋翼直升机。例如俄罗斯，地广人稀，拥有数目庞大的农用飞机作业队伍，数量高达 1.1 万架，作业机型以有人驾驶固定翼飞机为主，年处理耕地面积约占总耕地面积的 35％以上。加拿大与俄罗斯情况类似，目前加拿大农业航空协会（Canada Agricultural Aviation Association，CAAA）共有会员 169 个。巴西作为发展中国家，在国家政策的扶持下，包括农业航空在内的通用航空发展迅速，巴西农业航空协会（Brazilian National Agricultural Aviation Association，SINDAG）目前共有单位会员 143 个，截至 2019 年，巴西注册农用飞机约 2 280 架，主要机型包括固定翼飞机和旋翼直升机。墨西哥、阿根廷、新西兰和澳大利亚农用飞机数量紧随巴西之后，分别为 2 000 架、1 200 架、300 架和 300 架。

（二）国外植保无人飞机的发展情况

与有人驾驶固定翼飞机不同，包含中国在内的日本、韩国等东亚国家主要采用植保无人飞机进行施药。日本是最早将微小型农用无人飞机用于农业生产的国家。20 世纪 50～70 年代，日本进入经济高速增长时期，农村过剩人口被工商业迅速吸收，逐步出现了农村人口的老龄化现象。为确保粮食生产安全，同时提高作业效率，1958 年开始日本将有人直升机投入稻田进行害虫和稻瘟病防治，利用有人直升机进行农药喷施的面积为 100 hm²，到 1993 年达到 2 100 000 hm²，有人直升机施药几乎遍及整个日本。但是，有人直升机农药喷施飞行高度在 8～13 m，飞行速度达到 60～80 km/h，农药喷施出现大量飘移而引起环境污染问题，还伴随着坠机、作业操作安全事故等突出问题。1983 年日本农林水产省做出了农业航空植保作业有人直升机和无人直升机共同参与的决定，同年农林水产省下属的社团法人组织日本农林水产航空协会委托雅马哈发动机株式会社从事农用无人植保作业器械的研究，1987 年研制出世界上第一台农业用无人直升机 R50（图 1 - 1），

图 1 - 1　喷药无人直升机 R50

并且于次年开始销售。经过 10 年的作业实践和改进，1997 年研发出了具有飞行姿态控制系统且性能大幅提升的 RMAX 新机型。2003 年推出具有 GPS 导航特性，在飞行稳定性控制方面有较大改进的 RMAX ⅡG 型植保无人直升机，于 2017 年投入市场的 FAZERR G2 型无人直升机能够达到载重 40 kg，最大飞行高度 2 800 m，续航距离 90 km。

日本植保无人直升机保有量呈现出逐年增长的趋势，从 1990 年的 106 台，到 1993 年的 307 台，年均增长 67 台，无人直升机植保作业面积也相应地从 25 hm² 增加到 123 hm²；1994—2005 年，植保无人直升机年均增长量为 179 台，无人直升机植保作业面积也相应地从 172 000 hm² 涨到 282 000 hm²；2006—2011 年，年均增长约 40 台，2011 年植保无人直升机保有量为 2 378 台，2011 年无人直升机植保作业面积已达到 353 000 hm²，截至 2015 年日本植保无人直升机保有量为 2 668 台。

2013 年日本雅马哈发动机株式会社对现有病虫害防治手段做了作业效率及病虫害防治情况的详细调查，结果为：①以 1 hm²（100 m×100 m）作业面积为例，背负式喷雾器作业需要时间为 160 min，乘坐式拖拉机喷雾作业时间为 60 min，无人直升机作业时间为 10 min。②从图 1-2 可以看出，日本水稻病虫害防治以无人直升机占有较高比例（22%），而有人直升机仅占防治面积的 2%。③从图 1-3 可以看出，1995—2014 年，有人直升机水稻防治面积所占比例逐年降低，无人直升机防治面积所占比例逐年升高，在 2003 年有人直升机对水稻病

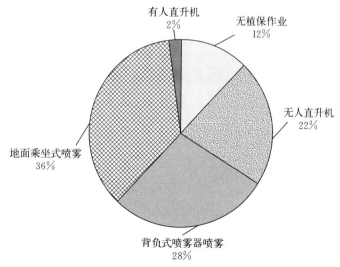

图 1-2　日本水稻病虫害防治器械覆盖率（2013 年）

虫害的防治面积首次少于无人直升机，之后无人直升机植保作业率一直高于有人直升机植保作业率，无人直升机逐渐替代有人直升机成为水稻病虫害防治的主要手段。

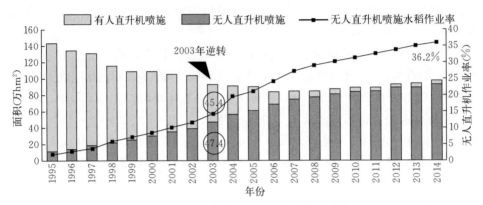

图 1-3　日本有人直升机和无人直升机水稻病虫害防治对比（1995—2014 年）

从日本近 30 年的植保无人飞机发展历程可以看出，在农业航空植保方面经历了从无到有，从有人直升机到无人直升机的快速发展阶段，其中，雅马哈发动机株式会社在植保无人飞机方面的研究和发展为日本农业航空的发展做出了重要贡献。在无人飞机施药实践过程中，日本农林水产航空协会对有人直升机和无人直升机在施药高度、喷幅、飞行速度等方面做出了经验总结，如图 1-4 所示。

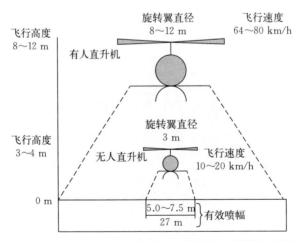

图 1-4　日本有人直升机和无人直升机航空施药技术指标

农业航空植保技术的健康发展，除了加大力度研究无人飞机施药关键技术以外，还需要加强农业航空植保无人飞机的管理工作。日本农业机械政府管理体系大体上分为农业水产省和地方农政局。植保无人飞机的中央级管理归属于农业水产省消费安全局，在地方归属于消费安全部管理。植保无人飞机作业管理相关政策制定由农业水产省消费安全局发布，2017 年发布的无人飞机植保农药配施利用技术指导准则（28 消安第 1118 号、地农第 1046 号），为确保航空植保无人飞机作业的安全做了如下规定：

植保无人飞机必须以航空法（昭和 27 年法律）第 231 号第 2 条第 22 项中的规定为准，空中散布是指利用无人飞机进行农药、化肥的喷施以及播种，实施主体指的是各级植保作业行政机构、联防虫害团体、飞防作业人员及农户。作业者必须具备无人飞机植保作业的基础知识和操作技能，并且要获得日本农林水产航空协会认可。

航空植保作业必须遵守国土交通省航空局和农林水产省消费安全局联合颁布的规则，如国空法第 734 号、国空机第 1007 号、27 消安第 4546 号。列出了航空植保无人飞机机型、飞行参数、农药喷施方法、操作人员技能等要求；详尽地列出了实施主体必须遵循的规则以及事故发生时的对策；规定了《植保无人飞机施药实施计划书》和《植保无人飞机施药药效评估报告书》的填写方法和提出流程（图 1-5）。

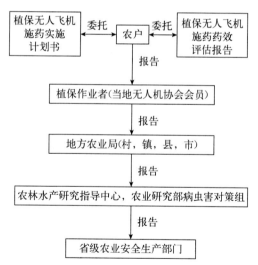

图1-5 《植保无人飞机施药实施计划书》和《植保无人飞机施药药效评估报告书》提交流程

对植保无人飞机作业进行管理的《无人飞机植保农药喷施利用技术指导准则》(28 消安第 1118 号) 发布于 2016 年 5 月 31 日，其中对"宗旨、无人飞机相关术语定义、与农药喷施相关的机构和协会、空中施药的实施细则、根据航空法的规定申请实施作业、事故发生时的对策、操作者资格、药液喷施后的药效、空中施药药效统计表以及相关信息的收集整理"等做出了细致明确的规定，并在技术准则中制定了一系列相关的规范、作业以及效果评估规程，具体包括：

《植保无人飞机施药实施计划书》确定了植保无人飞机施药主体（农户和施药单位）、无人飞机操作者情况（姓名和技能证书编号）、施药机型、施药地点、农作物名称、病虫害名称及特征、施药面积、施药量、作业飞机数量等具体细节。

《植保无人飞机施药作业事故发生报告书》要求详细记录施药过程中发生的事故具体情况、事故应对措施、事故原因分析以及再发生事故的对策。

《植保无人飞机施药药效评估报告书》包括《植保无人飞机施药实施计划书》提及的信息及实施时间，该实施效果报告书由农户和作业者共同确认并提交地方农政局。日本的植保无人飞机空中施药飞行许可法令文件国空航第 734 号、国空械第 1007 号、27 消安第 4546 号等是由日本国土交通省航空局和农林水产省消费安全局联合发文。这些法令明确了申请的手续和申请记载事项的确认，申请内容包括申请者姓名、无人飞机概况、飞行路线及目的、飞行高度、飞行施药效果评估报告、作业领域的通告以及事故报告书等，表 1－1 列出了《植保无人飞机施药作业事故发生报告书》范例。

除了政府对农业航空植保作业进行管理外，日本还专门成立了由航空无人飞机植保相关企业人员组成的社团组织——日本农林水产航空协会，该协会成立于1962 年，其目的是利用农业航空确保农林水产业的健康稳定发展，提高生产率，确保国民的粮食安全，并且保护自然生态环境，其主要工作内容为：开展与农业航空相关的技术研究，农业航空安全的教育及农业航空无人飞机的质量监管与鉴定工作，航空植保作业过程的监管与调查，以及协会拟定的其他农业航空的相关工作。纵观日本农业航空 30 年发展历史，在农林水产省和以企业为主的团体组织——日本农林水产航空协会的大力推动下，农业航空得以健康、快速的发展。与此同时，作为企业的雅马哈发动机株式会社和大批专家学者在农业航空植保装备制造以及无人飞机控制技术方面也做出了应有的贡献。

除了日本，巴西无人飞机也在近几年蓬勃发展。根据巴西工业联合会提供的数据，2019 年，巴西有超过 15 万架无人机，主要用途为农业、摄影等，截至2019 年 7 月，大约 35％的无人机被用于农业综合活动。美国 MicaSense 公司预测，巴西将在 2019 年成为全球第三大无人机市场。巴斯夫股份公司的数字农业平台、深圳市大疆创新科技有限公司、北方天途航空技术发展（北京）有限公司（TTA）等都在大力涉足巴西无人机领域。当前，无人机已成为巴西飞防中一股不可小觑的力量。

表 1-1 《植保无人飞机施药作业事故发生报告书》范例

事故报告人单位:					
事故报告人姓名:					
事故报告人联系地址:					
事故报告人联系电话:					
事故报告时间:					
报告基本情况					
1	事故发生时间	( )年( )月( )日( )时( )分 无人飞机植保作业时间: ( )时( )分			
2	发生地点	要求精确到（县，区，村，组）			
3	无人飞机操控人员	姓名:		技能认定证书编号:	
4	使用无人飞机机型	机型:		机型登记号:	
5	作业时天气情况	天气:	气温:	风向:	风速:
6	作业内容	1. 农药 2. 肥料 3. 种子 4. 测量与调查 5. 其他			
		作物:		病虫害:	
7	药剂	药剂名称:			
		稀释倍数:		无人飞机载药量:	
8	植保施药主体	农户:			
		无人飞机施药单位:			
9	作业人员统计	无人飞机操作人员: 名			
		植保作业时安全管理人员: 名			
		其他人员: 名			
10	事故概要	人身事故: 名		机体事故:	
		药害事故:		其他:	

	灾害情况	情况确认	有无	其他详情描述
11	人身伤害	无	确认中	有
	家畜伤害	无	确认中	有
	农作物药害	无	确认中	有
	药剂随意倾倒	无	确认中	有
	无人飞机机体损伤	无	确认中	有
	周边设施损伤	无	确认中	有
	其他损伤	无	确认中	有

12	事故处理情况记录	
13	其他相关部门协助处理情况记录	
14	事故发生原因分析	
15	事故再发生对策	

二、国内农业航空设备发展现状

(一) 国内载人农业航空设备的发展情况

我国农业航空开始于 1952 年，当时民用航空开辟了直接为工业、农业生产服务的专业航空。民航飞机第一次担任农业飞行是在江苏沛县的微山湖畔，喷撒百分之一丙体六六六粉防治蝗虫，这是民航史上第一次示范性的农业飞行，杀虫效果在 80% 以上，得到了广大群众的好评和支持。随着农业生产的发展，民航农业飞行的工作量不断增加，防治范围逐年扩大，已由飞机治蝗，发展到防治棉花蕾铃期的害虫、小麦吸浆虫、稻螟、稻瘟病、小麦锈病和小麦根外追肥、播草种和种树等。1953—1958 年飞机防治面积增加了 95 倍，1959 年的防治面积迅速增加到 200 多倍。如飞机治蝗面积，1953 年只占治蝗面积的 3.2%，而 1959 年飞机治蝗面积达到了 42%。20 世纪 50 年代初期至 60 年代中期，我国农业航空主要以喷施粉剂为主。但随着蝗害得到有效控制和航空喷粉对环境的重度污染，航空喷雾开始出现，并逐步取代航空喷粉。航空喷雾取代航空喷粉，这主要取决于航空喷雾的优势，航空喷雾可根据作业对象的不同，调控雾滴大小，且喷雾雾滴较粉剂在作物表面能更好地沉积和附着，造成的农药飘移和对环境的污染也较少，因此作业质量和效果较好。

20 世纪 70 年代中期之前，飞机喷雾均采用常量作业，一般每公顷喷施量为 30～40 L，每架次作业面积 25～30 hm^2，虽然作业效率比地面人工作业高很多，但在作业集中繁忙季节，因飞机作业面积大、时间紧，往返场空中耽误时间多，不能满足农业生产上适时施药的需要。随着 1975 年航空超低容量喷雾试验的成功和推广应用，我国农业航空喷施技术的发展步入了一个新的历史时期，推动了飞机作业项目的多元化。特别是飞机超低容量喷雾技术在水源缺乏和作业区较远地区的应用，显示了其不可替代的优势。在防治森林病虫害、草原蝗虫、蚊蝇及疫情消毒方面也发挥了突出的作用。这在 1976 年我国唐山发生大地震时，出动农用飞机超低容量喷洒马拉硫磷杀灭蚊蝇、控制疫病流行的过程中得到了最好的印证。

我国航空施药采用的机型主要是固定翼飞机和旋翼式（直升）飞机。在 20 世纪 80 年代以前，我国使用的农用飞机都是单一的 Y-5 型飞机。80 年代中期，国产 Y-11 型飞机问世，后又经过研制改为 Y-11 改进型并在生产中应用，在此期间从澳大利亚和波兰引进了空中农夫（PL-12）和 M-18 两种机型。80 年代后期，我国自行研制的 N-5A、Y-5B 机型也相继投入使用。2000 年以后，又从国外引进了空中拖拉机和 GA-200、M-18A 农用机型。旋翼直升机主要由国外引进，如 Bell206、罗宾逊 R44 和小松鼠。

根据《2015 年民航行业发展统计公报》公布的数据，2014 年中国有人驾驶航空器的持证通航企业 239 家，其中实际开展涉农航化作业的 56 家，2014 年涉农航化作业飞行小时数为 38 220 h，其中防治病虫害占 65%，航空护林占 18%，占总作业飞行时间的 83%。2014 年度有人驾驶航空器涉农航化作业情况如表 1-2 所示，不同作业类型的占比情况如图 1-6 所示。

表 1-2 2014 年度有人驾驶航空飞机农林航化作业情况

序号	单位名称	农林业航空作业时间/h
1	北大荒通用航空有限公司	7 422
2	新疆通用航空有限责任公司	2 839
3	东北通用航空有限公司	2 692
4	山东通用航空服务有限公司	1 962
5	中国飞龙专业航空公司	1 916
6	荆州市同诚通用航空有限公司	1 753
7	齐齐哈尔鹤翔通用航空责任有限公司	1 701
8	榆树通用航空有限公司	910
9	沈阳通用航空有限公司	902
10	湖北银燕通用航空有限公司	887
11	广州穗联直升机通用航空有限公司	873
12	黑龙江凯达通用航空有限公司	844
13	武汉通用航空有限公司	790
14	江苏华宇通用航空有限公司	721
15	海直通用航空有限责任公司	678
16	青岛直升机航空有限公司	660
17	山东高翔通用航空有限公司	646
18	山西三晋通用航空有限责任公司	588
19	西安直升机有限公司	554
20	荆门航空公司	538
21	湖南华星通用航空有限公司	502
22	呼伦贝尔天鹰通用航空有限责任公司	465
23	秦皇岛市佰德恩飞行运动有限公司	453
24	珠海中航通用航空有限公司	442
25	青山绿水通用航空有限公司	428

（续）

序号	单位名称	农林业航空作业时间/h
26	湖北楚天通用航空有限公司	410
27	辽宁鹏飞通用航空有限公司	374
28	徐州农用航空站	355
29	齐齐哈尔昆丰通用航空有限公司	346
30	四川三星通用航空有限责任公司	311
31	海南三亚亚龙通用航空有限公司	293
32	北京天鑫爱通用航空有限公司	278
33	大庆通用航空有限公司	271
34	鄂尔多斯通用航空有限责任公司	266
35	云南英安通用航空有限公司	243
36	东方通用航空公司	229
37	北京首航直升机通用航空有限公司	228
38	河北中航通用航空有限公司	217
39	新疆开元通用航空有限公司	203
40	山东黄河口通用航空有限公司	198
41	四川天翼飞行俱乐部有限公司	160
42	河南蓝翔通用航空公司	159
43	中飞通用航空公司	148
44	四川奥林通用航空有限责任公司	126
45	山西成功通用航空服务有限责任公司	115
46	北京润安通用航空有限公司	90
47	白城通用航空责任有限公司	86
48	安阳通用航空有限责任公司	79
49	江西长江通用航空公司	77
50	四川西林凤腾通用航空有限公司	75
51	广东聚翔通用航空有限责任公司	63
52	天津拓航通用航空有限公司	58
53	浙江东华通用航空有限公司	48
54	湖南衡阳通用航空有限公司	33
55	山东海若通用航空有限公司	17
56	青海飞龙通用航空有限公司	8

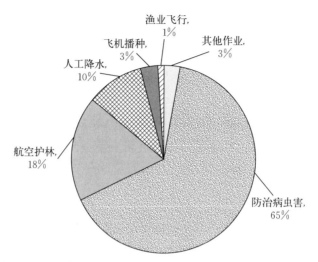

图1-6 2014年度有人驾驶航空飞机不同作业类型作业时间占比

从2014年到2019年，有人驾驶航空飞行架次和施药面积稳步地逐年上升，其中施药80%以上是用于水稻、玉米和小麦病虫害防治中。图1-7显示了不同年份有人驾驶航空飞机的飞行架次。图1-8显示了不同年份有人驾驶航空飞机喷施面积和作物分布。

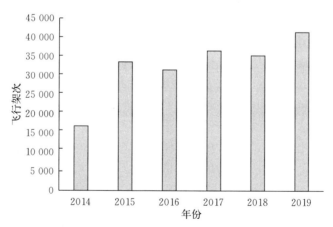

图1-7 2014—2019年有人驾驶航空飞机飞行架次

（二）国内植保无人飞机的发展情况

近年来，我国农业航空产业发展迅速，特别是农业航空重要组成之一的植保无人飞机发展迅猛。植保无人飞机航空施药作业作为国内新型植保作业方式，与

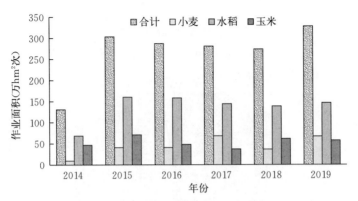

图 1-8　2014—2019 年有人驾驶航空飞机在不同作物上的作业面积

传统的人工施药和地面机械施药方法相比，具有作业效率高、成本低、农药利用率高的特点，并且可有效解决高秆作物、水田和丘陵山地人工和地面机械作业难等问题，是应对大面积突发性病虫害防治，缓解由于城镇化发展带来的农村劳动力不足，减少农药对操作人员的伤害等问题的有效方式。与有人驾驶固定翼飞机和直升机相比，植保无人飞机具有机动灵活、不需专用的起降机场的优势，特别适用于我国田块小、田块分散的地域和民居稠密的农业区域；且植保无人飞机采用低空低量喷施方式，旋翼产生的下压风场有助于增加雾滴对作物的穿透性，防治效果相比人工与机械喷施方式提高了 15%～35%。因此，植保无人飞机航空施药已成为减少农药用量和提升农药防效的新型有力手段。

目前，国内用于植保作业的无人飞机产品型号、品牌众多，从升力部件类型来分，主要有单旋翼植保无人飞机和多旋翼植保无人飞机等类型；从动力部件类型来分，主要有电动植保无人飞机和油动植保无人飞机等类型；从起降类型来分，主要有垂直起降型和非垂直起降型。其中，非垂直起降型无人飞机的飞行速度高、无法定点悬停，现有技术条件下不能满足植保作业要求，常用来进行遥感航拍等作业。因此目前市场上常见的植保无人飞机机型主要是单旋翼和多旋翼的垂直起降型无人飞机，包括油动单旋翼植保无人飞机（图 1-9）、电动单旋翼植保无人飞机（图 1-10）和电动多旋翼植保无人飞机（图 1-11）等类型。

图 1-9　油动单旋翼植保无人飞机

图 1-10　电动单旋翼植保无人飞机

图 1-11　电动多旋翼植保无人飞机

　　各种类型的植保无人飞机空机质量为 10～50 kg，作业高度 1.5～5.0 m，作业速度小于 8 m/s，植保作业效率可达 0.067～0.134 hm²/min，日作业能力在 20～40 hm²。单旋翼植保无人飞机（电动机型与油动机型）药箱载荷多为 12～20 L，部分油动机型载荷可达 30 L 以上。目前，已有企业研制了载荷 70 L 的机型，但未进入规模应用阶段。多旋翼植保无人飞机以电池为动力，较单旋翼无人飞机载荷少，载荷范围多为 5～15 L，且其自动化程度高，主流企业已实现了航线自动规划、一键起飞、全自主飞行、RTK 差分定位、断点续喷等功能；部分电动机型还具备了仿地飞行（地形跟随）、自主避障、夜间飞行、一控多机等功能。油动机型自动化程度较电动机型略低，日常作业中已实现一键启动、半自主飞行（如 A-B 点作业）、定高定速等功能。

　　电动机型和油动机型、单旋翼机型和多旋翼机型各有优缺点（表 1-3）。总体来看，多旋翼植保无人飞机机型以电池为动力，由于其技术门槛低，结构和技术相对简单，企业容易掌握其生产技术、工艺技术和控制系统技术，因此绝大多数植保无人飞机企业都有生产销售。同时，由于电动多旋翼植保无人飞机易于实现智能化控制，可靠性较高，操控容易，培训周期短，对操作人员的操作水平要求低，且其销售价格较低（一般 5 万～10 万元，甚至更低），农户容易承受，市场占有份额相对较大。油动植保无人飞机的机型以单旋翼结构为主，其结构和控制系统较为复杂，技术门槛高，一些小企业难以掌握其生产技术和控制技术，所以国内生产销售油动单旋翼植保无人飞机的企业不多。且油动单旋翼植保无人飞机的控制难度大，不易掌握，对驾驶员的操作水平要求高，需要长时间的操控培训，因此成本较高，导致售价较高（一般需要 20 万～30 万元，甚至更高），市场占有量相对较少。据统计，我国植保无人飞机机型约 233 种，其中单旋翼机型 64 种，约占 27.5%，多旋翼机型 168 种，约占 78.1%，固定翼机型 1 种，约占 0.4%；油动力约占 19.7%，电池动力约占 80.3%。上述数据表明，当前中国植保无人飞机以电池为动力的多旋翼机型为主。由于电动多旋翼无人飞机在操作、维护和培训等方面具有显著优势，预计未来几年内，中国植保无人飞机仍将以电动多旋翼为主。

表 1-3　不同类型植保无人飞机优劣势比较

机型	优势	劣势
电动植保无人飞机	环保，无废气，不造成农田污染；结构简单，轻便灵活，易于操作和维护，普及化程度高，售价低，用户易于接受；电机寿命长	载荷较油动机型小，载荷范围 5～15 L；航时短，单架次作业面积小；采用锂电池作为动力源，场外需配置发电机或多块电池
油动植保无人飞机	载荷大，载荷范围可达 15～20 L；航时长，单架次作业面积大；下洗风场大，药液穿透性较好；抗风性能较好	不环保，废气和废油易造成农田污染；售价高，个体用户难以接受；结构复杂，整体维护困难，故障率较高；操控难度大，对操控水平要求高；寿命较短，发动机易磨损
单旋翼植保无人飞机	抗风能力好，下洗风场大、风场稳定、穿透强，喷雾作业效果好	结构较为复杂，价格较高；操控难度较多旋翼机型大，对操作人员的操作水平要求较高
多旋翼植保无人飞机	成本低，价格低；振动小，飞行稳定性好；结构简单，易维护；自动化程度高，容易操控，对操控员要求较低；场地适应能力好，轻便灵活	抗风能力弱；载荷小；下洗风场小、紊乱，穿透力弱，喷雾作业效果略差

据不完全统计，目前国内共有植保无人飞机生产企业 200 多家，绝大多数为中小型企业，技术力量和研发水平较低。这些企业较多由原来的航模生产企业发展而来，其中，一部分是由农药生产企业或农资公司等涉足植保无人飞机领域发

展而来，一部分是由和无人飞机有关的军工企业发展而成，也有部分是新成立的高科技公司。从图 1-12 可以看出，全国各省份植保无人飞机企业分布差异较大。广东省植保无人飞机企业数量最多，达 36 家，约占全国植保无人飞机企业数量的 30%，这一现象很大程度上是受益于广东发达的电子消费行业产业链以及植保无人飞机龙头企业（如深圳大疆创新科技有限公司、广州极飞科技有限公司等）的积极带动。另外，山东、江苏和河南等农业大省的植保无人飞机生产企业数量也较多，分别为 24 家、13 家和 11 家，出现这一现象的主要原因是当地政府给予了相应补贴，极大地促进了植保无人飞机的应用。早在 2014 年，河南省财政就列出专项资金给予植保无人飞机购机补贴，农民或合作组织购置植保无人飞机将享受到 1/3 省财政专项资金补贴和 1/3 农机购置补贴；江苏省在 2014 年也给予了农户购买植保无人飞机进行飞防作业最高可获得无人飞机售价总额 50% 的补贴。其他部分省份分布的植保无人飞机企业数量较少，但作业量需求较大，如地处我国西北地区的新疆维吾尔自治区和我国东北地区的东三省，由于这些地方的地理和气候原因，很多植保无人飞机企业只是在作物作业季节才派遣作业小队和植保无人飞机前往作业，因此，这部分省份所分布的植保无人飞机企业并不多。

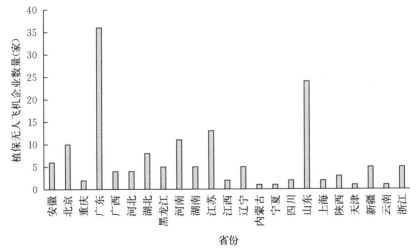

图 1-12　全国部分省份植保无人飞机企业分布

2014 年以来，植保无人飞机在主要粮食作物（水稻、玉米、小麦）病虫害防治上得到了广泛的应用，无论是植保无人飞机的保有量还是其防治面积都有了飞速发展。图 1-13 是 2014—2019 年全国植保无人飞机保有量的变化，图 1-14 是 2014—2019 年全国植保无人飞机防治总面积，以及在水稻、玉米和小麦病虫害防治中的应用面积。从图 1-14 可以看出，在 2014 年植保无人飞机主要应用于水稻、小麦和玉米病虫害的防治，基本占植保无人飞机应用面积的 90% 左右，而随着植保无人飞机性能的发展，其应用逐步拓展到其他作物，到 2019 年植保无人飞机防治面积中只有 66% 左右是用于水稻、小麦和玉米病虫害防治，其应用领域拓展到棉花、花生、马铃薯、油菜、苹果、柑橘、枣、桃、梨等经济作物和果树。

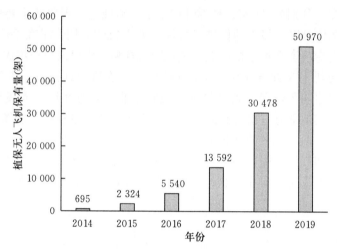

图 1-13　2014—2019 年全国植保无人飞机保有量

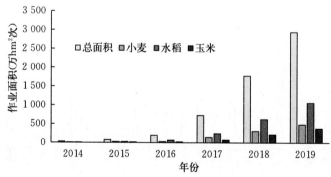

图 1-14　2014—2019 年全国植保无人飞机防治总面积和主要粮食作物上的应用面积

三、农业航空植保发展趋势和前景

目前，我国各种新型农业主体快速发展，家庭农场有 87 万个，各种农场经营合作社达到 121 万个，全国农村承包 3.34 hm² 以上的大户达到 287 万家，家庭农场平均面积达到 13.34 hm²，有 800 多个县市、12 000 多个乡镇建立土地承包经营权流转服务中心。据中国农机流通协会的调查，农机合作组织、种粮大户、家庭农场、农民合作社在消费主体中的比重正以 15% 的年均增长速度快速增长。新型农业主体的崛起，土地高流转率及新形势下农资市场的一系列变革，都在为农业航空植保产业特别是植保无人飞机产业的发展和植保作业的推广应用提供有利条件，未来的农业航空植保服务市场空间也将十分巨大。若 1.20 亿 hm² 耕地的 1/4 采用航空植保作业，平均每 667 m² 每年喷洒农药 3 次，每 667 m² 收费按 15 元计，则年植保服务费约为 200 亿元。因此，国内土地流转的持续进行和巨大的植保服务市场，将对航空植保产业的发展提供有力的支撑，未来的航空植保市场前景十分广阔。

植保无人飞机的飞速发展和巨大市场吸引了越来越多的企业纷纷参与到航空植保领域，整个航空植保行业出现蓬勃发展的态势。随着现代城镇化发展导致的农村劳动力缺失，人口老龄化加快以及人们对生态环境和食品安全的高要求，预计未来航空植保尤其是植保无人飞机技术将在如下几个方面得到发展：

（1）操控智能化。植保无人飞机操作复杂，尤其是单旋翼植保无人飞机，对操作人员的操作能力要求更高。随着植保无人飞机技术的不断发展，无人飞机操控系统会越来越智能化，例如一键起飞、一键降落、一键返航以及暂停等功能将成为标配，用户不需要进行特殊训练，就能很快学会如何操控。

（2）作业精准化。植保无人飞机作业效果是最终影响其应用推广的主要因素之一，因此要求植保无人飞机能实现定高定速、仿地形飞行、轨迹记录、断点记忆、自动避障、自动返航、电子围栏等功能，既可以实现精准高效作业，又降低了操作人员的劳动强度。

（3）功能更优化。目前影响植保无人飞机作业效率的因素之一是载荷量较小、续航时间较短，作业过程中需频繁更换电池及药液，因此需要进一步提高载荷量和续航时间，使得植保无人飞机的时间利用率进一步提高。

（4）喷施装备优化。影响航空作业效果的主要参数包括作业压力、喷雾量、雾滴粒径、雾滴分布性能等，因此研发与优化雾滴谱窄、低飘移的专用航空压力雾化系列喷嘴，防药液浪涌且空气阻力小的异形流线型药箱，轻型、高强度喷杆喷雾系统和小体积、轻质量、自吸力强、运转平稳可靠的航空施药系列化轻型隔膜泵等与航空施药相关的关键部件和设备是未来需要解决的重要问题。

目前，由于植保无人飞机的价格较高，后续的维护保养难度较大，植保无人飞机的购买对象多数是种植合作社、农机服务组织、专业植保服务公司等专业组织，农户/农民个人购机比例较小。植保无人飞机作业时操控难度大，操作人员需要经过专业培训，这就决定了植保无人飞机的作业服务模式必将朝多样化方向发展。预计植保无人飞机的作业服务模式将主要有以下 2 种：

（1）"售卖＋服务"模式。这是目前植保无人飞机生产企业采用的最为普遍的一种模式，由植保无人飞机生产企业自己组织成立专业化飞防组织或植保服务公司，直接开展植保服务作业。例如，广州极飞科技有限公司在新疆成立了新疆极飞农业科技服务有限公司，在河南省等地也建立服务基地，总共有超过 1 000 人的服务团队，并建立了植保无人飞机培训机构极飞学院；安阳全丰航空植保科技股份有限公司先后投资组建海南辉隆全丰航空植保科技有限公司、安徽全丰瑞美福航空植保科技有限公司、河南南阳全丰航空植保科技有限公司、云南全丰航空植保科技有限公司、石河子市全丰航空植保科技有限公司等专业化的飞防服务公司，集销售、维修、培训和植保服务于一身，并投资组建了安阳太行低空空间应用职业培训学校进行植保无人飞机的驾驶培训。相信植保无人飞机"售卖＋服务"模式将会继续沿用和发展。

（2）"专业植保服务"模式。这种模式是只提供服务，不生产植保无人飞机，即由专业的植保服务团队为农户提供专业植保喷药服务，农户不仅可以省去购买和维护植保无人飞机的费用，还可以避免使用植保无人飞机过程中遇到的技术和操作问题。许多专业化的植保服务公司、组织都是采用这一模式，如河南标普农业科技有限公司、农飞客农业科技有限公司、浙江新安化工集团股份有限公司、深圳市芭田生态工程股份有限公司和隆鑫通用动力股份有限公司等涉农企业纷纷进入植保服务市场。其中，河南标普农业科技有限公司以智能云平台为依托，瞄准全国农业优势主产区，采取"标普云平台＋县级服务中心＋乡镇村服务站＋终端农户"模式，科学布局航空植保作业半径，逐步形成全国航空植保专业化服务网格。县级服务中心、乡镇村服务站以当地农民合作社或农资经销公司为依托，通过网上或线下接单，根据病虫害发生情况、农户（经营主体）防治需要和面积，由公司植保专家制订具体作业方案，使用高功效植保无人飞机和飞防专用药剂，对作物进行快速防治。乡镇村服务站每 667 m^2 收取 15～30 元（以小麦为例）费用。目前，公司已经在全国 17 个农业大省（自治区、直辖市）成立 200 余个县级服务中心、3 000 余家乡镇村服务站。通常情况下，重点县级服务中心投放 200 架植保无人机，重点乡镇服务站投放 20 架植保无人机，辐射作业半径 10 km，每个站日作业能力近 666.7 hm^2，比传统人工防治效率提高 12.5 倍。据统计，2017 年该公司在全国调度航空植保作业近 46.7 万 hm^2，其中在河南安阳仅用 10 d 时间完成百万亩* 小麦飞防，2018 年完成飞防作业 140 余万 hm^2 次，仅用 8 d 时间对安阳市 13.3 万 hm^2 优质小麦进行了统防统治，实现了航空植保

---

　　* 亩为非法定计量单位，1 亩＝1/15 hm^2。全书同。——编者注

全国调度跨区作业新的里程碑。2019 年上半年，该公司出动植保无人飞机 5 600 余架，完成飞防作业 180 多万 hm^2，其中在河南集结 2 200 余架植保无人机、2 500 余名无人机操作手，仅用一个月时间就完成 66.6 余万 hm^2 的小麦病虫害统防统治，这开创了植保无人飞机大面积跨区作业的先河。

加快航空植保的推广应用是我国现代农业建设的需要。目前，作业实践已经证明，植保无人飞机及其施药技术由于在不受作物长势和地势限制、提高作业效率、节本增效等方面具有不可替代的优势，在我国取得了极大的进步和应用。随着经济的发展，中国将面临人口老龄化和城镇化发展带来的农村劳动力不足的严峻形势，同时小农户、小规模生产模式也将长期存在。为了保障我国农业的稳定和可持续发展，加快实现农业机械化和现代化的进程，特别是山区与水田的全程机械化作业水平提高已经成为中国国家层面的发展战略，植保无人飞机及其低空低量施药技术取代传统人力背负式喷雾作业符合当前中国农业现代化发展的要求，在较大程度上提升了中国植保机械化水平。

另外，从日本等国外发达国家植保无人飞机的发展历程以及国内的市场需求来看，植保无人飞机方兴未艾，市场前景非常广阔，潜在的应用领域将不断拓展。植保无人飞机在中国是一个新兴产业，植保无人飞机及其施药技术与装备也处于不断发展之中，为保证植保无人飞机的健康发展和推广应用，深入研究植保无人飞机及其低空低量施药技术的迫切性不容忽视；同时，加强国家政府管理部门对植保无人飞机行业的管理、引导和鼓励，对中国航空植保市场的健康有序发展具有重要的促进意义。

我国航空植保已经呈现出蓬勃发展的趋势，植保无人飞机很好地解决病虫害防治工作中劳动力资源缺乏、人工成本费用高、传统植保机械作业效率低等现实问题，快速高效的航空植保作业必将越来越受到统防统治组织的青睐。但是航空植保产业特别是植保无人飞机应用中还存在专用药剂、作业标准、市场管理、政策扶持等一些亟待解决的问题，制约着我国农用航空植保的发展。一是急需登记适应飞防作业特性的专用药剂。航空植保的农药制剂与地面大容量喷雾完全不同，地面喷雾一般药剂要稀释 2 000～3 000 倍，而航空喷雾的药剂仅稀释 8～10 倍，药液浓度远高于地面喷雾，这样增加了药液对农作物药害的风险，因此，航空植保专用农药是生产上急需解决的问题。在调查中发现，航空植保作业较传统的人工作业，最大的优势就是提升了作业效率，可以在短时间之内对大面积的农作物进行防治，为保障飞防效率，调研中发现，每次飞防作业都需要根据防治面积将所需药液提前配制。单架植保无人飞机的作业效率是 25～40 hm^2/d，因此，植保无人机操作手单次的配制药液量多在 10～20 hm^2。而现有的农药制剂，则是按照传统的"现用现配"施药方式来研制的，提前配制的药液在使用过程中，就会逐渐发生沉淀，进而影响防治效果，严重的还会产生药害。除此之外，提前配制的药剂还会因为发生沉淀、物理性状变化等原因无法再继续使用，造成药剂浪费和环境污染等问题。农药科研机构与生产企业应加大研发力度，研制能够抗沉淀、混配性好的适用于飞防的专用药剂，为飞防的发展提供基础性的安全保障。二是急需研究适用于多靶标、混配性好的农药剂型。在飞防作业中，为了提高作业效果，减少作业成本，农户往往要求对常发的多种病害和虫害进行一喷多防。而当下我国农药有效成分大都是为单一病虫害而研制的，因此在飞防作业前，需要对多种药剂成分进行桶混。而植保无人飞机采用超低容量喷雾技术，一般每 667 m² 用药量在 1~1.5 L，在极低用水量的情况下，稀释的药液会发生浑浊、析出、沉淀等现象，在影响作业效率的同时，还会影响到防治的效果，严重的甚至会产生药害。建议农药生产企业研发适于多元混配的新型农药剂型，为航空植保产业的发展提供重要的技术储备。三是急需加强飞防作业监管力度。我国植保无人飞机近年来经过 3~5 次改型，已经日趋完善。但在生产和使用时未有相应的法律法规遵循和严格的准入制度和质量监督，目前市场产品质量良莠不齐，存在多头管理的问题。一方面行业正在蓬勃发展，另一方面，因为监管手段的缺失，不重视防效而大力拼杀价格的情况愈演愈烈。由于植保无人飞机作业的高效率，从某种程度而言，任由不重视防效的组织和个人肆意发展，除了会造成不必要的社会矛盾外，甚至还有可能影响到我国的粮食安全。建议有关政府部门要充分利用物联网、4G 通信、云平台、人工智能、大数据等现代化手段，建立独立的第三方植保作业质量监测平台，加强作业监管，保证农户知情权，是保障农户利益、确保行业健康发展的重要举措。同时，有关技术部门要研究监测航空喷雾后对邻近作物、蜜蜂、畜舍、水源等的影响，为航空植保提供技术支撑。四是急需规范飞防作业标准。随着植保无人飞机的普及和大面积应用，植保飞防作业的从业者越来越多，大量服务组织和个人的涌入，使得飞防服务价格陷入低价竞争的泥潭。为了迎合农户贪图便宜的心理，在调研中发现，在某些地区作业价格已经低至每 667 m² 4 元，为保证运营利润，在低价接单后，飞手只能通过降低作业质量、提升单日作业量来弥补，在调研中发现，某公司飞手操作一架 16 L 药箱的无人机一次起飞喷施 2 hm²，每公顷用药液量 7 500 mL，严重影响作业效果。而当下我国并没有建立规范的、成体系的飞防作业标准，这就让不规范的作业者有了可乘之机。如果不能及时规范飞手的作业行为，那么情况会越来越严重，进而给整个行业带来毁灭性打击。建议农机、植保部门要制定飞防作业规范，明确作业标准，建立考核验收办法，确定飞防作业质量。五是急需建立统一的培训体系。按照现行法律法规，当前我国植保无人飞机的飞手培训工作，全部是由各生产企业来组织实施的，由于缺乏统一的培训标准和培训教材，导致各企业培训出来的飞手素质参差不齐。特别是飞手只能控制飞机，对病虫害和农药安全使用方面的知识一无所知，直接导致在实地作业过程中，存在着潜在的人员安全、靶标作物安全、环境安全、非靶标生物安全等诸多问题。近年来，屡次见诸报端的植保无人飞机安全事件，绝大多数都是由于飞手培训不足引起的。建议由农机和植保部门联合植保无人飞机培训机构建立统一的、完善的、科学的飞手培训体系，统一编写培训教材，推动整个行业健康发展。六是急需完善植保无人飞机补贴机制。我国植保无人飞机的补贴从 2014 年开始，首先是河南省农业厅2014 年将农用植保航空器纳入农机购置补贴，并争取到省财政专项资金对农用植保航空器购置进行累加补贴。全省控制在 300 架左右，按载药量分别实施 3 万元和 4.8 万元的国家农机购置补贴，另外还增加 1 万元和 3.2 万元的省级累加补贴。2018 年国家在 7 个省份开展植保无人飞机补贴试点工作，一些病虫害专业化统防统治组织开始购买植保无人飞机，2019 年由省农业农村部门确定植保无人飞机补贴目录，有 17 个省份实施补贴，但补贴价格基本控制在 1 万～2 万元以内。这一补贴政策的普及和推广，有力地促进了植保无人飞机的发展。在调研中发现，由于植保无人飞机操作难度相对较大，对药剂要求高，容易造成防治效果差，同时，成本高，维修保养难，需要进行过专业的培训才能操作，农民一家一户使用效率低，植保无人飞机并不适于补贴给小农户。建议在农机补贴中明确补贴对象为专业化病虫害防治组织或农机合作社，不建议对小农户进行补贴，才能发挥植保无人飞机的作用和确保作业安全。

第二章 <<<
农业航空植保技术概论

一、通航（固定翼、直升机）飞机的分类和性能

据中国民用航空局年报统计和互联网资料，中国目前有 30 余家农用航空公司，大型农用飞机 400 余架。其中世界先进机型近 100 架，包括 M‐18 型 20 架，AT‐402B 型 6 架，Thrush 510G 型 40 架，贝尔 407 型直升机 2 架，罗宾逊 R66 型直升机 4 架，新洲 60 型和 Y12F 型各 1 架，小鹰 500 型 6 架等；其他机型 300 余架，包括 Y‐5 型 177 架，Y‐11 型 18 架，N‐5 型 16 架，海燕 650 型 14 架，GA‐200 型 6 架，PL‐12 型 1 架等。由上述数据看，近几年中国农业航空发展较快，航空作业的主力机型逐渐与世界接轨。如世界先进机型 M‐18 型、AT‐402B 型、Thrush 510G 型等逐渐成为国内通用航空公司的主力机型，这对于保障中国农业现代化生产和粮食、生态安全做出了巨大的贡献。航空施药是用飞机或其他飞行器将农药液剂、粉剂、颗粒剂等从空中均匀地撒施在目标区域内的施药方法。它在现代化大农业生产中具有特殊的和不可替代的重要地位和作用，其优越性主要表现在以下几个方面：首先，作业效率高，作业效果好，应急能力强。采用飞机航化作业，可以有效地缓解人、机械不足的矛盾。一般飞机作业效率为 53.3~146.7 hm²/h。M‐18A 型飞机每小时可作业 133.3 hm²，较地面机械作业高 10~15 倍，相当于人工喷雾的 300~400 倍。据测算，1 架 Y‐5B 型飞机 10 d 的工作量，相当于 100 台动力喷雾机工作 20 d，相当于地面人工使用 100 台喷雾器工作 160 个工作日。由于飞机作业效率高，作业效果好，在严重春涝、夏涝多雨年份更能显示出飞机作业的优越性。其次，不受作物长势限制，有利于后期作业。随着农业高新技术的推广应用，许多新技术措施，如叶面施肥、喷洒植物生长调节剂等，都是在作物生长的中后期进行，地面大型机械难以进入作业，而使用飞机作业就不受其影响。再次，可适期作业，有利于争取农时。农作物病虫害防治、杂草防除、叶面施肥等作业项目的作业最佳时间很短，只有保证在此期间喷药才能取得好的效果。因此，只有采用飞机作业才能做到这一点。如防治小麦赤霉病，只有在小麦抽穗至扬花期两周内防治；水稻防治穗颈

瘟的最佳时机是在水稻始穗期至齐穗期；大豆叶面施肥（喷施磷酸二氢钾）在大豆盛花期作业增产效果显著；大豆食心虫、玉米螟、水稻潜叶蝇、大豆灰斑病等病虫害防治的有效期都在 10 d 左右，这些技术措施不采用飞机作业，难以在短时间内保证适期防治。还有的农业作业受气候条件影响，尤其在涝灾严重的季节，地面机械无法进地作业；还有些情况，由于地形或作物，如森林地带或香蕉种植园，地面喷雾设施的应用受到限制。此时唯有采用飞机施药可以发挥其特殊功能，起到地面机械不可替代的作用，而且不压实和破坏土壤物理结构。

但是航空施药法亦存在一些缺点：药剂在作物上的覆盖度往往不及地面喷药，尤其在作物的中、下部受药较少，因此，用于防治在作物下部为害的病虫害效果较差。尤其当作物面积太小时，使用飞机喷雾就会将大量的农药喷在相邻地块的作物上，造成浪费、污染或药害。因此施药地块必须相对集中种植同一种作物。如果喷洒的面积不够大，还会因飞机喷雾成本太高而限制其使用。同时，采用飞机大面积防治，往往缩小了有益生物的生存缝隙，并伴有农药飘移，对环境污染的风险高，目前飞机喷洒药剂已基本不用喷粉法而多用喷雾法。在有些发达国家已禁止飞机喷洒农药，认为它会对环境造成严重污染。航空施药均是由受过专门培训的专业人员和专业部门操作与管理，与一般的农药使用有很大的区别。

（一）大型固定翼飞机

1. Y-5B 型飞机

该机型由中国石家庄飞机公司制造，是我国工业、农业、林业生产上使用最广泛的大型飞机，双翼单发，设备比较完善，低空性能好，具有多种用途，可进行物资运输、抢险救灾物资空投、农业航化作业、护林防火、森林灭虫、草原种草、森林播种、水稻播种等作业（彩图 2-1）(表 2-1)。

表 2-1　Y-5B 型飞机主要性能

分类	项目	参数
	作业速度	170 km/h
	喷头类型	液力式喷头、旋转雾化喷头
	作业高度	5~7 m
植保参数	药箱容量	1 000 L
	喷洒幅宽	50 m
	喷洒设备	喷嘴、撒播器
	作业效率	73.3~80 hm²/h

（续）

分类	项目	参数
整机参数	机身长	12.688 m
	机身高	6.097 m
	翼展	18.176 m（上翼）、14.236 m（下翼）
	起飞滑跑距离	180 m
	着陆滑跑距离	230 m
	最大巡航速度	256 km/h
	最大续航时间	7 h
	最大起降允许风速	45°侧风 8 m/s，90°侧风 6 m/s，逆风 15 m/s

2. Y-11 型飞机

该机型由哈尔滨飞机制造厂生产，是我国工业、农业生产使用较为普遍的飞机，以满足农业生产为主，兼顾地质勘探、短途运输、广告宣传。该机型为双发动机单翼，具有低空爬升率大，机动性能好，超越障碍能力强，驾驶舱视野开阔等优势，并能在简易土跑道、草原跑道起降，经济性状好，缺点是无单发性能，故不能参加护林防火及山区作业（彩图 2-2）（表 2-2）。

表 2-2 Y-11 型飞机主要性能

分类	项目	参数
植保参数	作业速度	170 km/h
	作业高度	3～6 m
	药箱容量	800 L
	喷洒幅宽	45 m
	喷洒设备	喷嘴
	作业效率	66.7～73.3 hm²/h
整机参数	机身长	12 m
	机身高	4.46 m
	翼展	17 m
	起飞滑跑距离	160 m
	着陆滑跑距离	140 m
	最大巡航速度	220 km/h
	最大续航时间	6.6 h
	最大起降允许风速	45°侧风 11 m/s，90°侧风 8 m/s，逆风 15 m/s
	最大起飞重量	3 407 kg

3. N-5A 型飞机

该机型是江西洪都飞机制造公司研制生产的农、林两用飞机,为我国自行生产的较先进的机型,目前在农业、森林巡护、森林化学灭火、森林灭虫等作业中应用。主要用途为叶面追肥、防治病虫害,在特定地区进行化学除草,水稻、草原、森林播种,航空护林,森林化学灭虫及飞行广告等(彩图 2-3)(表 2-3)。

表 2-3 N-5A 型飞机主要性能

分类	项目	参数
植保参数	作业速度	170 km/h
	药箱容量	700 L
	喷洒幅宽	农业作业:35 m;森林灭虫:50 m
	喷洒设备	喷嘴
	作业效率	66.7~80 hm²/h
整机参数	机身长	10.487 m
	机身高	3.733 m
	翼展	13.418 m
	起飞滑跑距离	296 m
	着陆滑跑距离	252 m
	最大巡航速度	220 km/h
	最大续航时间	5.06 h
	最大起降允许风速	45°侧风 11 m/s,90°侧风 8 m/s,逆风 15 m/s
	最大起飞重量	2 250 kg
	跑道要求	500 m×30 m

4. M-18 型飞机

M-18 型飞机是由波兰引进的较大型农林飞机,该机型具有多种用途。单发动机单翼,可进行农业航化作业,护林防火,森林、草原灭虫,植树造林,草原、水稻播种等作业。超低空性能好、载量大、设备仪器先进,适于大面积作业,是目前国内最先进的农用机型(彩图 2-4)(表 2-4)。

表 2 - 4　M - 18 型飞机主要性能

分类	项目	参数
植保参数	作业速度	180 km/h
	药箱容量	1 350～1 500 L
	喷洒幅宽	农业除草作业 40 m，其他作业 45 m，草原灭蝗 60 m
	喷洒设备	喷嘴、旋转式雾化器、干料播撒器
	作业效率	133.3～146.7 hm²/h
整机参数	机身长	9.5 m
	机身高	3.7 m
	翼展	17.7 m
	起飞滑跑距离	458 m
	着陆滑跑距离	250 m
	最大巡航速度	225 m/s
	最大起降允许风速	45°侧风 10 m/s，90°侧风 6.5 m/s，逆风 15 m/s
	最大起飞重量	4 700 kg

5. AT - 402B 型飞机

AT - 402B 型飞机是由美国空中拖拉机公司研制，采用常规布局的单引擎、下单翼、单人驾驶的轻型农业飞机。该机机型小巧，构造简单，拆装简便，起飞、着陆对跑道条件要求不高。主要用于农林播种、施肥、除草、治虫、防病、飞播造林、护林防火等项目（彩图 2 - 5）（表 2 - 5）。

表 2 - 5　AT - 402B 型飞机主要性能

分类	项目	参数
植保参数	作业速度	193～225 km/h
	药箱容量	1 500 L
	喷洒幅宽	60 m
	喷洒设备	液力雾化喷嘴、转笼雾化喷嘴
	作业效率	日作业能力：3 333～5 333 hm²
	单架次喷洒面积	667 hm²（45 min）
整机参数	机身长	9.321 m
	机身高	2.5 m
	翼展	15.57 m
	起飞滑跑距离	402 m
	最大巡航速度	250 km/h
	最大起飞重量	4 160 kg

6. PL-12 型飞机

PL-12 型飞机又称空中农夫，是从澳大利亚引进的小型农用飞机，这种飞机可使用抛撒器喷撒干料，采用喷嘴或雾化器喷洒除草剂，可为农、牧、林场播种、远程巡视，包括对森林山火、害虫等进行农务检查（彩图 2-6）（表 2-6）。

表 2-6   PL-12 型飞机主要性能

分类	项目	参数
植保参数	作业速度	168 km/h
	药箱容量	700 L
	喷洒幅宽	20 m
	作业高度	距离作物顶端 3~5 m
	喷洒设备	喷嘴、旋转式雾化器、撒播器
	作业效率	66.7~80 hm²/h
整机参数	机身长	7.2 m
	机身高	3.8 m
	翼展	12 m
	起飞滑跑距离	200 m
	着陆滑跑距离	197 m
	最大巡航速度	200 km/h
	最大起飞重量	2 225.8 kg
	最大起降允许风速	45°侧风 11 m/s，90°侧风 8 m/s，逆风 15 m/s

7. 画眉鸟 S2R-H80

画眉鸟 S2R-H80 是由美国引进的小型农用飞机，以 H80 发动机提供动力。可进行农业航化作业、森林防火灭虫等作业（彩图 2-7）（表 2-7）。

表 2-7   画眉鸟 S2R-H80 型飞机主要性能

分类	项目	参数
植保参数	作业速度	145~241 km/h
	药箱容量	1 930 L
	喷洒幅宽	40 m
	喷杆长度	12.56 m
	喷洒设备	转笼雾化喷嘴，10 个
整机参数	机身长	10.06 m
	机身高	2.79 m
	翼展	14.48 m
	起飞滑跑距离	457 m
	着陆滑跑距离	167.6 m
	最大巡航速度	303 km/h
	最大起飞重量	1 400 kg

（二）大型农用直升机

直升机机动灵活，适合于地形复杂、地块小、作物交叉种植的地区使用。但直升机造价昂贵，运行成本高，因此，只有少数国家用于喷洒农药。

直升机飞行时螺旋桨产生向下的气流，可协助雾滴向植物冠层内穿透，同时向下的气流可以避免雾滴的飘失，因此在田间作业可采用小雾滴低容量喷雾方式。例如，在用直升机进行大田作物和葡萄园喷雾时，可采用 $50 \sim 200\ \mu m$ 的雾滴直径，施药液量为 $15 \sim 100\ L/hm^2$。目前，我国常用的农用直升机机型有恩斯特龙 480B 型、小松鼠 AS350 型、罗宾逊 R44 型、贝尔 206 型等。

1. 恩斯特龙 480B 型直升机

该机型由美国研制并引进，是一种多用途的民用直升机。该机型的旋翼系统为 3 片铰接式金属桨叶，桨叶由一根挤压铝合金大梁及铝合金蒙皮组成（彩图 2-8）（表 2-8）。

表 2-8　恩斯特龙 480B 型直升机主要性能

分类	项目	参数
整机参数	机身长	9.092 m
	机身高	3 m
	旋翼直径	9.75 m
	发动机类型	涡轴发动机
	巡航速度	160 km/h
	药箱容量	400 L
	作业速度	100～110 km/h

2. 小松鼠 AS350 型直升机

该机型由欧洲引进，主要应用范围包括医疗救助、搜救、空中执法、石油平台支持、公务用途、电力巡线、农业作业、护林防火、旅客运输、航拍飞行等（彩图 2-9）（表 2-9）。

表 2-9　小松鼠 AS350 型直升机主要性能

分类	项目	参数
整机参数	机身长	12.94 m
	发动机类型	涡轴发动机
	旋翼直径	10.69 m
	巡航速度	246 km/h
	药箱容量	1 000 L
	作业速度	100～150 km/h
	最大起飞重量	2 250 kg

3. 罗宾逊 R44 型直升机

罗宾逊 R44 机型由美国引进，该机型是在原有机型 R22 的基础上研制而成的。R44 型飞机机体线条优美，其设计符合空气动力学原理，提高了速度和效率，目前广泛应用于飞行训练、航空护林、航空摄影等领域（彩图 2 - 10）（表 2 - 10）。

表 2 - 10　罗宾逊 R44 型直升机主要参数

分类	项目	参数
整机参数	机身长	11.6 m
	机身宽	2.3 m
	机身高	1.8 m
	发动机类型	活塞发动机
	旋翼直径	10.69 m
	巡航速度	216 km/h
	作业速度	100～150 km/h
	最大起飞重量	1 134 kg

4. 贝尔 206 型直升机

美国贝尔直升机公司研制的 5 座单发轻型通用直升机，可用于载客、运兵、救援、农田作业、行政勤务等（彩图 2 - 11）（表 2 - 11）。

表 2 - 11　贝尔 206 型直升机主要参数

分类	项目	参数
整机参数	机身长	12.11 m
	机身宽	2.33 m
	机身高	2.83 m
	发动机类型	涡轴发动机
	旋翼直径	10.16 m
	巡航速度	213 km/h
	作业速度	100～150 km/h
	最大起飞重量	1 451 kg

二、植保无人飞机的分类和性能

我国植保无人飞机主要包括油动单旋翼植保无人飞机、电动单旋翼植保无人飞机和电动多旋翼植保无人飞机三大类。截止到 2019 年，我国植保无人飞机的保有量达到 5 万架，其中接近 80% 为多旋翼机型。

与有人驾驶固定翼飞机和直升机相比，植保无人飞机具有机动灵活、不需专用的起降机场的优势，特别适用于我国田块小、田块分散的地域和民居稠密的农业区域；且植保无人飞机采用低空低量喷药方式，旋翼产生的向下气流有助于增加雾滴对作物的穿透性，防治效果相比人工与机械喷施方式提高了 15%～35%。因此，植保无人飞机航空施药已成为减少农药用量和提升农药防效的新型有力手段。

（一）油动单旋翼植保无人飞机

1. 全丰 3WQF120-12 型油动单旋翼植保无人飞机

该机型由安阳全丰航空植保科技有限公司生产制造，于 2016 年正式问世。该机型在研发过程中通过了高温、高湿、腐蚀、灰尘等恶劣工况考验，具有以下特点：

① 作业效率高、载荷大、续航时间长：最大载荷可达 12 kg 以上，作业载荷为 12 kg，每架次 10～15 min 可喷洒 1.33～1.67 hm²，每天作业能力可达 26.67～40 hm²。满载最大续航时间为 25 min，空载最大续航时间为 45 min，特殊用途时续航时间可达 2 h 以上。

② 精准化施药、喷洒均匀、防效佳：喷洒系统是由安阳全丰航空植保科技有限公司联合中国农业大学精准施药实验室共同开发的专利技术，穿透力强，喷洒均匀，雾滴飘失极少。飞行高度 2～4 m，喷幅宽度可达 5～8 m，作物的顶端、中部、下部均可受药。结合安阳全丰生物科技有限公司研发的飞防专用药剂，防治效果更加突出。

③ 智能化控制、操作简单、易上手：采用安阳全丰航空植保科技有限公司自主研发的第三代飞控系统，可根据作业需求设定飞行高度、速度、推杆定距、横移定距、自主悬停。大田块作业时可采取半自主和全自主飞行，在提高作业效率的同时也极大地解放了飞手。

④ 模块化设计、抗坠毁、易修复：农业喷洒中高温、高湿、灰尘、农药腐蚀都会对无人飞机产生致命影响。3WQF120-12 型植保无人飞机率先突破了以上行业瓶颈，动力系统采用 120 cc* 水平对置水冷发动机，动力强、一键启动、自发电，作业期间不需携带电池及充电设备。全机采用模块化设计，好拆卸，易组装。学员在培训过程中即可掌握基本的使用、维护及维修技能。

⑤ 性价比高、成本低、寿命长：设计寿命可达 8～10 年，每 667 m² 作业的油耗成本仅为 0.5 元左右。维护保养费用低，好用耐用，性价比高，非常适合种

---

* 1 cc=1 mL，全书同。——编者注

田大户、家庭农场以及专业化统防统治组织使用（彩图 2-12）（表 2-12）。

表 2-12　3WQF120-12 型植保无人飞机基本参数

分　类	项　目	参　数
植保参数	喷洒杆长度	1.25 m
	喷洒离作物高度	1～3 m
	喷头数量	3 个
	喷洒流量	1.44～1.89 L/min
	药箱容量	12.0 L
	最大起飞重量	47.0 kg
	每架次工作时间	10～15 min
	喷洒幅宽	4～6 m
	每架次工作效率	1.9～2.3 hm^2
整机参数	整机净重	30 kg
	燃料箱容量	1.5 L
	主旋翼直径	2.41 m
	主旋翼材料	碳纤维
	整机尺寸（长×宽×高）	2.13 m×0.70 m×0.67 m
	使用温度范围	-5～40℃
	飞控系统	全自主飞控系统，可定高、定速飞行，推杆定距，一键启动
	发动机	120 cc 水冷发动机
	电池	配备自发电系统，不需更换电池
	续航时间　空载续航时间	≥45 min
	满载续航时间	≥25 min
	特殊用途续航时间	≥120 min

2. 全丰 3WQF170-18 型油动单旋翼植保无人飞机

3WQF170-18 属于第四代油动单旋翼植保无人飞机，由安阳全丰航空植保科技有限公司生产制造。该机型具有可靠性强、模块化强、作业效率高、易维修、使用寿命长、使用成本低的特点，是围绕植保专业设计的一款油动单旋翼植保无人飞机，克服了传统单旋翼植保无人飞机难飞、难学、难修、成本高的弊端，大田作业每 667 m^2 成本小于 0.2 元，有着很强的经济性，同时简单易上手。其飞机自重大，风场均匀，喷幅大，穿透力强，因而具备更广的应用场景，在棉花以及果树等经济作物上有着优秀的作业效果（彩图 2-13）（表 2-13）。

表 2 – 13　3WQF170 – 18 型植保无人飞机基本参数

分　类	项　目		参　数
整机参数	整机尺寸（长×宽×高）（不含大桨）		2.2 m×0.62 m×0.72 m
	整机净重		35 kg
	最大起飞重量		60 kg
	额定载荷		18 kg
	药箱容量		18 L
	油箱容量		2.5 L
	主旋翼直径		2.5 m
	尾旋翼直径		0.47 m
	主旋翼材料		碳纤维
	机身结构材料		铝合金
	使用温度范围		−10~40 ℃
	续航时间	空载续航时间	≥40 min
		满载续航时间	≥30 min
动力系统	主动力		双杠两冲程汽油机
	发动机排量		170 cc
	燃料		汽油机油混合油 50：1
	冷却方式		水冷
	启动方式		电启动
	燃油消耗		≤4 L/h
控制系统	遥控器通道		14
	遥控器控制距离		1 000 m
	飞控功能		可手动，可全自主
	定位方式		GPS/RTK
	定高雷达		毫米波雷达

（二）电动单旋翼植保无人飞机

1. S40 – E 型电动单旋翼植保无人飞机

该机型由深圳高科新农技术有限公司生产制造。该机型的特点是：载荷大、航时长、RTK 厘米级精准定位；全自主飞行，支持一键起飞、一键返航，支持手动操控/ AB 点模式；精度高、航时长；防晃荡 U 型药箱发明专利，药箱容量20 L；整机防水、防尘、防腐蚀设计，结实、耐用（彩图 2 – 14）表 2 – 14）。

表 2 - 14 S40 - E 型电动单旋翼植保无人飞机基本参数

项目	参数	项目	参数
无人机型号	S40 - E	泵的型号	隔膜泵
动力类型	电动	旋翼类型	单旋翼
电池容量与数量	24 000 mAh（1 块）	药箱容积	20 L
空载滞空时间	20 min	满载滞空时间	10 min
翼展直径	2.4 m	喷幅宽度	6～9 m
飞行高度	1～3 m	飞行速度	≤15 m/s，可调
喷头型号	XR - 110015 VS	喷头类型	压力式扇形
喷头个数	5	最大载药量	21 L

2. ALPAS 型电动单旋翼植保无人飞机

该机型由昆山龙智翔智能科技有限公司生产制造。ALPAS 是一款专业智能的农业植保直升型无人飞机。符合智慧农业的应用需求，具有轻巧、高性能、全自动的飞行特点。ALPAS 采用单轴双桨式高升阻比翼型主旋翼设计，风场稳定，穿透力强。ALPAS 安装激光避障系统，可判断 15 m 处的障碍物，保证无人飞机安全。16 L 中置药箱，能稳定装载各种农药、液态肥。机体模块化及快拆式设计，可在 30 s 内快速拆换脚架。保证每小时 5～6 次起降，大大节省人力成本。

ALPAS 使用毫米波雷达定高，垂直误差小于 10 cm，运用速度控制流量的先进飞控，配合精准定位及激光避障系统，可实现全自动精准喷洒，是新一代农业植保无人飞机的典范（彩图 2 - 15）（表 2 - 15）。

表 2 - 15 ALPAS 型电动单旋翼植保无人飞机基本参数

项目	参数	项目	参数
尺寸	1 720 mm×400 mm×600 mm	主旋翼直径	2 000 mm
动力系统	300 kV 无刷马达	自动定高系统	毫米波雷达和气压计
电池	12S 12 000 mAh 锂电池	电池成本	每喷洒 1 L 药液约 0.5 元
最大起飞重量	30 kg	最大抗风能力	14 m/s
机体空重	8 kg	续航时间	14 min（喷洒时间）
药箱容积	16 L	喷嘴	4 个

(三) 电动多旋翼植保无人飞机

1. MG-1P 型电动多旋翼植保无人飞机

该机型由深圳市大疆创新科技有限公司生产制造,是一款八旋翼的电动植保无人飞机。额定载重 10 L,单架次起飞可以喷洒 0.67 hm² 面积的农田,每小时工作效率可达 6 hm²。它具有以下优点:

① 作业安全性高:通过 123°广角镜头,可将前方景象清晰呈现在遥控器上,为作业时远程绕障飞行提供实景参考。无人飞机飞行时飞手可对周边情况进行实时观察。可感知前方 15 m 处半径 0.5 cm 的横拉电线,日常作业时可有效降低电线、树干等农田常见障碍物带来的安全风险。八轴动力冗余设计,配合自适应动力保护算法与鲁棒控制算法,即使其中一个机轴在飞行中出现故障,也能保持安全飞行。电机驱动系统支持双备份通讯机制,信号链路异常时自动切换至后备链路,保障飞行安全。

② 作业效率高、效果稳定:借助 FPV 摄像头,可实现飞行打点,飞手通过 FPV 回传的实景图像,轻松设定 A/B 点或航点,省去了以往所需的人工步行或 A/B 点作业旗手,作业规划更为省时高效。多点全向检测技术可感知地形坡度与平整度,及时调整飞行高度,满足仿地作业需求。主动感知避障功能可全天候工作,不受光线及尘土影响 (彩图 2-16) (表 2-16)。

表 2-16　MG-1P 型电动多旋翼植保无人飞机基本参数

项目	参数	项目	参数
尺寸	MG-1P:1 460 mm×1 460 mm×578 mm (机臂展开,不含螺旋桨) 780 mm×780 mm×578 mm (机臂折叠) MG-1P RTK:1 460 mm×1 460 mm×616 mm (机臂展开,不含螺旋桨) 780 mm×780 mm×616 mm (机臂折叠)	对称电机轴距	1 500 mm
雷达	RD2412R	定高及仿地	高度测量范围:1~30 m 定高范围:1.5~3.5 m
电池	型号:MG-12000P	最大功耗	6 400 W
最大起飞重量	MG-1P:23.8 kg MG-1P RTK:23.9 kg	最大作业飞行速度	7 m/s
机体空重	MG-1P:9.8 kg, MG-1P RTK:9.9 kg	喷头型号	TX-VK8 (流量:0.525 L/min)
药箱容积	10 L	喷嘴	4 个

2. T16 型电动多旋翼植保无人飞机

该机型由深圳市大疆创新科技有限公司生产制造，是一款六旋翼的电动植保无人飞机。额定载重 15.1 L，最大载重量 16 L，单架次起飞可以喷洒 1 hm² 面积的农田，每小时喷洒工作效率可达 10 hm²。它具有以下优点：

① 作业安全性高：带有广角摄像头及夜间探照灯，操作人员可以对无人飞机周边情况进行实时观察并全天候监控飞机作业环境，保障作业安全。智能遥控器同时具备手动控制模式和自动控制模式，能确保飞行过程中两种模式的自由切换，且切换时飞行状态无明显变化，在紧急情况下保障作业安全。另外，T16 型植保无人飞机采用 GNSS＋RTK 双冗余系统，具有厘米级定位精度的同时，支持双天线抗磁干扰技术，作业安全更进一步。

② 作业效率高、效果稳定：全新模块化设计大幅简化机身拆装，日常维护速度提升 50%，核心部件达 IP67 防护等级，稳定可靠。主体结构采用碳纤维复合材料一体成型，轻量化的同时保证整机强度。机身可快速折叠，折叠后空间占用减少 75%，便于运输。电池及作业箱支持快速插拔，作业补给效率大幅提升。得益于强大的飞行性能，T16 型植保无人飞机药液装载量提升至 16 L，喷幅提升至 6.5 m。喷洒系统配备 4 个液泵及 8 个喷头，流量最高可达 4.8 L/min。在实际作业中，作业效率可达每小时 10 hm²。此外，喷洒系统搭载了全新电磁流量计，提高精度及稳定性（彩图 2－17）（表 2－17）。

表 2－17　T16 型电动多旋翼植保无人飞机基本参数

项目	参数	项目	参数
尺寸	2 520 mm×2 212 mm×720 mm（机臂展开，桨叶展开） 1 800 mm×1 510 mm×720 mm（机臂展开，桨叶折叠） 1 100 mm×570 mm×720 mm（机臂折叠）	对称电机轴距	1 883 mm
雷达	RD2418R	定高及仿地	高度测量范围：1～30 m； 定高范围：1.5～15 m； 山地模式最大坡度：35°
电池	17 500 mAh（51.8 V）	推荐工作环境温度	0～40 ℃
最大起飞重量	41 kg	最大作业飞行速度	7 m/s
机体空重	18.5 kg	喷头型号	XR11001VS（标配）， XR110015VS（选配）
药箱容积	额定：15.1 L，满载：16 L	喷嘴	8 个

3. P30 型电动多旋翼植保无人飞机

该机型由广州极飞科技有限公司生产制造。搭载 SUPERX3 智能飞行控制系统和 XAI 农业智能引擎。P30 型电动多旋翼植保无人飞机具有整机防水性能（彩图 2-18）（表 2-18）。

表 2-18　P30 型电动多旋翼植保无人飞机基本参数

分　类	项　目	参　数
飞行控制	飞控型号	SUPERX 3 RTK
	夜间作业	支持
	自主避障	天目 XCope
	雷达仿地	30 m
	仿地精度	≤0.1 m
	定位方式	GNSS RTK
精准喷洒	最大载药量	15 kg
	喷头类型	离心雾化
	雾化粒径	90～200 μm
	秒启停	支持
	AI 处方图	支持
	作业效率	5.33 hm²/h
	自动灌药机	ALR3
遥控作业	掌上遥控器	ARC1
	智能手持地面站	A2
电力系统	智能电池	B12800
	保姆充电器	CM4750
	储能充电器	CEB2600
	聚能充电器	CT600
外形结构	机身尺寸（含桨）	1 945 mm×1 945 mm×440 mm
	最小运输尺寸	1 252 mm×1 252 mm×390 mm

4. M45 型电动多旋翼植保无人飞机

该机型由深圳高科新农技术有限公司生产制造。该机型支持药液喷洒、固态颗粒/粉剂撒播、赤眼蜂投放 3 种任务系统互换；净载荷 20 kg；单架次作业面积 1.33～2 hm²，日作业量 66.67 hm² 以上，作业效率高；旋翼风场大、作业效果好；旋翼和机臂折叠式设计，折叠后体积小巧，转场方便；三角形起落架，强度高、弹性大、结实耐用；喷杆可调，大田、高秆经济作物均适用（彩图 2 - 19）（表 2 - 19）。

表 2 - 19　M45 型电动多旋翼植保无人飞机基本参数

项目	参数	项目	参数
无人机型号	M45	泵的型号	隔膜泵
动力类型	电动	旋翼类型	3 轴六旋翼
电池容量与数量	24 000 mAh（1 块）	药箱容积	20 L
空载滞空时间	21 min	满载滞空时间	10 min
翼展直径	2.5 m	喷幅宽度	6～8 m
飞行高度	1～3 m	飞行速度	≤15 m/s，可调
喷头型号	XR - 110015VS	喷头类型	压力式扇形
喷头个数	4	最大载药量	20.1 L

5. E - A10 型电动多旋翼植保无人飞机

该机型由苏州极目机器人科技有限公司生产制造，是全球首款自主型全域智能感知植保无人飞机。基于行业领先的双目视觉技术，E - A10 可以实现各类大田和经济作物的植保服务，具有以下功能：①自主避障，无需用户对特定障碍物进行打点测绘，可自动作业；②智能仿地，满足平原、丘陵、山地、茶场等复杂地形条件下的植保作业要求；③快捷规划，在地图边界清晰的地块，无需用户对地块进行逐点测绘，可手绘地图确定地块边界，提高测绘效率；④精准喷洒，根据用户输入的亩用量自动调节流量实现智能喷洒控制；⑤适用性强，可选离心、弥雾喷洒系统，雾化均匀，雾化颗粒可调节范围大，满足大田和经济作物作业要求；⑥运输便捷，折叠设计，机臂和旋桨都可收纳，占用空间小；⑦智能操控，智能化程度高，可一键起飞、悬停、返航，飞行时不需用户介入，用户学习半小时即可上手飞行，大幅降低对专业飞手的依赖；⑧安全性高，远低于行业内平均炸机率，且卫星信号丢失后，无人机可保持安全自主飞行 1 min；⑨配套完备的农业数据管理系统，帮助提升作业管理效率，提高经济价值。

E - A10 配备的离心喷头雾化均匀，雾化粒径达到 80～150 μm，不存在滴液现象；雾化变异系数小，左右喷头喷量误差低于 5%，喷洒精度可达 5%，杜绝喷洒不匀现象；支持 13.3～133.3 mL/hm² 任意可调的变量施药，施药量与作业过程中速度等实时联动，杜绝重喷、漏喷；自带减震云台及降噪技术，可显著降低对无人机各类传感器的影响；体积小，重量轻，寿命长，可快速拆卸，便于维护（彩图 2-20）（表 2-20）。

表 2-20　E-A10 型电动多旋翼植保无人飞机基本参数

项目	参数	项目	参数
无人飞机型号	E-A10	动力类型	电动
旋翼类型	四轴四旋翼	药箱容积	10 L
避障系统	双目视觉	喷头类型	离心喷头
喷头个数	4	粒径范围	$80\sim150\ \mu m$
飞行高度	$1\sim2.5$ m	飞行速度	$\leqslant15$ m/s，可调

6. 自由鹰 ZP 型电动多旋翼植保无人机

该机型由安阳全丰航空植保科技有限公司生产制造。机身采用"桥壳"体式设计，融合航空专用材料，机身主架的结构强度提升了 200％以上，能承受大于自身重力 6.5 倍的冲击力。经满载以 5 m/s 的速度撞墙的暴力测试后，机体无任何扭变，大幅延长飞行器使用寿命，同时降低了意外撞击时核心模块的损坏风险。具备"双段式应力释放"结构，确保在受到意外撞击时，能通过机臂上的两个泄力点释放能量，从而保证舱体与核心部件的安全，避免药箱和电池在发生意外时破裂而导致农田污染，进一步保障作业安全。采用了主、副双 GPS 方式，当主 GPS 信号受到干扰或不稳定时，副 GPS 瞬时启动，主动接收信号，确保稳定飞行，为安全作业保驾护航。采用压力式扇形防飘移喷嘴，可有效减少雾滴的飘移，增加雾滴下穿能力，提高雾滴沉积率；亩喷洒量可调范围 700~1 800 mL，适宜作物广泛（彩图 2-21）（表 2-21）。

表 2-21　自由鹰 ZP 型电动多旋翼植保无人飞机基本参数

分　类	项　目	参　数
植保参数	最远端喷头间距	0.905 m
	喷洒离作物高度	$1\sim3$ m
	喷头数量	4 个（扇形雾喷头）
	喷洒流量（最大）	1.6 L/min
	药箱容量	10 L
	最大施药量	10 L
	工作时间	$\leqslant10$ min
	喷洒幅宽	$3.5\sim4.5$ m

（续）

分　类	项　目	参　数
整机参数	整机质量（起飞重量）	26 kg±1 kg
	电池数量	1组（锂电池）
	电池容量	16 000 mAh
	主旋翼材料	复合材料
	整机尺寸（长×宽×高）	1 370 mm×1 370 mm×640 mm
	轴距	1 280 mm
	使用温度范围	−20～65 ℃
	续航时间	≥10 min
发射器	频率	2.4GHz
	电源	镍氢电池
遥控接收机	频率	2.4GHz
	通道	≥9 通道
电动机	电动机型号	8120
	最大输出功率	2.5 kW×4
操控方法	控制模式	①全自动卫星导航模式；②自动增稳操作（姿态由计算机控制，高度、速度、位置由人工辅助控制）；③纯粹人工操作飞行。上述①、②、③3种模式可以切换
	操作方式	起飞，降落，前飞，后飞，侧飞，转向

7. 自由鹰 1S 型电动多旋翼植保无人飞机

该机型由安阳全丰航空植保科技有限公司生产制造，主要特点是：采用电池下沉＋防浪涌药箱；抽拉式电池仓；柔性喷洒设计；更贴心的农业专用操作模式（彩图 2－22）（表 2－22）。

8. 天农 M6E－X（3W6TTA10）型电动多旋翼植保无人飞机

该机型由北方天途航空技术发展（北京）有限公司生产制造。防水、易维修、航时长，机身使用多种高强度轻质材料，降低了机身重量；使用大功率无刷电机，保证了飞行器的机动性，选取锂聚合物电池作为动力系统，便于飞行器系统维护和保养。经过大量实地喷洒，现已在国内各地区进行实际应用，同时出口日本、韩国、印度尼西亚、澳大利亚以及非洲等地（彩图 2－23）（表 2－23）。

表 2-22 自由鹰 1S 型电动多旋翼植保无人飞机基本参数

分 类	项 目	参 数
整机参数	整机质量	12 kg±1 kg（不包括农药质量）
	电池容量	16 000 mAh
	电池数量	2 块
	旋翼材料	复合材料
	整机尺寸（长×宽×高）	1.37 m×1.37 m×0.65 m
	使用温度范围	−20～50 ℃
发射器	频率	2.4 GHz
	电源	锂电池
遥控接收机	频率	2.4 GHz
	通道	≥10 通道
动力参数	旋翼尺寸	3 080 cm
	马达型号	8318
	最大输出功率	2 kW×4
操控方法	控制模式	①姿态增稳模式；②GPS 定点模式；③GPS 全自主模式
	操作方式	遥控器，手机

表 2-23 天农 M6E-X 型电动多旋翼植保无人飞机基本参数

项 目	参 数	项 目	参 数
无人机型号	M6E-X（3W6TTA10）	泵的型号	TTA-SH-01
动力类型	电动	旋翼类型	六旋翼
电池容量与数量	配备单块 12S 14 000 mAh	药箱容积	10 L
空载滞空时间	≥22 min	满载滞空时间	≥10 min
翼展直径	585 mm	喷幅宽度	4～6 m
飞行高度	≤20 m	飞行速度	≤10 m/s
喷头型号	ST110-01 ST110-015 ST110-02	喷头类型	压力式扇形喷头
喷头个数	6	最大载药量	10 L

9. 3WWDZ-10 型电动多旋翼植保无人飞机

该机型由北京韦加无人机科技股份有限公司生产制造。采用自主研发飞行控制系统，具有自主知识产权。采用 SS 平台技术，折叠式设计，机臂可呈"一"字形折叠，配备 10 L 插拔式刻度药箱，配备高强度穿透式压力喷头，日作业面积 20～40 hm²。整机大小 1 320 mm×695 mm，旋翼直径 560 mm，配备了 12 000 mAh/16 000 mAh 智能锂电池，续航可达单架次 8～15 min，可直接接入智慧农场管理系统，实时显示飞行相关数据（飞行高度、飞行速度、飞行轨迹、飞行时间等）、作业相关数据（作业地块位置、喷洒流量、作业作物种类等）等。

该机型的主要特点为：机臂可折叠设计，便于田间作业、转场和运输；喷头桨下设计，利于药液下压，提高作业效果；电压实时监控，安全飞行进一步得到保障；GPS 位置后台实时监控，作业轨迹一目了然，保障作业质量；可实现全自动作业；结构坚固、重量轻，适用于严酷的外场环境，耐高温、耐腐蚀（彩图 2-24）。

10. 3WWDZ-20 型电动多旋翼植保无人飞机

该机型由北京韦加无人机科技股份有限公司生产制造。采用自主研发飞行控制系统，具有自主知识产权。采用 FE 平台技术，四轴八旋翼异构式，快插式设计，机臂可快速插拔，配备 20 L 插拔式刻度药箱，配备高强度穿透式压力喷头，日作业面积 53.3～80 hm²。整机大小 3 585 mm×870 mm，旋翼直径 760 mm，配备了 22 000 mAh 智能锂电池，续航可达单架次 8～15 min，可直接接入智慧农场管理系统，实时显示飞行相关数据（飞行高度、飞行速度、飞行轨迹、飞行时间等）、作业相关数据（作业地块位置、喷洒流量、作业作物种类等）等。

该机型的主要特点为：快拆机臂设计，快速徒手完成拆装，便于田间作业、转场和运输；喷头桨下设计，利于药液下压，提高作业效果；防震荡药箱，有效提高飞行作业稳定性；电压实时监控，安全飞行进一步得到保障；GPS 位置后台实时监控，作业轨迹一目了然，保障作业质量；航电模块防水设计，进一步提高安全性、可靠性；结构坚固、重量轻，适用于严酷的外场环境，耐高温、耐腐蚀；飞行平稳，操控简单，喷洒精准；维修保养简单（彩图 2-25）。

11. 金星 25 型电动多旋翼植保无人飞机

该机型由无锡汉和航空技术有限公司生产制造。金星 25 为金星二号 2020 升级款，具有以下优势：①整机模块化设计，四轴布局，环抱式折叠，携带、运输、转场都非常方便；②植保无人飞机专用一体飞控，高清 1.5 km 图传，实时监控，测绘便捷；③智能电池，更高效安全耐用；④GNSS+RTK 双冗余系统，航线更精准，双天线抗磁干扰技术，飞行更安全，支持自主避障；⑤整体防水设计，核心部件防水等级达到 IP67 级；⑥喷洒系统更优化，喷洒效果更好（彩图 2-26）（表 2-24）。

表 2-24 金星 25 型电动多旋翼植保无人飞机基本参数

分 类	项 目	参 数
机身参数	机身尺寸	1 250 mm×1 250 mm×647 mm（折叠后尺寸 691 mm×670 mm×647 mm），0.3 m³
	喷头	陶瓷喷嘴 X4（自泄压）
	桨叶	三桨叶 X4（注塑桨）
	机身材质	碳纤维管、7075 铝合金
	电流	150 A（耐流）
植保参数	药箱容积	22 L
	喷幅	最大 7 m
	作业速度	1～6 m/s
	流量精度	3%
	流量	2.4～7 L/min
	作业效率	10 hm²/h
智能参数	定位系统	RTK 厘米级定位
	控制方式	遥控、AB 点、全自主
	仿地	支持
	地形规划	任意地形
	自主避障	前后避障
	自主绕障	支持

三、农业航空植保施药设备和技术

（一）农用航空飞机喷雾系统

航空施药系统有常量喷雾、低容量喷雾、超低容量喷雾、撒颗粒、喷粉等多种施药设备，也可施烟雾，根据需要选用，本文主要叙述航空施药系统中的喷雾系统（图 2-1）。

航空施药所配备的喷雾设备为低/超低容量喷雾设备。主要由供液系统、雾化部件及控制阀等组成。航空超低容量喷雾的工作原理是：当飞机飞行时，强大的飞行气流使超低容量喷头高速旋转，药液箱里的药液经过液泵、输液管、药液调量开关进入超低容量喷头，在离心力和转笼纱网的切割作用下，与空气撞击，雾化为细小的雾滴，最后借助自然风力和药液的重力沉降到目标上。

供液系统由药液箱、液泵、控制阀、输液管道等组成。药箱安装在机舱内。液泵安装在机身外部下侧,由风车或电机驱动。雾化部件由喷雾管与喷头组成,根据不同喷雾要求,可更换不同型号的喷头。

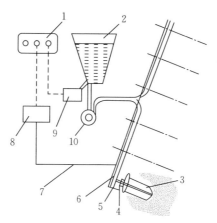

图 2-1　航空超低容量喷雾系统构造示意

1. 操纵装置　2. 药液箱　3. 超低容量喷头　4. 刹车装置　5. 药液调量开关
6. 输液管　7. 输气管　8. 气泵　9. 泄液装置　10. 液泵

飞机喷雾可选的雾化部件主要有液力式喷头、转笼式或转盘式雾化装置。超低容量喷头为转笼式雾化器(rotary drum atomizer),又名转笼式喷头、离心喷头。

液力式喷头有圆锥雾喷头、扇形雾喷头和导流式喷头等多种类型。大多数飞机喷药都用液力式喷头,其中选用扇形雾喷头喷施效果较好,在生产中空心锥形雾喷头或雨滴式喷头也有部分使用。扇形雾喷头要选择 65°~90° 喷雾角。运五型飞机以往采用 5 种方孔型喷头,现已逐步被扇形雾喷头代替。喷头安装数量根据单位面积喷药液量而定,在喷杆上安装 40~100 个喷头不等。例如,Y-5B 飞机一般喷液量为 40 L/hm² 以上时安装喷头 80 个,30 L/hm² 时安装喷头 60 个,20 L/hm² 时安装喷头 40 个。喷头安装时应尽量使用同一型号,若混用不同型号喷头,不应超过两种型号。

空中农夫(PL-12)采用两种扇形雾喷头,型号为 8008、8015,8008 型是小雾滴喷头,8015 型是大雾滴喷头,空中农夫型飞机喷头喷液量与喷头数选择参考表 2-25。

由美国生产的 CP 型喷头为导流式扇形雾喷头,是目前许多飞机(如 N-5A,GA-200)安装的喷洒设备,特点是单个喷头有 3 种导流角度可变换和 3 种流量可调节。导流角度有 30°、45°、90° 3 种,流量孔有高、中、低 3 挡,工作压力 150~400 kPa,适应飞行速度 100~160 km/h。喷液量准确,雾化性能好，耐腐蚀，有防后滴作用。应根据作业项目不同，选择不同型号及不同数量的喷头（图2-2、图2-3）。

表2-25 空中农夫（PL-12）不同型号喷头数目与喷液量之间的关系

类型	喷液量（L/hm²）					
	5	10	15	20	25	30
8008型喷头数（小雾滴）	14	27	41	54	×	×
8015型喷头数（大雾滴）	×	×	22	29	36	43

注：①此表飞行速度为168 km/h，喷幅25 m，泵压2.1×10^5 Pa；②×表示不能采用此喷头。

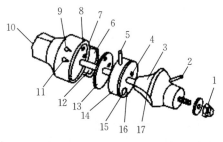

图2-2 CP可调导流式喷头

1. 锁紧螺母 2、5. 调节柱 3. 90°导流面 4. 中流量孔 6. 右挡块 7. 喷头输液孔

8. 清洗孔 9. 限位点 10. 底部 11. 喷头顶部位点 12. 左挡块 13. 密封板 14. 调节板

15. 大流量孔 16. 小流量孔 17. 30°导流面

图2-3 CP可调导流式扇形雾喷头

安装在喷杆上的喷头一般是可调的，通过喷头底座或转动整个喷杆进行调整。特别是当飞机飞行的方向（与风力的关系）影响雾滴大小的时候，调整喷头的位置非常重要，如果安装的喷头指向机尾，则喷出的雾体的速度与飞机滑流的进度相近，在这种情况下所产生的雾滴要比喷头指向机头所产生的雾滴大。因

此，控制雾滴大小，一般采用两种办法。

一是选用合适的喷头型号；二是改变喷头在喷杆上的角度。一般地，随着喷头向机后偏转，喷头朝向与飞行方向的夹角增大，产生的雾滴将明显增大。如图2-4所示，对同一型号喷头，偏角为180°时（喷头指向机尾）产生大雾滴，135°角产生中雾滴，90°角产生小雾滴，45°角产生细雾滴。

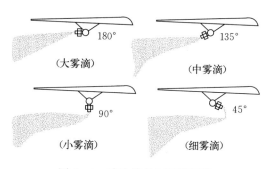

图 2-4　喷头偏角与雾滴细度

目前国内外通用的旋转式雾化器包括转笼式和转盘式两种。超轻型飞机使用转盘式雾化器。转笼式雾化器通常采用英国 Micron 公司生产的 AU3000 和 AU5000 型两种，中国自行研制的 CYD-1 型转笼式雾化器由民航徐州设备修造厂生产。AU3000 型已在运五 B 型飞机上使用，空中农夫安装的是更新的 AU5000 型。雾化器为一个圆柱形，外罩是抗腐蚀的合金丝纱笼，纱笼的网目为 20 目*。进口的 AU3000 型转笼式雾化器装有 5 个风动桨叶，AU5000 型装有 3 个风动桨叶，靠飞机飞行时的风力吹动风动桨叶，使其高速旋转，药液被离心力甩到纱网上，分散成微小的雾滴。转笼的转速依靠桨叶安装角度来调节，桨叶的角度大则转速小，形成的雾滴就粗。桨叶的角度小则转速大，形成的雾滴就细。AU3000 型转速范围为 3 000～8 000 r/min，AU5000 型转速范围为 1 800～10 000 r/min。因此，调节桨叶角度就能控制雾滴大小，超低容量喷雾常用 10°和 15°角，低容量喷雾一般以 45°角为宜，但在早晚气温低、湿度大时，采用 35°或 40°角可增加雾滴数量。CYD-1 型转笼式雾化器的转速范围为 1 800～10 000 r/min，桨叶角度 30°～70°可调，单个雾化器的流量范围 2.36～49.14 L/min。这些参数一般都是基于喷水试验，对于不同的液体要进行校验。

转笼式雾化器的优点是雾滴大小比较容易控制，每架飞机只安装几个雾化器，调节也省时间。雾化器喷头可喷洒苗后除草剂，在整地条件好、土壤水分适

---

*　20 目对应的孔径约为 0.95 mm。

宜的地块，也可用来喷洒苗前土壤处理除草剂（图 2-5）。

静电喷雾技术可以增加雾滴在靶标上的沉积，减少非靶标区的飘移，在温室、果园等地面喷洒作业中已有成功应用。1966 年，Carlton 等开展航空静电喷雾技术研究，1999 年，Carlton 获得航空静电喷雾系统专利，此专利被美国 SES 公司（Spectrum-electrostatic sprayers, Inc.）购买并形成商业化产品（图 2-6）。与地面静电喷雾系统不同的是，每个航空静电喷嘴由相距 30 mm 相连的 2 个喷嘴组成。航空静电喷雾系统的静电发生器，分别产生正或负电压，在实际应用时，安装在飞机机翼两侧的航空静电喷嘴，分别与静电发生器的正或负压输出端连接，使两机翼负载的正、负电压达到平衡，机身或喷雾支架上总静电场

图 2-5　转笼式超低容量雾化器

近似于零。静电喷雾系统的雾滴感应充电电压为 8～10 kV，喷嘴工作压力为 0.5 MPa，雾滴体积中径（VMD）约为 150 μm，施药液量为 9～18 L/hm²。近年来，美国学者对航空静电喷雾系统的作业效果做了一些评估试验，2001 年 Kirk、Hoffmann、Carlton 研究了静电喷雾系统在棉花上的田间应用效果，2003 年 Kirk 研究了系统抗飘移性能，试验结果表明，航空静电喷雾系统可有效减少施药液量和提高药液沉积量，但是没有提高病虫害防治效果和减少下风处的喷雾飘移。

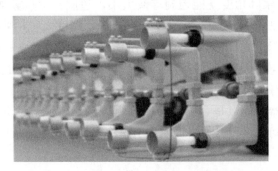

图 2-6　SES 公司的航空静电喷雾系统

喷雾设备的安装和调整主要包括药箱、液泵和喷杆三个部分。

药箱可用不锈钢或玻璃钢制成，为便于飞行员检查药液在药箱中的容量，要安装液位指示器，这个容量表一般和系统压力表一起布置在飞行员的驾驶室。药箱一般被安置在靠近飞机重心的地方，这样当喷雾过程中药量减少时，引起飞机失衡的可能性就会减小。在药箱的下面有一个排放阀，当飞机遇到紧急情况时，打开此阀，要求药箱中的药液必须在 5 s 内放完，不论飞机在天空还是在地面，这项要求都必须要实现。

在飞机喷雾系统中安装过滤器是非常重要的，因为在喷雾过程中，飞行员无法清洁堵塞的喷头。过滤器可以保护液泵，也可以阻止系统中任何地方的沉积物堵塞喷头。药箱加药口有个网篮式过滤器，通过底部装药口可以较迅速而安全地从地面搅拌装置或机动加药车把药液泵入药箱。虽然每个喷头自身都有过滤网，为防止堵塞喷嘴，泵输入管仍需安装精细滤网，网孔尺寸取决于喷嘴类型。不同用途的过滤器粗细程度区别很大，从药箱到喷头，过滤器的网孔逐级变细。每个喷头都有自己的过滤器保护，并且过滤网孔小于喷头的喷孔。液力喷雾系统一般用 50 目* 的过滤网，而旋转式雾化器用更细的 100 目** 过滤网。

离心泵被广泛用于飞机喷雾，因为它能够在较低的压力下产生较大的流量。要获得高压，就必须要用其他的液泵，如齿轮泵或转子泵等。飞机上的液泵可以用液力来驱动，也可以由电力驱动，但大多数液泵是由风力来驱动的。电力或液力驱动的液泵有一个优点就是它们能够在地面进行校验。风力驱动的液泵，它所带的螺旋叶片的角度是能够调节的，这样可以在喷雾之前根据风速调节好流量。在液力驱动系统中，液泵连接在飞机的动力输出轴上，液泵把药液从药箱中泵出，使其通过一个压力表，然后再通过一个减压阀，减压阀的压力是可以调节的，操作压力在 10～20 MPa。为使一部分药液回流到药箱进行液力搅拌，要求泵具有足够的流量。一般在靠近泵的进口处装一截止阀，如果需要保养或者更换泵，不需要将装置中药液排空也能把泵拆下来（图 2 - 7）。

液力式喷雾装置的喷杆由一些管件组成，上面装有喷头座、喷头和控制阀等，组合起来通常安装在飞机的机翼下方，靠近机翼后缘。大多数情况下，喷杆只到机翼末端 75% 的地方，这样可避免翼尖区涡流引起雾滴的卷扬。采用加长的喷杆是为了增加喷幅，专用喷药飞机有时采用符合空气动力学原理特殊设计的喷杆。喷杆采用耐腐蚀材料，可制成圆形管，为了减少阻力亦可制成流线型管（图 2 - 8），对黏度大的药液，输液管直径可大一些。安装液力喷头的喷杆，喷

---

* 50 目对应的孔径约为 0.36 mm。

** 100 目对应的孔径约为 0.172 mm。

头一般都是可以单独开关，这样在喷雾过程中可以随时控制流量，并可调整空间雾形。

图 2-7　风力驱动式液泵　　　　　　　图 2-8　流线型喷杆

（二）农用航空飞机主要设计性能

（1）发动机性能好，把载重的飞机从相当于海平面的地面或砾石跑道上在 400 m 以内上升到 15 m 高，为适应这种情况，机身需经超限应力。大多数飞机的单个发动机功率为 120～1 000 kW，在作业速度为 130～200 km/h 时，承载量为 250～350 kg，飞机应具有 65～100 km/h 的低速度和高有限负载与低总重量比。

（2）飞机必须具有良好的稳定性，并且操作简便，控制灵敏，以减轻飞行员的疲劳。机舱内全部仪表容易识别，飞机仪表要与喷洒装置有关的仪表区别清楚。

（3）机舱周围的视野应广阔，机舱结构要牢固，以保证飞机反动时飞行员的安全。起落架和座舱罩要备用锋利的导刀，以减少碰到动力线或电线的危险，在驾驶舱顶部和尾翼之间安装一根导向索。为了减少飞行员受污染的危险，采用增压和空调的座舱，并配备反冲型腹带和安全帽。

（4）药箱和药桶应设置在机舱前面和发动机后面的飞机升力中心上，使在喷雾过程中重量变化时保持飞机平衡。在装药口旁边必须清楚地标明最大允许重量。必须把药箱设计成能快速装载，容易清洗和保养，而且在飞行时容易排药。药液通常从药箱低部泵入，而干剂是通过顶部大的防尘口装进去的。为了防止药物中毒，应备有农药搅拌器和农药装载机。

（5）燃油箱应离飞行员和发动机远一些，以免发生火灾。目前推荐采用机翼油箱。

（6）飞机和喷洒设备全部零件的设计应便于检查、清洗和保养。应采用抗腐蚀材料和涂层。采用多发动机，能保证发动机发生故障的紧急情况下驾驶员和飞机的安全。好的机场设施可减少天气对飞机作业的影响，可提高飞机利用率。

（三）航空植保作业的影响因素

航空飞机在进行病虫害防治的过程中除了药剂还受到各方面的影响，包括环境因素、作业参数和翼尖涡流的影响。

1. 气象因素

风速影响雾滴飘移距离，风向决定雾滴飘移方向，雾滴的飘移距离与风速成正比。无风条件下，小雾滴降落非常缓慢，并飘移很远，甚至几公里以外，可能造成严重的飘移危害；易变化的轻风也是不可靠的，有时可能会突然静止下来，有时会变成阵风，从而造成喷洒间距很大的漏喷条带。因此在这种风中作业要十分谨慎，否则会使喷洒不均匀，出现飘移药害和漏喷条带；在风向、风速稳定的条件下，空中喷洒作业是理想的，但实际这种风很少见。偏风或偏侧风，而不是逆风或顺风飞行，就不会造成飘移危害；飞机的喷幅是固定的，而实际喷幅要比飞行喷幅宽。在阵风中喷幅的不均匀大部分会被下一个喷幅所补充；在强风中喷洒作业很少出现喷幅相接不均匀的现象，因为这种风向不易变化。最适宜的喷雾风速为 3 m/s。

温湿度和降雨对航空喷洒除草剂影响很大，特别是对于低容量喷雾，相对湿度和温度是主要影响因素。由于蒸发流失，使许多雾滴特别是小雾滴不能全部到达防治靶标，尤其是以水为载体的药液更容易蒸发流失。在空气相对湿度 60%以下，使用低容量喷雾会导致更低的回收率，在此条件下必须采用大雾滴喷洒或停止施药。降雨可将药液从杂草叶面冲刷掉。因此作业前要熟读各种苗后除草剂说明书，了解各种除草剂施后与降雨前间隔的时间，并要了解天气预报，以便确定是否作业。

为了减少除草剂蒸发和飘移损失，空气湿度低于 60%、大气温度超过 35 ℃（以气象台百叶箱或室外背阴处温度为准）时不施药，上午 9 时至下午 3 时上升气流大，应停止喷洒作业。

2. 作业参数

为保证作业质量，飞行时需按照必要的技术参数，遵守规程操作。

飞机作业需要空中能见度在 2 km 以上，因而一般是在日出前 0.5 h 和日落前 0.5 h 内才能进行，但如条件具备，也可夜间作业。选择正确的喷雾时间是最为重要的因素，这不仅与病虫害的生长期有关，气象因素也很重要，特别是在不同的地形条件下，除了由于气流与作物摩擦产生的涡流、温度和风速等的影响外，飞机本身产生的涡流也会影响雾滴在作物上的分布。温度也很重要，因为飞机喷洒的雾滴在空中飞行的时间要长于地面喷雾，在干热的条件下，雾滴的体积将会因蒸发而很快变小。大多数飞机在喷药时要避免一天中最热的时间，因为那时热空气会把小雾滴带走。所以在田间作业时应随时检测温度和湿度的变化，如果太干和太热，就应及时停止作业。选择环境条件的标准当然也取决于所喷洒药液的成分和雾滴的大小。对于水溶液，如果喷量为 $20\sim50$ L/hm²，用 $200~\mu m$ 的雾滴，当温度超过 $36~℃$ 时，就应当停止喷药。油基溶液的抗挥发性能好一些，可以在较干燥的气候下喷雾，但对于小雾滴，气温的掌握仍然非常重要，当外界环境影响雾滴附着时就应当停止喷雾。一些计算机模型已经被开发出来，可帮助用户决策什么时候喷雾最为理想。

低容量喷洒作业的高度要求在 $3\sim5$ m，在侧风条件下，风速 $1\sim3$ m/s，飞行高度 $4\sim5$ m，风速 $3\sim5$ m/s，飞行高度 $3\sim4$ m，在风速较大时飞行高度降低，风速小时飞行高度适当提高，这样可以保证有效喷幅。除草作业飞行高度低，作业喷幅窄，如 M-18A 型飞机除草作业时飞行高度 $3\sim4$ m，作业喷幅 40 m，其他农业作业飞行高度 $4\sim5$ m，作业喷幅 45 m。飞行高度的测定是从作物顶端到喷杆的距离，飞行高度越高喷幅应越宽，如森林灭虫，飞行高度 $10\sim15$ m、作业喷幅 60 m。机型不同，飞机作业速度也不一样，M-18A 型飞机作业速度 180 km/h，Y-11 型、N-5A 型飞机作业速度 170 km/h，Y-5 型飞机作业速度 160 km/h，Y-5B 型飞机作业速度 170 km/h，GA-200 型飞机作业速度 168 km/h。

3. 翼尖涡流的影响

飞机翼尖涡流是飞机喷洒作业过程中，机翼下表面的压力比上表面的压力大，空气中从下表面绕过翼尖部分向上表面流动而形成的。机翼两股翼尖涡流中心之间的距离大约是翼展的 $80\%\sim85\%$，涡流直径大小占机翼半翼的 10%。平飞时两股涡流不是水平的，而是缓缓向下倾斜，在两股翼尖涡流中心的范围以内，气流向下流动，在两股翼尖涡流中心的范围以外，气流向上流动。因此，飞机翼尖和螺旋桨引起的涡流使雾滴分布不规则，尤其使小雾滴无法达到喷洒目标。为避免翼尖涡流影响，一般喷洒低容量和超低容量喷杆长度是翼展的 $70\%\sim80\%$，喷头安装至少离飞机翼尖 $1\sim1.5$ m。目前运五型飞机为加宽喷幅，多装喷头紧靠翼尖，作业时翼尖涡流大，需要认真调整。

（四）航空施药的导航

飞机施药早期采用地面信号旗、荧光色板等人工导航。地势平坦的农牧区，视野开阔，以移动信号旗为主。当面积大、田块大小一致时，可利用规整的道路、渠道和防护林带等作为导航信号。现在，随着电子技术的发展，可以利用全球定位系统（GPS）进行导航。

（五）航空变量施药技术

航空变量施药技术，是将不同空间单元的数据与多源数据（土壤性质、病虫草害、气候等）进行叠加分析，根据不同地块的不同要求，有针对性地进行作业。航空遥感与地理信息系统相结合，利用软件转换为处方图，提供给飞机导航系统制造商。变量控制系统下载这种处方图，利用处方图来控制施药量。航空精准施药系统有 2 个主要部件：GPS 系统和变量施药控制系统。Hemisphere GPS 公司 2010 年的产品采用了一种新的接收器，这种新的接收器频率为 20 Hz，使飞行员操作盘接收的信号 1 s 能够更新 20 次。与普通的 5 Hz 或 10 Hz 相比，20 Hz 的频率能够提供更精确的信号，因为频率越高，系统就能够更准确、更准时地作出相应的变量控制。还有许多其他的公司提供类似的技术装备，AG - NAV 公司有一种型号为 AG - NAV2 的导航设备，它可以提供给飞行员田地宽度、方向导航以及其他作业信息（图 2 - 9）。Adapco 公司生产的 Wingman GX 系统具有较大的使用范围，可以提供基本的飞行指导、飞行记录、喷洒流量控制等功能，是一个先进的空中喷洒管理系统，Wingman GX 系统能够实时通过气象传感器系统接收和处理气象信息，准确的气象信息分析减少了喷洒过程中农药在非靶标作物上的飘移量，最大限度地优化喷洒质量。由于航空变量喷洒系统的应用时间不长，所以关于农药投放和变量系统反应精确度的信息很少。2005 年，Smith 和 Thomson 选择了一个经纬度已知的区域评估了 Satloc Airstar M3 导航系统的 GPS 位置及机械系统反应滞后问题。2009 年，Thomson 等测试了流量变量控制系统的定位精度，并且通过给出一些变量指令，观察它反应的快速性和准确性。

图 2 - 9   AG - NAV 变量喷洒控制系统

第三章 <<<
农业航空喷施药剂的科学使用原理和技术

　　植保航空飞机喷施药剂的过程中雾滴从航空飞机喷头喷出到达靶标作物表面的过程是一个复杂的物理现象，包括药液雾化、雾滴在外力作用下的运动以及复杂的冠层沉积过程（图3-1）。其中涉及许多影响因素，包括药液体系的组成、喷头类型、压力、流速、喷雾药液的物化性质（黏度、表面张力、蒸气压和密度等）、植保航空飞机的类型（固定翼、直升机、单旋翼或多旋翼）、飞行速度、飞机重量、飞行高度、喷头与飞机的相对位置、大气稳定性、温湿度以及冠层密度、冠层结构、冠层高度、雾滴的穿透性和雾滴与作物表面的相互作用等。在整个喷雾过程中造成药剂损失的主要原因就是药液的蒸发和飘移。

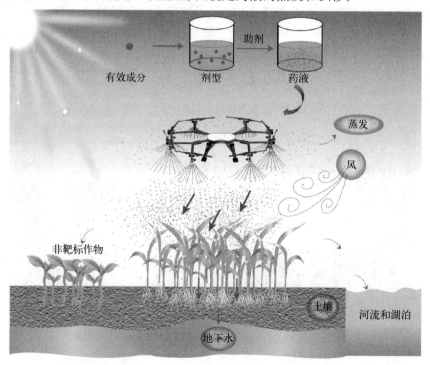

图3-1　植保无人飞机喷雾作业过程

随着植保无人飞机施药配套装备与技术的发展，植保无人飞机在农作物病虫害防治中高效、节水和节约劳动力的优势越发显现。然而在无人飞机进行植保作业过程中最突出的问题就是防效无法保证和作物药害问题，主要体现在：①药剂选择不当导致防治失败或出现药害；②剂型选择不当，造成喷头堵塞、药剂结块或者不同剂型药剂混合过程中出现破乳结块从而影响防治效果；③缺乏航空植保专用助剂或助剂添加不当，致使药剂蒸发、飘移，从而影响防治效果；④飞行速度、高度和喷幅等飞行参数选择不当造成防治效果降低。

针对航空植保施药作业具有高浓度、低容量、飘移性和蒸发性等特点，以及在航空植保施药作业过程中出现的问题，就要求我们在施药的过程中要比地面施药更加科学、合理地使用药剂，以确保航空施药的质量和防治效果，同时减少对非靶标生物和环境的影响。本章主要从农药科学使用的概念和基本原理、农业航空施药剂型的选择原则与科学使用、助剂在航空喷雾中的作用与评价方法以及航空喷施药剂的管理四个方面来深入阐述农业航空喷施药剂的科学使用原理和技术。

一、农药科学使用的概念和基本原理

（一）农药科学使用的概念

21世纪以来，我国农作物重大病虫害发生防治总体上呈现三个特点，一是农作物病虫害常发、多发、重发。据统计，对农作物造成威胁的病虫有1 600多种，其中每年农作物经常发生的危害种类有300多种，稻飞虱、小麦赤霉病等发生严重时，可造成产量损失30%以上，甚至绝收。二是农作物病虫害经过持续性综合治理呈平稳态势。通过生态调控、生物防治、物理防治和科学用药等多种综合技术措施，特别是对重大病虫害实现了有效控制。三是化学防治仍是主要方式。近十年来，年均化学防治面积4.87亿hm^2次，使用农药29.4万t（折百量），占比为86.8%。相对于生物防治和物理防治，使用农药防治农作物病虫草害，在操作技术上是一项非常简单易行的田间作业，而且防治快速、效果显著。因此，近百年来化学防治一直是植物保护工作中一项最重要、发展最快，也是很受农民欢迎的技术措施。然而，在进行农作物病虫草害防治的过程中，对化学防治方法要求比较严格，随着新型药剂的研发，化学农药的品种发生了重大变革，农药的作用方式、毒性、对环境的影响等都在不断发生变化。如果不能科学地、正确地使用农药，不仅不能很好地发挥其应用作用，而且还可能对非靶标生物和环境带来危害。反之，正确、科学地使用农药则可以获得显著的经济效益和社会效益，避免或减轻其负面影响。

所谓科学使用农药就是在全面了解和掌握农药概念、农药与农药剂型的关系、农药与防治对象的关系、农药与施用方式的关系、农药的用量与农药的混配问题、农药的毒性以及农药使用对环境的影响等影响化学防治效果的各种因素的基础上，正确地加以调节控制和运用。

1. 农药的概念

农药是指用于预防、控制危害农业、林业的病、虫、草、鼠和其他有害生物以及有目的地调节植物、昆虫生长的化学合成或者来源于生物、其他天然物质的一种物质或者几种物质的混合物及其制剂。农药品种很多，迄今为止，在世界各国注册的已有 1 500 多种，其中常用的达 300 余种。为了研究和使用上的方便，常常从不同角度对农药进行分类。其分类的方式较多，主要有以下三种。

按防治对象分类，可分为杀虫剂、杀螨剂、杀鼠剂、杀软体动物剂、杀菌剂、杀线虫剂、除草剂、植物生长调节剂等。

按来源分类，可分为矿物源农药、生物源农药及化学合成农药三大类。

按化学结构分类，有机合成农药的化学结构类型有数十种之多，主要包括：有机磷、氨基甲酸酯、拟除虫菊酯、有机氮、有机硫、酰胺类、脲类、醚类、酚类、苯氧羧酸类、三氮苯类、二氮苯类、苯甲酸类、脒类、三唑类、杂环类、香豆素类、有机金属化合物等。

每一类农药中包含有许多品种，它们的作用和性质各不相同。各种农药都有一定的适用范围和适用时期，并非任何时期施用都能获得同样的防治效果。有些农药品种对气温的反应比较敏感，在气温低的情况下效果不好，而在气温高时药效才能充分发挥出来。如炔螨特在夏季使用的防治效果明显高于春季。有的农药对害虫的某一发育阶段有效，而对其他发育阶段防治效果较差，如噻螨酮对害螨的卵防治效果很好，而对活动态螨防治效果很差。灭幼脲等昆虫生长调节剂类杀虫剂，只有在低龄幼虫期使用，才能表现出良好的防治效果。植物生长调节剂的使用更是需要关注适当的范围和时期，超范围使用很容易发生药害，而使用时期不当则起不到调节作物生长的作用。如防落素可安全有效地应用于茄科蔬菜的蘸花，但如果应用在黄瓜、菜豆上，就很容易导致幼嫩组织和叶片产生严重药害。使用乙烯利诱导雌花分化，处理时期十分关键，黄瓜应该在幼苗 1~3 叶期进行，丝瓜应在幼苗 2 叶期进行，瓠瓜则应该在 4~6 片真叶时期进行，子叶期喷药不起作用，处理时间过迟则早期花蕾性别已定，达不到诱导雌花分化的效果。所以必须很好地了解每一种农药的性质和用途，才能充分发挥其应有的作用，以获得预期的效果。

2. 农药与农药剂型的关系

任何农药均必须加工配制成特定的形式才能投入实际应用。在原药中加入适宜的辅助剂，制备成便于使用的形态，这个过程叫作农药剂型加工。该过程属于物理变化过程。农药剂型加工能赋予农药原药以特定的形态，便于流通和使用，以适应各种应用技术对农药分散体系的要求；农药剂型加工能将高浓度的原药进行稀释，降低对自然的危害；农药剂型加工能提高农药制剂的理化性能指标，进而提高田间使用的生物活性；农药剂型加工能保证农药有效成分在储存期间的稳定性；农药剂型加工能将一种原药加工成多种剂型，扩大其使用方式和用途；农药剂型加工还能将两种以上的原药加工成一种混合制剂，使之兼治多种病虫害。

大多数农药剂型在使用前须加水配制成为可喷施状态才能使用，只有粉剂、颗粒剂、拌种剂、超低容量制剂等可以不经过配制而直接使用。农药的配制并非易事，例如乳剂、可湿性粉剂在配制时对水质也有严格要求，否则配出的溶液喷雾性质不稳定，不能充分发挥药效，甚至会影响药液的雾化性能。在航空植保喷雾中，农药的配制多是低倍数稀释，这样就要求制剂具备更高的性能才能得到稳定的喷雾体系，特别是在航空植保喷雾实际作业中经常采用多种药剂（杀虫剂、杀菌剂和植物生长调节剂）以及叶面肥等一起喷施，这种情况下对各种制剂之间兼容性的要求更高。

3. 农药与防治对象的关系

农作物病、虫、草害的种类很多，各地差异也很大，甚至同一种防治对象在不同地区的发生也有差异，危害习性也有变化。要做到正确地使用农药，正确认识防治对象的特点和习性是很重要的。例如水稻白叶枯的防治，据报道，在北方稻区有效的药剂，在广东稻区却效果不佳。在河北防治小麦长管蚜很有效的溴氰菊酯，在甘肃却防效不佳。这些现象成因比较复杂，它要求用户慎重选择农药品种以及用量。除此之外，农药使用者还需要了解当地农作物病原、害虫和杂草习性和危害特点以及对病、虫、草害有效的药剂，较为准确地判断出病、虫、草的种类并选择正确的药剂。

4. 农药与施用方式的关系

所谓施用方式是指喷施农药的工具和器械以及正确的操作技术。防治病、虫、草害所用的农药，如果把它比作弹药，那么，施用这些弹药必须有配套的武器和使用技术。武器和弹药必须严格按照操作要领来使用才能命中靶标。农药的使用也是同样的道理。施用农药好比射击打靶，射击打靶要有靶标，施用农药的靶标有两个：一个是直接靶标，它就是害虫、病菌、杂草等有害生物本体；另一个是间接靶标或靶区，它就是有害生物栖息和活动的部位或区域，只需把农药施到这些部位或区域，农药就能同有害生物发生持续不断的接触，使之中毒、死亡。

有研究用从农药防治棉铃虫的棉田中收回的虫体上所检测出来的药量进行计算，大约只有施药量千万分之一的农药在棉铃虫身上发生作用，没有被利用的农药不仅是浪费，流失在环境中还会产生诸多不良作用。由于生物群落的复杂多变，要求对直接靶标即有害生物本身直接施药，而不流失在环境中，这是极难做到的。但是，如果能把击中直接靶标的农药量提高一个数量级，其经济意义及对环境和社会的影响仍是十分突出的。

在施用农药的实践中，间接靶标是更为重要的靶标。间接靶标主要是作物，对作物喷洒（撒）一次农药，就可以维持比较长的药效期。这里的一个关键技术是要采取最适合的施药方法来提高农药在间接靶标（作物）上的沉积量。那么在航空植保施药中要想提高农药在间接靶标即作物上的沉积量，不仅需要提升航空植保飞机的操控性能，还需要药剂和施药参数相互配合。

5. 农药的毒性问题

我国农药产品的急性毒性分为剧毒、高毒、中等毒、低毒和微毒 5 个等级。按照大鼠急性经口 LD_{50} 值的范围进行分级，剧毒：$LD_{50} < 1$ mg/kg；高毒：LD_{50} $1 \sim 50$ mg/kg；中等毒：LD_{50} $51 \sim 500$ mg/kg；低毒：LD_{50} $501 \sim 5\ 000$ mg/kg；微毒：$LD_{50} > 5\ 000$ mg/kg。

按分级标准，农药中的杀菌剂、除草剂、植物生长调节剂大部分属低毒、微毒，部分属中等毒，没有剧毒、高毒的，这是因为这些农药的作用对象为植物，与动物在生理上相差很大。而目前所登记的杀虫剂中约 98% 为中等毒、低毒和微毒，一些特殊用途的杀虫剂为剧毒或高毒，但对其使用作物、环境和方式都有严格规定。现将我国常见杀虫剂的毒性水平列入表 3-1，并与几种其他物质毒性进行比较。

表 3-1 我国常用杀虫剂的毒性水平与其他物质毒性比较

级别符号	毒性分级	杀虫剂/物质名称	毒性水平（mg/kg）
Ⅰa 级	剧毒	河豚毒素[①]	0.01
		石房蛤毒素[①]	0.26
		黄曲霉毒素[①]	0.36
		涕灭威	0.93
		甲拌磷	2
Ⅰb 级	高毒	克百威	8（经皮 >10 200）
		阿维菌素	10
		灭多威	17
		烟碱（烟草）[①]	24
		氧乐果	50

（续）

级别符号	毒性分级	杀虫剂/物质名称	毒性水平（mg/kg）
		联苯菊酯	54.5（经皮＞2 000）
		三唑磷	57～59（经皮＞2 000）
		高效氯氟氰菊酯	56～79
		敌敌畏	56～80
		高效氯氰菊酯	60～80
		硫双威	66（经皮＞2 000）
		杀虫单	68（经皮＞10 000）
		氟虫腈	97
		甲氰菊酯	107～164
		溴氰菊酯	138.7（经皮＞2 940）
		丙硫克百威	138（经皮＞2 200）
		抗蚜威	147
		啶虫脒	146～217
		毒死蜱	163（经皮＞2 000）
		喹硫磷	195
Ⅱ级	中等毒	咖啡因①	200
		丁硫克百威	209（经皮＞2 000）
		氯氰菊酯	251（经皮＞2 400）
		单甲脒	260
		抑食肼	271（经皮＞5 000）
		氟胺氰菊酯	286
		甲萘威	300（经皮＞2 000）
		氯胺磷	316
		乐果	320～380
		顺式氰戊菊酯	325（经皮＞5 000）
		杀螟丹	326～345
		阿司匹林①	400
		异丙威	403～465（经皮 10 250）
		吡虫啉	450
		杀虫双	451
		氰戊菊酯	451
		唑螨酯	480（经皮＞2 000）

① 具有同样毒性级别的生物毒素或药物。

6. 农药用量和农药混配问题

农药在使用时必须有明确的用量，农药的用量指单位面积作物上农药的使用量。农药的使用量不仅关系到农药的使用效果和防治成本，还会影响到药效和环境。一般情况下我们用单位面积内沉积的农药雾滴数或粉粒数即农药覆盖密度来评价是否达到了合适的施药量。单位面积内雾滴或粉粒数越多，则药剂同病原菌、害虫或杂草接触的频率越高，渗透植物表皮的量也越大，因而对于病虫和杂草的防治效果也越好。不同种类的病、虫和杂草，对于不同的农药有最适覆盖密度。过高则浪费药剂而且易导致药害，过低则病菌或害虫接触不到足够的致死剂量而达不到防治效果。

最适覆盖密度下的施药量即为最佳施药量，最适覆盖密度的确定主要考虑到三方面因素。

（1）雾滴（或粉粒）细度与覆盖密度呈正相关。对于一定的农药剂量而言，雾滴（或粉粒）越细则形成的雾滴数和颗粒数越多，设 n 代表农药覆盖密度，则

$$n = \frac{60}{\pi}\left(\frac{100}{d}\right)^3 Q$$

式中，d 为雾滴（或粉粒）直径（μm）；Q 为施药液量（L/km²）。可见，雾滴和粉粒直径越小、施药液量越大，则农药覆盖密度越大。对于圆球形雾滴，直径缩小 1/2，则 1 个雾滴可分割为 8 个小雾滴，即雾滴覆盖密度增大到 8 倍；从圆球形雾滴的投影面积来看，则 8 个小雾滴的投影面积比分割前 1 个大雾滴的投影面积增大 1 倍。当农药剂量确定时，防治效果同单位面积内的雾滴或颗粒数呈正相关。药剂的种类不同、雾滴或颗粒中所含的药剂浓度不同均会对单位面积内雾滴（或粉粒）数量的要求产生影响。Palmer 等（1982）提出，如用 N 代表雾滴（或粉粒）的数量，可以用 LN_{50}（半数致死雾滴或粉粒数）来表达和比较不同药剂或不同浓度药剂的覆盖密度对防治效果的影响。

（2）农药雾滴（或粉粒）的"杀伤半径"。指单个雾滴达到致使周围 50% 病虫死亡所对应区域的半径。由于药剂的气化能力或由于药剂在植物表面水膜中或表面蜡质层中的水平溶解扩散作用，雾滴或颗粒能对一定距离之内的病虫发生致毒作用，这种气化和溶解扩散作用因药而异，也因雾滴（或粉粒）所含的药剂浓度而异。药剂浓度高则水平溶解扩散距离大，即杀伤半径大。对于低容量喷雾如植保无人飞机喷雾，农药雾滴在靶标上的沉积是不连续性点状分布，一般每平方厘米农药雾滴在几个到几十个之间，这样，就需要单个农药雾滴具有较大的"杀伤半径"，即一个雾滴具有较大的"杀伤面积"，才能保证对病虫害的防治效果。杀伤面积等于雾滴周围至少 50% 的病虫死亡时的面积值，即一半的处理面积除以 LN_{50} 值（雾滴致死中密度），可用以下公式表示：

$$杀伤面积（mm^2）=\frac{1}{2\times LN_{50}}\times 100$$

雾滴杀伤半径远大于其本身雾滴粒径，同时杀伤面积数值本身也会随着幼虫的龄期、病害类别、农药类别、沉积均匀性和雾滴粒径的变化而改变（图3-2，表3-2和表3-3）。

由表3-2和3-3可以看出：①相同浓度，雾滴大小相同的情况下，不同药剂雾滴的杀伤半径、杀伤面积以及LN_{50}值不同。吡虫啉、噻虫嗪以及氟啶虫胺腈对麦蚜的杀伤半径以及杀伤面积较大，适宜田间防治小麦蚜虫，而阿维菌素雾滴杀伤半径以及杀伤面积过小，LN_{50}值过大，不适宜田间喷雾防治小麦蚜虫；②雾滴杀伤半径以及麦蚜致死中密度受到雾滴粒径、药剂浓度以及雾滴密度三个因素影响，且药剂的杀伤半径、杀伤面积、麦蚜的死亡率随着雾滴粒径、药剂浓度以及雾滴密度的增加而增加，雾滴杀伤半径与药剂浓度一般符合对数或者线性拟合关系，致死中密度与之相反；③分析不同粒径的雾滴对麦蚜产生相同防治效果时施药量情况的试验结果发现，相同LN_{50}值的情况下，小雾滴（43 μm）施药量显著低于较大雾滴（153 μm），并且呈现多倍关系。为此田间喷雾防治麦蚜，在尽量避免小雾滴喷雾飘移的情况下，在相同施药量的情况下，喷施小雾滴更有利于提高防治效果。因此，了解不同药剂和不同喷雾方式下的雾滴杀伤半径对于指导药剂选择、施药液量选择具有很好的指导意义。

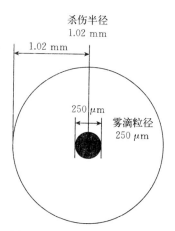

图3-2　百菌清雾滴粒径大小和杀伤半径大小

表3-2　**Potter** 喷雾塔模拟条件下不同杀虫剂对小麦蚜虫杀伤密度、杀伤半径和杀伤面积

喷雾方式	杀虫剂	致死中密度 LN_{50}（个/cm²）	杀伤面积（mm²）	杀伤半径（mm）
Potter 喷雾塔（43 μm）	氟啶虫胺腈 0.5 g/L	81.8	0.61	0.44
	吡虫啉 0.5 g/L	214.0	0.23	0.27
	噻虫嗪 0.5 g/L	283.6	0.18	0.24
	阿维菌素 0.5 g/L	2 999.8	0.017	0.073

（3）作物生长稀释作用。植物叶片在生长过程中面积不断扩大，有些植物生长扩大的速度很快，雾滴（或粉粒）的覆盖密度会随之降低，如果雾滴覆盖密度

降低过多，则无法有效防治病虫害。所以，覆盖密度的确定应保证在防治时期内，不能因作物生长稀释作用而使雾滴密度降低到有效防控病虫害的有效雾滴密度以下。

表3-3　离心式转盘雾化系统条件下不同杀虫剂对小麦蚜虫杀伤密度、杀伤半径和杀伤面积

喷雾方式	杀虫剂	致死中密度 LN$_{50}$（个/cm²）	杀伤面积（mm²）	杀伤半径（mm）
离心转盘雾化系统（153 μm）	氟啶虫胺腈 0.5 g/L	25.1	2.00	0.80
	吡虫啉 0.5 g/L	33.2	1.51	0.69
	噻虫嗪 0.5 g/L	43.2	1.16	0.61
	阿维菌素 0.5 g/L	80.7	0.62	0.44

在农药喷施的过程中，农药是否需要混合使用，涉及多种因素，并常因病虫草害特征和环境变化而适时调整。如除草剂常需要混合使用，因为农田中的杂草种类很多，差别很大，适合的除草剂种类也不尽相同。只用一种除草剂往往不能解决农田中各种杂草的问题，常需要多种除草剂混合使用。同时应该注意农药混合使用与农药混配制剂是两回事。混合使用是根据防治的需要把几种必需的农药混合稀释后同时喷洒，称为现场桶混法。参与桶混的药剂种类应根据当时田间病虫草害情况和作物生长情况甚至气象情况来确定。然而一时一地的农药桶混经验却不适合作为普适性成果向全国各地推荐，更不建议作为固定配方要求农药企业批量投产销售，病虫害的发生发展受环境条件和耕作方式变化的影响极大，我国地形地貌、气候条件、耕作方式南北方差异较大，同一病虫草害在不同地方的表现和发生时期并不完全相同，如果农药桶混经验作为固定配方推荐则会无形中增加农药使用量，给非靶标生物和环境带来风险。

在航空植保喷雾中，因为要考虑到效率和成本，最常见的喷雾方式就是多种药剂（杀虫剂、杀菌剂和植物生长调节剂），甚至叶面肥一起喷施。然而多种病虫害的最适施药时期集中在同一时间内的情况比较少见，在小麦"一喷三防"时小麦蚜虫和小麦白粉病或者赤霉病基本可以进行统一防治，但其发病情况和虫口密度往往不能均达到最适施药时期。如果不同病虫害的最适施药时期相隔较远，超过了所用农药的持效期，这种混用的农药就不能真正发挥作用，而是被浪费掉，还增加了农药对环境的影响和造成用户不应有的经济损失。所以多种农药混合使用必须事先详细了解病虫害的发生情况，特别是它们的发生时间和最适施药时期。如果最适施药时期比较接近，并且是在所用农药的持效期范围内，则可以进行混用和同时施药。此外，不同农药是否可以混合使用还需要详细了解两种农药的理化性质，切忌随意混用。

7. 农药使用对环境的影响

农药是一类生物活性物质，其中有些是有毒物质，如果不能正确地使用，一旦进入环境就会对环境质量造成不良影响，甚至造成某种危害。所谓环境泛指以人类为主体的整个外部世界，简单地说就是上自天空下至土壤方方面面的全部物质环境。我们在农药使用过程中所涉及的环境则主要是指与农业活动关系特别密切的水环境（江河湖泊等）、大气环境和土壤环境。农药的使用虽然是把农药喷施在农作物上，但是有一部会飘入空气中（进入大气层），还有一部分则落入土壤或附近的水系中，包括土壤中的水、地表水和河流、湖泊等水域。当飘洒和散落的农药量超过一定水平时，就会对环境质量发生某种影响，如果这种影响无法消除，就构成了农药对环境的污染。不同的农药对环境质量的影响程度有所不同，有些农药的影响很小，甚至没有影响，有些则影响较大。

除了农药使用不正确可能对环境造成影响外，对于残剩农药的不恰当处理也可能造成对环境的影响。农药包装材料的处理、喷雾器械使用以后的清洗等，都必须按照一定的操作规程严格执行。不可把空的农药包装纸袋和空包装瓶随意抛弃在环境中，或者把洗涤喷雾器的废水随意倾倒在湖泊和河流中，否则会直接造成环境污染。

（二）科学选择和使用农药的基本原理

农药的使用是一门涉及多种学科的科学技术，要综合考虑化学防治所依据的基本科学原理，主要包括生物学、药剂学和使用技术。

1. 生物学方面

农药如何作用于有害生物，在什么样的条件下才能最有效地控制病虫草的危害，这与有害生物的生存状态和繁育条件都有密切关系，并且同有害生物的行为和习性有关。各种生物生长过程中都会存在某些薄弱环节，容易受到有害因素（如农药）的袭击或干扰，使其生存和发展受到威胁。农药的使用，就是利用生物体的这种特点来达到防治有害生物的目的。所以，了解这些特点对于科学使用农药具有重要指导意义。

（1）昆虫。昆虫是变态动物，从卵到成虫要经过卵、幼虫（或若虫）、蛹和成虫几个阶段的形态变化。对害虫进行化学防治，最重要的是要了解其生长发育的各阶段对农药的敏感程度。一般来说，昆虫的卵和蛹两个阶段对农药最不敏感。卵壳和蛹壳对昆虫有机体有较强的保护作用。另外，卵和蛹均处于一种休眠或活动很弱的状态，所以杀虫剂对于卵和蛹的杀伤力都很小或没有杀伤力。但也有某些杀虫剂对卵防治效果很好。

害虫最容易被毒杀的阶段是幼虫（或若虫）和成虫。这时害虫的行为和生理活动都处于十分活跃的时期，也是最容易受到药剂攻击的时期。幼虫（或若虫）

的各个龄期对药剂的敏感程度也不一样，一般是幼龄虫最敏感，老龄虫则敏感性较差。但老龄虫的取食量远大于幼龄虫，如黏虫幼虫的取食量，六龄幼虫占75.1%，五龄幼虫占14.3%，而一至四龄幼虫总计只占10.6%，所以一般要消除幼龄幼虫，以防止老龄幼虫暴食成灾。昆虫的幼虫（或若虫）分为3～6个龄期不等，一般幼虫变换龄期是通过蜕皮来完成，在蜕皮进行过程中，幼虫对药剂的敏感性降低，因为在老的体壁下面产生一层蜕皮液，对农药起了隔离作用，同时幼虫在蜕皮时停止了取食活动，药剂不能通过昆虫取食被摄入。但是当蜕皮完成以后，新蜕出的幼虫对药剂的敏感度又会显著提高，因为新形成的体壁比较容易吸收药剂，而且新生幼虫的取食量明显增加，所以通过取食而摄入的药剂量也较多，因而容易对幼虫起到防治作用。幼虫躯体上最容易接受药剂的部位是口器、体壁和气孔。口器是幼虫取食的器官，农业害虫的口器主要有咀嚼式和刺吸式两大类。咀嚼式口器是咬碎植物叶片或茎秆而取得食物，因此只有胃毒作用的杀虫剂才能对这类害虫起作用；刺吸式口器是害虫以针状口器插入作物体内而吸取其养分、液汁，因此内吸性杀虫剂才能对此类害虫起到很好的防治效果。

昆虫的幼虫习性变化多端，掌握这些习性同农药的正确使用关系密切。例如，潜叶蝇类害虫的幼虫潜入叶表皮下为害叶肉部分，钻出许多像隧道一样的孔道。在这种情况下，对叶面喷施杀虫剂一般都不容易发挥作用。又如，玉米螟等钻心害虫的幼虫在植株的顶部叶片所卷成的喇叭口内活动，因此通过喷雾的方式也很难起到防治效果，然而改为撒施颗粒剂就能奏效。有些害虫的幼虫发展到一定阶段后表现出明显的群体性。如茶毛虫的三至四龄幼虫在茶树树冠的侧面中部群集，这时特别有利于进行化学防治。小麦长管蚜在小麦抽穗期密集在穗头上，也特别有利于喷雾防治。水稻螟虫、棉铃虫、苹果食心虫等许多害虫的幼虫都有一些特殊的行为和习性。所以，对于不同的害虫必须仔细了解和掌握其行为特征，然后选择适宜的施药方法和时期。

昆虫的成虫形态和行为的差异很大。如鞘翅目、鳞翅目、直翅目和半翅目等重要农业害虫，形态迥然不同，行为和习性也差别很大。鞘翅目、直翅目的各种害虫成虫和幼虫阶段都是咀嚼式口器，而鳞翅目的害虫只是幼虫阶段是咀嚼式口器，成虫则是虹吸式口器。半翅目害虫，如各种蚜虫，各个阶段的虫态都是刺吸式口器。成虫阶段的许多昆虫都有趋光性，这是利用灯光诱杀的依据。此外，许多害虫的成虫在夜间有群集飞行的习性，根据这一习性可以利用植保无人飞机夜间飞行的性能进行防治，会大大减少农药使用量，且提高防治效果。所以了解害虫的生活习性和特殊行为，才能让农药使用技术更为科学合理。

（2）病原菌。植物病害绝大多数由植物病原真菌引起，少数由植物病原细菌、植物病原病毒引起。各种入侵的部位和病害的扩展方式不同。

土传病害是由土壤传播的病原菌所引起的，如棉花、黄瓜的枯萎病和某些线虫等。对于这类病害，在作物叶部或茎秆上喷药都不起作用，只有采用土壤施药才可以。种传病害是种子带菌而引起的病害，包括几种情况，一是种子表面带菌，如小麦腥黑穗病，这种病害是系统侵染的病害，但是可以用药剂处理种子而有效地防治。另一种是病菌以菌丝形态在种子内潜伏，在种子发芽时病菌也同时萌动，如大麦条纹病菌，也可以用处理种子的方法或浸种法防治。叶部侵染病害大多可以通过喷施药剂来进行化学防治。杀菌剂中有些是保护作用，有些是治疗作用，有些是内吸治疗作用。作用方式不同的杀菌剂要根据病害侵染和扩展的特点采用相应的使用方式。如小麦赤霉病，病原菌是在小麦开花期从花器侵入的，侵入的时间短促，一旦侵入造成的损失很严重，因为它直接危害了小麦结实。这种病菌侵入时又要求天气阴湿，所以小麦赤霉病往往在阴雨天气发生。这种特殊的天气加上病原菌侵入时间短促，使防治工作非常紧迫。如果不能严格地掌握这一特点，防治工作往往不能获得成效。这一病害的有效防治时期是始花期至盛花期之间，同时由于天气的特殊性，要求喷出的药液必须能很快干燥、固着在麦穗上。所以对于小麦赤霉病的防治低容量喷雾反而会比常规喷雾的防治效果好。由此可见，掌握病原菌的生物学特性对于农药正确使用至关重要。病害的防治必须根据病情和病害特征及时地进行预测预报，绝不可等到病害发生以后再防治。

（3）杂草。从生物学角度看，除草剂的使用要比杀虫剂和杀菌剂的使用更为复杂。许多重要的杂草和农作物在分类地位上十分接近，在生理生化特征上也非常相似。因此，如何使除草剂仅仅对杂草发生作用而不影响作物的生长发育，是除草剂使用中一个很突出的问题。

杂草的生长发育也要经历萌芽、幼苗、成株、开花、结实等不同阶段。毫无疑问，这些阶段对除草剂的敏感性是不一样的。一般的规律仍然是幼嫩杂草比成株期杂草敏感。但是，由于除草剂作用机制差别很大，杂草的敏感性同除草剂的类型和作用方式有很大关系。

激素型的除草剂几乎在杂草生长的各个阶段都能发生作用。例如2,4-滴、麦草畏等能从杂草的茎、叶、根等各个部位被吸收，所以这类除草剂可以作为叶面喷施剂，使杂草叶片发生畸形后逐渐死亡。但是像莠去津这类除草剂在茎、叶部却很难被吸收，而主要由杂草的根部吸收，因此，必须以土壤处理用药为主要方式。

许多除草剂的作用受土壤性质的影响很大。黏土对许多除草剂有较强的吸附性，土壤有机质含量也有很大影响。扑草净在一般土壤中的持效期1～2个月，但在黏土中则可长达3～4个月。氟乐灵则必须施在土壤中，因为这种除草剂见光易分解，同时氟乐灵也只能在杂草种子发芽到出土这段时间内发生作用。

对于触杀型除草剂，如草铵膦、野燕枯等是在与杂草叶片表面发生接触以后才起作用，因此良好的润湿性能成为这类除草剂药效好坏的重要因素。野燕枯如不具备润湿性，则对野燕麦的防治效果极差，因为野燕麦叶片上浓密的毛很难湿润。

此外，禾本科作物茎叶是直立型，不容易受药；而阔叶杂草叶片平展易受药，这也可以作为选择除草剂的一种依据。

除草剂的作用特点和方式相当复杂，必须详细了解和掌握各种杂草的生物学特征并结合除草剂的特点和性能使用，才能使其发挥应有的作用。

2. 药剂学方面

在防治对象确定之后就可以对农药进行选择。选择农药必须根据农药的作用方式和特点。杀虫剂按照来源可以分为矿物源杀虫剂、植物源杀虫剂、微生物杀虫剂和有机合成杀虫剂，按照作用方式可以分为胃毒杀虫剂、触杀杀虫剂、内吸杀虫剂、熏蒸杀虫剂和特异性杀虫剂（如拒食、驱避、引诱、迷向、不育或干扰蜕皮作用等）。不同的杀虫剂有不同的作用机理，根据杀虫剂的主要作用靶标，大致分为神经毒性、呼吸毒性、昆虫生长毒性等。在使用某一种杀虫剂防治某种害虫一段时间后，继续使用原来的剂量，所取得的防治效果却不断下降，以至于成倍地增加农药的使用剂量也不能够取得很好的防治效果，这是因为害虫产生了抗药性，有了抵抗这种杀虫剂的能力。抗药性产生过程就如同过筛，含有抗药性基因的昆虫个体不容易被筛下，而不含有抗药性基因的个体容易被筛下。筛子就是杀虫剂，而筛眼的粗细就是杀虫剂的使用剂量，当筛眼越细（使用剂量越大），筛选的力度就越大，剩下的个体抗药能力越强。所以，这里筛选的力度被称为选择压。很明显，如果一个杀虫剂连续使用，那它就像用同一个规格的筛子不断筛选昆虫种群个体一样，这样就更容易使那些剩下的抗性个体比例上升，种群适应这种杀虫剂的速度加快，即抗药性产生的速度快。相反地，如果间断地使用不同作用机制的杀虫剂，昆虫个体则需要适应不同的环境，向一个方向进化的速度就慢，即抗药性产生的速度则慢。所以在杀虫剂使用过程中，避免同一药剂长期、多次使用，也要避免同一作用机理的不同杀虫剂轮换使用，因为同一作用机理的杀虫剂之间往往有较强的交互抗药性，如果在同一作用机理杀虫剂中实施交替和轮换使用，对害虫种群的筛选条件是差不多的，实际上对预防和延缓抗药性产生没有太大的帮助，反而会加速抗药性的产生。如拟除虫菊酯类杀虫剂之间有较强的交互抗药性，如果溴氰菊酯和氯氰菊酯交替使用，就达不到延缓抗药性的目的。因此，在使用杀虫剂之前，必须了解其作用机理属于哪一类，不要在同一作用机理的杀虫剂之间进行交替和轮换使用。

杀菌剂按照来源来分，可分为 4 类：①矿物源杀菌剂：是指由天然矿物原料的无机化合物或矿物油经加工制成的杀菌剂，包括无机硫杀菌剂、无机铜杀菌剂和矿物油等。这类杀菌剂在植物病害化学防治中广泛使用。无机硫杀菌剂主要防治多种作物的白粉病、小麦锈病、苹果黑星病和炭疽病等；无机铜杀菌剂用来防治多种作物的霜霉病、炭疽病等；矿物油也主要防治花卉或蔬菜的白粉病。②植物源杀菌剂：是指利用植物资源开发的杀菌剂，包括从植物中提取的活性成分、植物本身和按活性结构合成的化合物及衍生物，如白千层提取物和虎杖提取物。③微生物杀菌剂：细菌、真菌、放线菌等微生物及其代谢产物和由它们加工而成的具有抑制植物病害作用的生物活性物质。微生物杀菌剂主要有农用抗生素（武夷菌素、井冈霉素、春雷霉素、中生菌素、链霉素和申嗪霉素等）、真菌杀菌剂（寡雄腐霉、木霉、淡紫拟青霉）、细菌杀菌剂（枯草芽孢杆菌、解淀粉芽孢杆菌）等类型。④有机合成杀菌剂：指在一定剂量或浓度下，具有杀死植物病原菌或抑制其生长发育作用的有机化合物。20 世纪 60 年代以后，有机杀菌剂得到蓬勃发展，是目前杀菌剂中数量最多的一类。如三唑类、甲氧基丙烯酸酯类、酰胺类、二甲酰亚胺类、咪唑类等。

杀菌剂按照作用方式分，可分为 3 类：①保护性杀菌剂：这类杀菌剂在病原微生物没有接触植物或没有侵染植物体之前，处理植物或周围环境，从而保护植物免受病原菌侵害。如波尔多液、代森锌、硫酸铜、代森锰锌、百菌清等。具有保护作用的杀菌剂在使用时，要求能在植物表面形成有效的覆盖密度，并有较强的黏着力和较长的持效期。具有保护作用的杀菌剂在应用时，要着重于"保护"。首先，要了解需防治的是病原菌侵染植物的哪个部位、初侵染的时期及为害的主要阶段等。例如，小麦条锈病主要为害小麦的叶片、叶鞘和穗部，且大多在小麦拔节期至孕穗期之间侵染。若施用保护性杀菌剂，应在拔节期至抽穗扬花期之间进行。其次，要确保能连续保护。保护剂的持效期一般为 5～7 d，因此要在病害侵染期间每隔 5～7 d 喷药 1 次才能收到理想的防治效果，这点在对某些果树病害喷药防治时尤为重要。生产中常有喷施保护性杀菌剂效果不佳的现象，主要是施药技术问题，如第一次喷药在病菌侵入后才进行，再就是两次喷药间隔期过长等。另外，喷施保护性杀菌剂后，并不能马上看到药效，需经过一定时期后，与同一块田不施药地段相比较，才能看出其药效。②治疗性杀菌剂：这类杀菌剂的适用时期为病原微生物已经侵染植物，但植物处于表现病症的潜伏期。药剂从植物表皮渗入植物组织内部，经输导、扩散或产生代谢物来杀死或抑制病原菌，使病株不再受害，并恢复健康。如苯醚甲环唑、四氟醚唑、甲基硫菌灵、多菌灵、春雷霉素等。把握准施药时期是用好治疗性杀菌剂的关键，治疗剂并不意味着在什么时期施药都能有效果，当病害已普遍发生，甚至已形成损失，再施用任何高效治疗剂也不能使病斑消失，植物康复如初。治疗剂可以比保护剂推迟用药，即在病菌侵入寄主的初始阶段、初现病症时喷药为宜。例如用三唑酮防治小麦条锈病，可以在小麦孕穗末期（挑旗）至抽穗初期喷药，持效期达 15 d 以上，仅喷药 1 次即可达到防病保产的效果。喷药早了，还需第二次用药，喷药迟了，效果不明显。③铲除性杀菌剂：这类杀菌剂指病原菌已在植物的某部位（如种子表面）或植物生存的环境中（如土壤中）广泛存在，施药将病菌杀死，保护作物不受病菌侵染。如五氯酚钠、石硫合剂等。此类杀菌剂多有强渗透性，杀菌力强，但持效期短，有的易产生药害，故很少直接施用于植物体上。

杀菌剂按传导特性可分为两类：①内吸性杀菌剂：该类杀菌剂能被植物的叶、茎、根、种子吸收进入植物体内，经植物体液输导、扩散、存留或产生代谢物，可防治一些深入到植物体内或种子胚乳内的病原菌，以保护作物不受病原菌的侵染或对已感病的植物进行治疗，因此具有治疗和保护作用。如多菌灵、苯醚甲环唑、噻菌铜、甲霜灵、三乙膦酸铝、甲基硫菌灵等。②非内吸性杀菌剂：该类杀菌剂不能被植物内吸并传导、存留，不易使病原菌产生抗药性，价格较低，但大多数只具有保护作用，不能防治深入植物体内的病原菌。如硫酸铜、百菌清、石硫合剂、波尔多液、代森锰锌、福美双等。

根据杀菌剂的主要作用靶标，大致分为以下 4 种作用机理：①杀菌剂对菌体细胞代谢物质的生物合成及其功能的影响：主要包括对核酸、蛋白质、酶的合成和功能以及细胞有丝分裂和信号传导的影响。②杀菌剂对菌体细胞能量生成的影响：菌体不同生长发育期对能量的需求量是不同的，孢子萌发比维持生长所需的能量大得多，因而能量供应受阻时，孢子就不能萌发。病菌赖以生存的能量来源于其体内的糖、脂肪或蛋白质的降解。在菌体内物质的降解有三个途径：糖酵解、有氧氧化和磷酸戊糖途径。由于糖酵解提供的能量很少，杀菌剂干扰这个代谢途径对防治植物病害的意义不大。杀菌剂对菌体内能量生成的影响主要是对有氧呼吸（即有氧氧化）的影响，包括对乙酰辅酶 A 形成的干扰、对三羧酸循环的影响、对呼吸链上氢和电子传递的影响以及对氧化磷酸化的影响。③影响细胞结构和功能：主要包括对真菌细胞壁形成的影响以及对质膜生物合成的影响。④植物诱导抗病性：诱导病原菌的寄主植物产生系统抗性，诱导植物防卫有关的病程相关蛋白（PR-蛋白）如几丁质酶、$\beta-1,3-$葡聚糖酶、超氧化物歧化酶（SOD）及 PR-蛋白的活性增加，植保素的积累、木质素的增加，从而起到抑制病原菌的作用。

除草剂的种类繁多，可根据合成除草剂的材料来源、除草剂作用方式及使用方法、施药时间、化学结构及作用机理等对其进行分类。

按原材料的来源，可将除草剂分为以下 3 类。①矿物源除草剂：包括无机盐如硫酸铜、硼砂、氨基磺酸胺等，砷盐如亚砷酸钾、亚砷酸钠、六氟砷酸钾等。

上述药剂一般对杂草防效低、对作物安全性差、对人畜毒性高，大多数已经不再使用。②生物源除草剂：分为植物源除草剂、动物源除草剂及微生物除草剂。但由于其专化性差、杀草谱窄、药效发挥对环境要求严格等原因，无太多成功先例。③有机合成除草剂：此类除草剂的有效成分为有机化合物。是目前品种最多、使用最广泛的一类除草剂。

从结构或作用机制分，全球除草剂有30多类近260个品种。按作用方式，可将除草剂分为两类：①内吸性除草剂：除草剂有效成分被杂草根、茎、叶吸收后，通过输导组织运输到植物体的各部位，破坏其内部结构和生理平衡，从而造成植株死亡，这种方式称为内吸性，具有这种作用方式的除草剂叫内吸性除草剂，或内吸性传导型除草剂。如苯磺隆、精喹禾灵、草甘膦等。内吸性除草剂既能杀死杂草的地上部分，也能杀死杂草地下部分，有的除草剂如草甘膦传导性很强，可传导至多年生杂草地下根茎，对其彻底杀除。②触杀性除草剂：除草剂有效成分喷施到杂草植株表面，只能杀死直接接触到药剂的那部分植物组织，不能内吸传导到其他部位，具有这种作用方式的除草剂叫触杀性除草剂。这类除草剂只能杀死杂草的地上部分，对杂草地下部分或有地下繁殖器官的多年生杂草效果较差，如唑草酮、乙羧氟草醚、灭草松等。

按作用性质，可将除草剂分为两类：①灭生性除草剂：除草剂有效成分喷施到植株表面，可不加选择地杀死各种杂草和作物，这种除草剂称为灭生性除草剂，如百草枯、草甘膦等。②选择性除草剂：除草剂能杀死某些杂草，而对另一些作物则无杀除效果，具有这种特性的除草剂称为选择性除草剂。如氰氟草酯苗后茎叶处理能杀死稗草、千金子，对水稻安全；莠去津播后苗前处理，可杀死稗草、牛筋草、反枝苋等杂草，对玉米安全；野燕枯茎叶处理能杀死野燕麦，对小麦安全等。除草剂的选择性是相对的，在一定剂量范围内具有较好的选择性，超过了选择性剂量范围就变成了灭生性除草剂；在某些杂草和某种作物之间有良好选择性的药剂，对另一种作物可能就不具有选择性；除草剂的选择性还受施药时间、用药技术、方法和施药前后环境条件的影响。如乙草胺推荐剂量下在杂草和大豆之间具有较好的选择性，如施药后遇大雨，造成田间积水，对大豆的选择性则降低。

按施药对象和施药方法，可将除草剂分为两类：①土壤处理剂：施于土壤表层或通过混土操作把除草剂拌入土壤中一定深度，形成一个除草剂封闭层，在杂草萌发穿过封闭层的过程中使杂草受害，采取这种施药方法的除草剂称为土壤处理剂，如乙草胺、莠去津、氟乐灵等。②茎叶处理剂：施于杂草茎、叶上，利用药剂的触杀或内吸传导达到作用部位，使杂草受害，采取这种施药方法的除草剂称为茎叶处理剂。茎叶处理主要是利用除草剂的生理生化选择性来达到杀死杂草的目的，如乳氟禾草灵、高效氟吡甲禾灵、烟嘧磺隆等。

按施药时间，可将除草剂分为 3 类：①播前处理剂：指在作物播种前对土壤进行封闭处理的药剂，如在棉花田使用氟乐灵，东北地区大豆田使用咪唑乙烟酸、乙草胺等。这种处理方式是在作物播前把除草剂施到土壤中，被杂草幼根、幼芽所吸收，一般通过混土等措施防止或减少除草剂的挥发和光解损失。②播后苗前处理剂：指在作物播种后出苗前进行土壤处理的药剂。这种处理方式主要用于杂草幼根、芽鞘和幼叶吸收向生长点传导的选择性除草剂。如乙草胺、莠去津、丙炔氟草胺等。③苗后处理剂：指在杂草出苗后，直接喷洒到杂草植株上的药剂。这种施药方式既包括了选择性茎叶处理剂，如精噁唑禾草灵、2,4 -滴、灭草松等，也包括灭生性茎叶处理剂，如草甘膦在免耕作物播种前进行灭生性除草或作物生长期行间定向喷雾。有的除草剂既有土壤处理效果又有茎叶处理效果，可做播后苗前处理，也可做茎叶处理，如烟嘧磺隆在玉米田除草，噻吩磺隆、苯磺隆在小麦田除草等。

目前采用较多的是按化学结构对除草剂进行分类。除草剂的不同化学结构类型及同类化合物上的不同基团取代对除草剂的生物活性具有规律性的影响，使得同一类化学结构的除草剂有很多共性。目前，除草剂大致分为酚类、苯氧羧酸类、苯甲酸类、二苯醚类、联吡啶类、氨基甲酸酯类、硫代氨基甲酸酯类、酰胺类、取代脲类、均三氮苯类、二硝基苯胺类、有机磷类、磺酰脲类、咪唑啉酮类、环己烯酮类、磺酰胺类等。

随着对除草剂作用机理研究的深入，发现具有相似化学结构的除草剂可能具有不同的作用靶标，而不同化学结构的除草剂也可能具有相同的作用靶标，从而总结出一种新的除草剂分类方法，即按除草剂作用机理分类，根据除草剂的作用位点（靶酶）、作用机理，结合除草剂的化学结构类型对除草剂分类，也称作用靶标分类法。

从生物学角度讲，杂草和作物都是依靠光合作用而生存的植物，许多重要杂草如节节麦、杂草稻、野芥菜等与农作物在分类地位上十分接近，在生理生化特性上也非常相似，因此，除草剂的使用要比杀虫剂和杀菌剂的使用更为复杂。除草剂与其在植物体内的作用靶标结合而杀死杂草的途径称为除草剂的作用机理，不同类型除草剂的作用机理有很大差异。①抑制脂类合成及代谢：如氰氟草酯、炔草酯、精噁唑禾草灵等通过抑制乙酰辅酶 A 羧化酶，使植物体内脂肪酸合成停止，植物缺少重要能源而死亡。硫代氨基甲酸酯类除草剂不抑制乙酰辅酶 A 羧化酶活性，但抑制脂肪酸及类脂形成。②抑制氨基酸及蛋白质合成：乙酰乳酸合成酶抑制剂通过抑制植物乙酰乳酸合成酶活性，导致缬氨酸、亮氨酸和异亮氨酸合成受阻，蛋白质合成停止，使植物细胞有丝分裂不能正常进行而死亡。草甘膦的作用靶标是植物体 5 -烯醇丙酮酰莽草酸- 3 -磷酸合成酶，由于抑制了该酶的活性，从而抑制莽草酸向苯丙氨酸、酪氨酸及色氨酸的转化，使蛋白质的合成受到干扰，导致植物死亡。③抑制光合作用：如三嗪类、取代脲类除草剂，是光合电子传递抑制剂，通过与叶绿体类囊体膜光系统 II 的 D1 蛋白 Q_B 位点结合，改变了其结构，阻止从 Q_A 到 Q_B 之间的电子传递，使二氧化碳固定、ATP 和 NADPH 合成停止，植物得不到生长必需的能量而死亡。联吡啶类除草剂则通过影响光系统 I 的电子传递过程来抑制光合作用。④抑制呼吸作用：除草剂通过与呼吸作用中某些复合物反应，阻断呼吸链中的电子流，造成呼吸作用受阻，或通过抑制呼吸作用的第三阶段即磷酸化作用的电子传递，或通过氧化与磷酸化解偶联使呼吸作用不能正常进行，如五氯酚钠及二硝酚等。⑤影响细胞分裂：如二硝基苯胺类除草剂影响细胞分裂时纺锤体的形成；氯酰胺、乙酰胺、四唑啉酮类药剂抑制长链脂肪酸合成，从而影响细胞分裂。⑥影响光合色素及相关组分的合成及代谢：这类除草剂主要抑制类胡萝卜素合成、二萜合成及抑制 4 -羟基苯基丙酮酸双氧化酶活性。施用后的典型症状是植物白化至半透明，最终死亡。如吡氟酰草胺、氟草敏等类胡萝卜素生物合成抑制剂通过抑制八氢番茄红素脱氢酶，阻碍类胡萝卜素生物合成；三酮类除草剂硝磺草酮和异噁唑类除草剂异噁唑草酮等抑制 4 -羟基苯基丙酮酸双氧酶活性，阻碍 4 -羟苯基丙酮酸向脲黑酸的转变并间接抑制类胡萝卜素的生物合成。⑦生长刺激或抑制：2,4 -滴、麦草畏、二氯吡啶酸等除草剂与内源生长素的作用类似。该类药剂的特定结合位点不十分清楚。可能最初通过影响细胞壁可塑性和核酸代谢而起作用。药剂低浓度下还刺激RNA 聚合酶活性，导致 DNA、RNA 及蛋白质的生物合成增加，使细胞分裂和生长过度，从而导致输导组织破坏。相反，高浓度的除草剂则抑制细胞分裂和生长。该类药剂还刺激乙烯释放，引起植物偏上性生长。有的除草剂具有多靶标抑制植物生长的作用机制。如硫代氨基甲酸酯类、苯并呋喃和二硫代磷酸酯类药剂既影响脂肪酸及类脂形成，从而影响膜的完整性，使细胞表皮蜡质层沉积减少，也影响蛋白质类、异戊二烯类（包括赤霉素）及类黄酮（包括花色苷）的生物合成，同时还抑制植物的光合作用。

3. 使用技术方面

在防治对象和药剂已经明确之后，农药使用技术就成为科学用药的决定性技术因素。如果使用技术不当，缺乏周密的考虑和计划，即使农药选对了也难以发挥应有的作用和效果，甚至还可能造成农药的浪费、经济上的损失和其他副作用。所谓农药使用技术，是指农药喷施方法的选择、施药机具的选择及其使用方法和操作技巧、田间施药作业参数（施药路线规划、高度、速度、喷洒角度和喷幅选择等）以及对农药理化性质、雾滴和粉粒的运动行为、沉积分布状况的检测和监控等与喷施质量有关的各项技术环节。这些技术环节不仅直接关系到施药效率和农药使用后的效果，而且关系到农药对农田周围环境的影响。

农业航空施药属于低容量施药，根据目前田间实际操作的经验，只是施药时单位面积用水量大幅度降低，而农药有效成分的用量却和常规喷雾一致，并没有同步大幅度减少。例如，常规喷雾每 667 m² 一般喷施 30 L 药液，而农业航空施药则喷施 1 L 左右，即省水 96.7%，而农药用量却不变。因此，喷雾药液的浓度必定很高，一般航空施药的药液浓度为常规喷雾药液浓度的 30 倍左右。在此情况下，势必引发人们对作物安全性的担忧和思考，所以对航空施药的使用技术就提出了更高的要求。

作物对药剂的忍受能力取决于作物单位面积上所接受的药剂量而不是药剂的浓度，当然与环境条件以及药剂的化学性质也有关系。就相同的药剂、相同的施药环境而论，只要药剂不集中堆积在作物的某一局部表面上，而且单位面积上的药剂量不超过发生药害的阈值，就不会发生药害。如航空喷雾和常规喷雾，施药量都是每 667 m² 10 g，如果按照叶面积指数为 4 计算，叶片总面积为 2 668 m²，则两种喷雾法在单位叶面积上的沉积量均是 0.004 g/m²，当然在此我们忽略两种不同喷雾法利用率差异带来的沉积量差异。这样来看，虽然航空喷雾药液的浓度很高，但是喷施到作物上的单位面积药剂量却没有增大，因而不会发生药害。除非药剂高度集中在局部面积上，这就说明只要航空施药喷雾均匀，特别是在悬停、换行等操作的过程中能达到均匀喷雾或者变量喷雾，则航空喷雾对作物就不会产生药害，同时也说明了我们经常在使用过程中遇到的药害问题多半不是因为药剂本身引起的，而是农药的使用技术问题。

二、农业航空施药剂型的选择原则与科学使用

药剂选择是我们进行病虫害化学防治过程中最重要的一个环节，我们在进行农业航空施药过程中用到的不是农药的原药，而是经过适当的加工，把农药原药转变成可以直接使用的形态，可供直接喷施，或可加水稀释配制成可以喷洒的药液以供喷雾使用，农药的这种特定形态就是农药的剂型。

我国的农药剂型，在 20 世纪 80 年代以前主要是乳油、可湿性粉剂和粉剂三大剂型，现在的发展趋向是精细化、环保化、省力化，已经能够生产水乳剂、微乳剂、悬浮剂、悬乳剂、水分散粒剂、可溶粉剂（粒剂）、微胶囊剂、种衣剂、缓释剂、烟剂、静电喷雾油剂等几十种农药剂型。表 3-4 是近几年我国生产使用的主要农药剂型分类情况。表中乳油所占比例仍然很高，但是悬浮剂、微乳剂、水乳剂、水分散粒剂等环保剂型在平稳上升，随着国家对乳油剂型的限制生

产和登记，以水基化剂型为主的环保剂型将会得到快速发展。

表 3 - 4　2014—2017 年我国各剂型产品登记数占农药产品登记总数的比例

产品类别	2014 年个数 （占比%）	2015 年个数 （占比%）	2016 年个数 （占比%）	2017 年个数 （占比%）
悬浮剂	72（24.5%）	76（27.0%）	557（28.1%）	96（27.9%）
可湿性粉剂	41（14.0%）	35（12.5%）	24（12.3%）	304（8.8%）
水分散粒剂	30（10.5%）	271（9.0%）	24（12.3%）	37（10.9%）
乳油	268（9.1%）	179（6.0%）	104（5.3%）	214（6.2%）
水剂	201（6.8%）	245（9.0%）	154（7.8%）	41（11.9%）
水乳剂	183（6.2%）	162（6.0%）	90（4.5%）	131（3.8%）
微乳剂	157（5.3%）	122（4.0%）	63（3.2%）	96（2.8%）
可分散油悬浮剂	107（3.6%）	126（4.0%）	156（7.9%）	283（8.2%）

　　最适宜农业航空喷施的剂型就是超低容量油剂，也称之为超低容量液剂（ultra low volume，简称 ULV）。在喷雾过程中形成的雾滴体积中径（VMD）为 $50\sim100~\mu m$。若采用水介质的液剂，这种细雾滴的水极易迅速蒸发，使之变成超细雾滴而随风飘移到田外很远处，无法沉降到作物体上。采用油剂进行超低容量喷雾，这些细小雾滴对作物冠层穿透性强，沉积在目标作物表面上能展布成较大面积的油膜，黏着力强，耐雨水冲刷，对生物表面渗透性强，可提高药效。油质雾滴比水质雾滴挥发性低，因而航空喷施的油质雾滴在空中飘散、穿透过程中，不会因挥发而显著改变雾滴的直径和重量，使之有较好的沉降能力和沉积效率。药剂回收率较高，一般比喷洒水质药液提高 50%～70%。超低容量油剂的浓度很高，大多为 25%～50%，只有超高效农药品种，由于单位面积需用有效成分的量很小，油剂的浓度可以较低。一般供航空超低容量喷雾的超低容量油剂的闪点大于 75 ℃，目的是防止喷施时着火。超低容量油剂的挥发率应小于 30%，以减轻雾滴因挥发过快而造成的损失。超低容量油剂必须是毒性较低的。一般要求农药原药对大鼠急性经口 LD_{50} 值在 100 mg/kg 以上，中国民用航空局规定 50～100 mg/kg 的农药有效成分含量不大于 30%。然而，我国目前登记可用于航空施药的超低容量液剂只有 19 个，远远满足不了我国病虫害防治的需求。

　　在缺乏足够的超低容量液剂用于航空植保施药的情况下，很多液体制剂如水乳剂、乳油、微乳剂、悬浮剂，固体制剂如水分散粒剂和可湿性粉剂也经常应用于航空低容量施药。

　　从制剂性质的角度来说，在进行航空植保施药的过程中优选超低容量液剂，其次是液体制剂，再次是固体制剂。这主要是因为液体制剂分散性能很好，如乳剂（水乳剂、乳油和微乳剂）其粒径在 $0.2\sim2\ \mu m$，悬浮剂的粉粒细度为 $1\sim5\ \mu m$，而固体制剂如可湿性粉剂和水分散粒剂其粉粒细度为 $5\sim44\ \mu m$，分散性能较差，同时有些固体制剂的含量比较低，无效成分填充所占的比例较高，很容易在施药过程中堵塞喷管或喷头。当然，对于除草剂，或者像玉米螟等特殊虫害，颗粒剂是航空植保施药的最佳选择。

航空植保施药剂型选择过程中，毒理学因素也是需要考虑的一个方面。如在进行害虫防治时，同一有效成分，乳油的效果显著高于悬浮剂、可湿性粉剂等其他剂型，这是因为乳油是以有机溶剂作为农药有效成分的分散介质，而有机溶剂对于害虫的体壁具有很强的侵蚀和渗透作用，有利于接触性的神经毒剂快速进入害虫体内，所以药效发挥比较快，杀虫效果也比较强。然而对于病原菌防治，除了少数杀菌剂外，以油为介质的剂型和制剂对杀菌作用的发挥并无好处，因为杀菌剂对病原菌细胞壁的渗透并不需要有机溶剂的协助，而是依靠溶解在叶面水膜中的杀菌剂分子对病原菌细胞壁和细胞膜的渗透作用。有机溶剂反而会妨碍其扩散渗透和内吸作用。很多除草剂要求施用在水田田泥或土壤中，因此颗粒剂也是用得最多的一种剂型，在日本用来航空施药的除草剂一般都登记为颗粒剂。

除了从毒理学的角度去分析剂型的选择，当然还应该根据防治对象、防治成本，有时还需要考虑天气情况。如在炎热天气下喷施农药，油性介质的农药剂型如乳油、油剂等比较容易引发药害和引起操作人员不慎中毒等风险，因为在高温下，油性介质更容易深入人体皮肤和植物表皮。

此外，在航空植保施药过程中经常会把农药混合使用，有时候需要把不同的剂型混配到一起，这时应该注意不同剂型混配是否适宜，即兼容性问题，因为有些剂型之间有可能发生剂型相互破坏的作用。由于剂型和制剂的多样性，这方面的问题比较复杂，还没有完善的预测办法可供参考。但在混配之前可以先按照计划的用药量比例，进行小量的药剂试配，如果没有明显的分层、破乳或沉淀等不正常现象，则可以认为初步可行。

综上所述，航空植保施药过程中，农药剂型和制剂的正确选择和使用，是农药科学使用的一个重要组成部分，也是决定航空植保施药效果的一个重要方面。

三、助剂在航空喷雾中的作用与评价方法

（一）助剂在航空喷雾中的作用

虽然近几年我国植保无人飞机高速发展，但与之相配套的飞防用药的发展滞后，已成为制约我国植保无人飞机实现跨越式发展的突出问题，具体表现为以下

三个方面:

（1）从农药本身角度，缺乏专用药剂，严重影响药效，且易产生药害。我国植保无人飞机喷施的多为地面常规农药制剂，这些常规制剂在使用无人飞机进行高浓度喷洒时，由于缺少规范性的使用方法，使用量和稀释浓度不明确，很容易导致使用量过量或者不足，难以保证防治效果。此外，飞防作业时，大多会使用不同制剂类型的高浓度农药混配，容易出现分层、絮凝、沉淀、反应等现象，导致混配农药难以发挥其作用，进而更加无法保证防效。

常规制剂用于飞防由于未经过登记以及田间药效试验，在喷洒后容易出现田间药害问题，造成大面积减产，影响市场对植保无人飞机喷洒的认可度。

（2）从施药技术角度，缺乏专用药剂，影响药剂喷洒均匀性和沉积率。植保无人飞机的旋翼下洗流场呈非常复杂的空间涡系分布，其作业参数和沉积规律与其他施药机械有很大区别。我国植保无人飞机喷施的很多地面常规农药制剂，其理化性质等参数并不一定符合无人飞机的要求，很难保证药剂喷洒的均匀性和有效沉积率。

（3）从环境影响角度，缺乏专用药剂，农药雾滴飘移风险高。植保无人飞机喷雾是一种低容量喷雾技术，与地面常规喷雾相比，雾滴更细，再加上无人飞机喷雾作业喷头距离作物冠层高度大，雾滴飘移风险增加。虽然很多农药企业和科研单位都积极投身于飞防专用超低容量制剂的研发中，然而由于新型制剂研发和登记的周期较长，据中国农药信息网记载，截止到 2019 年年底，国内获得登记的超低容量液剂产品仅有 23 个。

因此，为了保障植保无人飞机的喷雾质量，提高防治效果，通常在作业中加入喷雾助剂。喷雾助剂可在很大程度上改善药液的理化性质，提高药液稳定性，减少农药飘移，提高农药利用率。添加飞防增效剂后，可增强农药雾滴的沉降和保湿能力，使农药雾滴一方面在下落过程中不易发生飘移和蒸发，另一方面使农药雾滴在落到靶标（植株叶片、昆虫、菌体）表面后长时间保持湿润状态，增强农药雾滴在靶标表面的附着力，且不易被雨水冲刷掉，延长靶标对药剂的持续吸收时间，大幅提高农药利用率。合理的使用飞防助剂，可明显提高植保无人飞机的防治效果。2015 年黑龙江省、2016 年吉林省明确规定要在作业过程中添加植物油类助剂以保证喷雾质量。我国主要飞防助剂及生产企业见表 3-5。

表 3-5　我国主要飞防助剂及生产企业

助剂商品名称	助剂主要成分	生产厂家
迈飞	甲基化植物油	北京广源益农化学有限责任公司
倍达通	甲基化植物油	河北明顺农业科技有限公司

（续）

助剂商品名称	助剂主要成分	生产厂家
拿敌稳专用助剂	脂肪酸甲酯	拜耳（中国）有限公司
瑞沃雷特	植物油类	浙江新安江化工集团股份有限公司
农飞健	有机硅类	桂林集琦农药股份有限公司
航化宝	有机硅类	济南绿赛化工有限公司
德飞乐	有机硅类	迈图高新材料集团
易滴滴	高分子聚合物活性材料＋非离子表面活性剂	迈图高新材料集团
红雨燕	多元醇、高分子聚合物	深圳诺普信农化股份有限公司
飞手宝	羟基丙烯酸聚合物	黑龙江华夏统联农业技术开发有限公司
百美达	聚丙烯酰胺＋羟丙基甲基纤维素的组合物	江西正邦生物化工股份有限公司
速立帮	唇形科植物精油	青岛锐康达生物科技有限公司 巴斯夫（中国）有限公司
飞防助剂	植物精油	陕西标正作物科学有限公司
派米瑞	油酸乙酯植物油	中美诺威特生物营养（湖北）有限公司

（二）航空喷雾助剂的评价方法

为满足植保无人飞机低容量喷雾技术的需要，需要添加喷雾助剂以防止雾滴飘移，增加雾滴润湿铺展性，提高雾滴沉积率，进而提高病虫害防治效果。然而适用于航空植保的助剂一直没有明确和统一的评价方法。在我们多年的科研工作中暂时提出一种植保无人飞机专用喷雾助剂的评价方法，通过测试助剂各项性能，筛选出一种安全性好、润湿效果佳、抗蒸发、抗飘移且在田间喷雾能够提高沉积的航空植保专用喷雾助剂，从而减少航空喷雾过程中因蒸发飘移产生的药害问题，为植保无人飞机专用助剂的筛选提供参考，提高植保航空喷雾施药的农药利用率。

1. 安全性测定

根据中华人民共和国农业行业标准《农药对作物安全性评价准则　第1部分：杀菌剂和杀虫剂对作物安全性评价室内试验方法》（NY/T 1965.1—2010）测定植保无人飞机专用助剂对作物的安全性。

（1）浓度设置。以助剂生产企业推荐的田间喷雾稀释倍数为最低试验浓度，按 1 倍、2 倍、4 倍的浓度梯度设计试验处理剂量，清水处理为空白对照。

（2）供试作物。每种供试作物选用 3 个以上（含 3 个）不同生物型的品种（如水稻的粳稻、籼稻、糯稻）。选用干净饱满的种子，采用营养一致的土壤或基质，且作物品种种子质量或生长势应保持一致，在光照、温度、湿度均可控的条件下盆钵栽培。

（3）喷施。按助剂处理浓度以清水、低浓度至高浓度对供试作物进行喷雾。每个处理不少于 4 次重复，且每处理不少于 30 株。喷雾后移入温室继续培养，保持条件一致。

（4）安全性评价。

安全系数计算：$I=C/W$

式中，I 为安全系数；C 为助剂对作物的最大无影响试验浓度；W 为助剂田间最高推荐使用浓度。

喷雾后 1、3、5、7 d 观察作物有无药害症状，是否有变色、坏死、生长发育延缓、萎蔫、畸形等症状。根据靶标作物的药害症状、伤害程度或安全系数评价助剂对作物的安全性。

2. 物理性质测定

室内测试植保无人飞机专用助剂溶液的表面张力、润湿面积、接触角及雾滴粒径。

（1）表面张力测定。药液的表面张力会影响其在靶标表面的铺展性能，同时对于药液的沉积效果也具有重要的作用。通过 JYW - 200A 自动表界面张力仪测定不同种类、不同浓度的航空喷雾助剂溶液的表面张力值。

（2）润湿面积测定。使用中国农业科学院植物保护研究所自制的药液润湿性测试卡测试助剂溶液的润湿性。用 100 μL 的移液枪吸取 20 μL 助剂溶液于药液润湿性测试卡的中央，静置，待液滴稳定后，读取药液润湿性测试卡的液滴覆盖面积。

（3）接触角测定。植保无人飞机田间喷雾过程中，降低药液的表面张力，能够降低药液与水稻叶片间的接触角，提升药液在水稻叶片上的润湿性和滞留能力，有利于提高药效。通过视频光学接触角测量仪 OCA 20 测定不同种类不同浓度助剂溶液的接触角值。

（4）雾滴粒径测定。室内通过建立喷雾系统测试专用助剂对雾滴粒径的影响。喷雾测试系统包括：离心式转盘雾化喷头、试验台架、玻璃转子流量计 LZB - 10、微型直流隔膜水泵、RXN - 3010A 型直流稳压电源（输出电流为 0～10 A，输出电压为 0～30 V 均可调）、DP - 02 激光粒度分析仪、电脑。

激光粒度分析仪采用信息光学原理（图 3 - 3），从激光器发出的激光经过显微物镜聚焦变成平行光束。该平行光束照到待测物上后一部分光束会被散射。散射后的光经过傅立叶透镜后，照射到光电探测器阵列上。光电探测器的阵列由数个同心环带组成。每个环带均是一个独立探测器，可以把散射光能转换成电压，输送给数据采集卡。该数据采集卡将电信号放大，转换后送入计算机。最后数据处理软件进行处理后，便可显示出被测雾滴的大小、雾滴粒径谱图，及雾滴粒径累积分布和微分分布等。

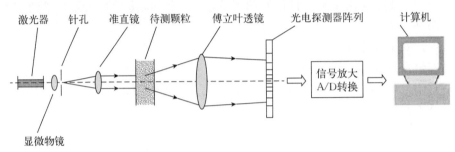

图 3-3　激光粒度分析仪分析原理

得到的雾滴谱图中，DV_{50} 表示体积 50% 雾滴分布对应的粒径，即雾滴体积中径。DV_{90}、DV_{10} 分别表示体积 90%、10% 雾滴分布对应的粒径，是两个边界粒径。Pct% < 75 μm 表示雾滴粒径小于 75 μm 的累积分布比例，其值越小，喷雾所产生的小雾滴越少，理论上会减少雾滴的飘移及蒸发。RS（relative span）即雾滴谱的相对跨度，$RS = (DV_{90} - DV_{10})/DV_{50}$，RS 值越小表明雾滴谱越窄，喷雾效果越均匀。

3. 抗蒸发性测定

国内外针对航空喷雾中的飘移相关研究比较多，但缺乏对雾滴蒸发的深入研究。云南农业大学采用高倍电子显微镜连续拍摄，记录农药雾滴在小白菜叶面上的整个蒸发过程，进而研究表面活性剂对农药雾滴在小白菜叶面上蒸发时间及覆盖面积的影响。国内外研究数据表明，研究农药雾滴在喷雾过程中的蒸发萎缩规律及其影响因子是农药喷雾与航空植保的基础科学问题，国内外尚未全面开展此项研究工作。国内学者大都是基于雾滴在植物叶片上的蒸发，而航空喷雾中突出的蒸发飘移问题更多的是由于农药雾滴中的水分子在空中下降过程中不断蒸发所引起的，这也正是本章助剂筛选方法中的核心问题。

本方法采用悬滴法结合视频光学仪器测定雾滴在空中的蒸发过程，通过雾滴蒸发方程、悬滴图以及雾滴蒸发抑制率对植保无人飞机专用助剂进行抗蒸发性能测定（图 3-4）。

悬滴法最初是表面张力测量手段的其中一种方法，其操作方式是：当液滴被

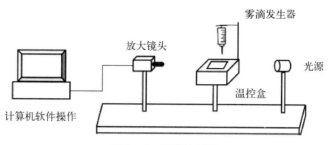

图 3-4 悬滴法示意

静止悬挂在毛细管的管口处时，液滴的外形主要取决于重力与表面张力的平衡。因此，通过对液滴外形的测定，即可推算出液体的表面张力，这种表面张力的测试方法已提出多年，本文使用悬滴法测试喷雾助剂对雾滴蒸发萎缩的影响。

测试单个雾滴（图 3-5）在悬滴模式下的蒸发，其难点就是如何产生体积可控的小雾滴，并在温度可控的条件下记录雾滴蒸发的过程及雾滴体积的变化情况。我们使用视频光学接触角测量仪上的雾滴发生器可产生 $1\sim4~\mu L$ 的单个雾滴，并使雾滴悬挂在测量仪的针头上，使针头处在测量仪的温控盒中，避免外界环境温湿度对雾滴蒸发的影响。温控盒一侧连接水浴，可以调节温度。

在计算机的操作软件中选择视频录制，接触角测量仪上的镜头会对雾滴进行自动拍摄，设置拍摄间隔时间为 1 s，记录下雾滴蒸

图 3-5 悬滴模式下的单个雾滴

发全过程，并在数据处理软件中得到雾滴体积随时间的变化情况。最后在数据处理软件中拟合得到雾滴蒸发方程。

4. 抗飘移性测定

根据《植物保护机械 喷雾飘移的实验室测量方法 风洞试验》（GB/T 32241—2015）及《植物保护机械喷雾飘移的田间测量方法》（GB/T 24681—2009）评价植保无人飞机专用助剂的抗飘移性能。

5. 田间试验

参考《植保无人飞机专用农药田间药效试验准则》测试方法，以雾滴密度、雾滴沉积量为指标测试专用助剂的田间效果。

四、航空喷施药剂的管理

（一）日本、韩国喷施药剂的管理经验

1. 日本植保无人飞机施用药剂管理经验

日本是世界上应用植保无人飞机最先进的国家之一，在飞防药剂的研发和管理方面也走在世界前列，出台了明确的飞防用药登记管理政策。近年来韩国植保无人飞机应用也发展迅速，并且也制定了相应的飞防药剂的登记管理政策。

登录日本有关网站和查阅有关资料表明，日本主要采用扩作方式管理，即在已经获得地面常规喷雾使用登记的前提下，申请无人飞机飞防低容量喷雾使用扩作试验。目前，日本登记飞防药剂品种约 276 个，占所有登记药剂的 6.2%，韩国已有专门的飞防登记药剂约 110 个，占登记药剂的 3.6%，其中主要的登记剂型包括乳油、悬浮剂、水乳剂、微乳剂以及水分散粒剂等（表 3-6）。日本的飞防药剂登记试验包括田间药效试验、残留试验、作物安全性试验以及邻近作物试验等，主要是由日本农业航空协会（JAAA）来完成的。

表 3-6　日本无人飞机飞防农药扩作登记表（截止到 2019 年 3 月 1 日）

农药类别	产品登记数量	登记作物（登记产品数）	登记剂型	稀释倍数（倍）	施药液量（L/hm²）	施粒量（kg/hm²）	撒滴量（L/hm²）
杀菌剂	59	水稻（27）小麦（11）其他（21）	乳油、微乳剂、水乳剂、颗粒剂等	4～16	8～16	10	
杀虫剂	40	水稻（15）小麦（5）其他（20）		8～16		10	
杀虫杀菌混剂	30	水稻（30）		8～16		10	
除草剂	142	水稻田（142）	颗粒剂、展膜油剂		—	2.5～10	2.5～1
植物生长调节剂	5	水稻（4）	水剂、颗粒剂		8～10	30	

可以看出，目前日本登记用于无人飞机飞防的农药包括杀菌剂、杀虫剂、杀虫杀菌混剂、除草剂和植物生物生长调节剂，使用作物主要是水稻，除草剂则只用于水稻田，并且水稻田除草剂登记农药剂型以颗粒剂、展膜油剂等为主，使用方法则是采用无人飞机进行颗粒撒施、撒滴施用展膜油剂，基本不采用无人飞机低容量喷雾方式，以避免除草剂雾滴飘移造成药害。日本无人飞机低容量喷雾推荐使

用的农药制剂稀释倍数分布在 4～16 倍，多为稀释 8 倍，施药液量为 8～16 L/hm²。

日本无人飞机主要机型为油动飞机 RCH（radio controlled helicopter），开发 RCH 主要目的是为了替代有人驾驶航空飞机，所以 RCH 应用的登记资料要求大部分与"有人驾驶航空"相同。RCH 喷雾与常规地面喷雾的主要差别在于超低容量高浓度喷雾和常规喷雾上，所以其药剂登记资料主要针对这一差别有所不同，主要体现在残留、药效、药害和对环境的影响几个方面。然而，日本农业目前正处于变革期，2013 年 6 月日本积极推进农业政策振兴战略，2016 年 11 月，提出农业产业竞争力提升方案，2017 年 7 月发布了关于法规修改的相关公告，2018 年 7 月下议院审议修订《农药管理法》草案，针对植保无人飞机喷施药剂的登记资料做了一些变动，即取消了植保无人飞机喷施药剂的残留试验，目前只需提交药效、药害试验和环境试验资料，具体试验要求如下：

（1）田间药效和药害试验。常规喷雾和低容量高浓度喷雾相比，药效、药害表现可能不同，因此，需要重新开展药效试验。可以参考常规喷雾的数据，相应减少试验次数。常规喷雾登记通常需要完成 6 个田间药效试验，一般需 2 年，每年完成 3 个试验。植保无人飞机喷雾的药效试验数为 2 个，可以在 1 年内完成。药效试验需要用水敏感试纸检测液滴分布。

植保无人飞机喷雾登记要完成 2 个作物安全性试验，试验剂量为 2 倍的推荐剂量，可以在温室内完成。

（2）环境试验。日本的无人飞机有两种，一种飞行高度在 3 m 以下，通常不需要进行额外的环境试验；另一种飞行高度为 3～10 m，需要进行相应的环境评估，但是这种情况非常少。

环境安全方面，虽然是高浓度施药，但是单位面积上有效成分用药量没有明显区别，因此不需要进行环境试验。喷雾飘移，应被加入到预测环境浓度（PEC）计算，但不会引发新的环境毒性试验。

对眼睛刺激性方面，如果在制剂中观察到不可逆的眼睛刺激，在稀释时无刺激，那么在高浓度使用时要求进行眼刺激试验。如未进行试验或高浓度稀释观察到了不可逆的眼睛刺激反应，则不批准该施用方法登记。

农药标签是农药管理的重要内容，以 20% 吡虫啉悬浮剂为例，日本植保无人飞机施用药剂的标签中会在施药方法中标注无人飞机喷雾，且明确标注稀释倍数以及用药量等信息，见表 3-7 和表 3-8。

表 3-7　常规喷雾产品标签

作物	靶标	稀释倍数	用药量	安全间隔期	施药方法	施药次数
玉米	蚜虫	4 000（＝0.025%）	1 000～3 000 L/hm²	>14 d	喷雾	<2 次

表 3 - 8　RCH 低容量喷雾产品标签

作物	靶标	稀释倍数	用药量	安全间隔期	施药方法	施药次数
玉米	蚜虫	64($=1.56\%$)	32 L/hm^2	>14 d	RCH 喷雾	<2 倍

综上所述，日本申请无人飞机喷雾的产品，必须已经获得登记，使用方式为常规喷雾，由于其喷雾浓度有所提高，仍需要进行残留试验和药效试验，但均可根据常规喷雾的试验数据，相应减少药效、药害试验的次数。环境方面，通常不需要进行额外的环境试验，产生的喷雾飘移，应被加入预测环境浓度（predicted environmental concentration，PEC）计算，但不会引发新的环境毒性试验，当飞行高度为 3～10 m 时，需要进行相应的环境评估。除此以外，日本农林水产省于 2017 年 12 月发布公告，如果产品标签标注了"喷雾"，农民可以使用无人飞机喷药；对于不需要稀释使用的产品，登记申请者无需申请在无人飞机上登记扩作，如颗粒剂（GR），不需要在标签标注；如果施药浓度相同，对于无人飞机施药没有特殊的登记资料要求。

2. 韩国植保无人飞机施用药剂管理经验

从 2003 年开始，韩国政府和地方政府部门准备使用植保无人飞机来代替超低容量喷雾，但是由于缺少对植保无人飞机喷雾的研究，在使用过程中也发现了很多问题，例如喷头堵塞、液滴飘移等，因此行业内与政府相关部门一起制定了植保无人飞机喷雾的相关试验方法和一系列的评估指南，2009 年韩国政府颁布了相关的登记要求文件。从残留，田间药效、药害和环境 3 个方面规定了韩国植保无人飞机用药登记要求。

（1）残留试验。植保无人飞机施药，对于残留试验只是施药器械有所不同，其他与常规施药残留试验要求相同，试验设计相同。但植保无人飞机施用药剂残留试验不可以使用叶面喷雾的残留试验数据申请减免，且残留试验需要用植保无人飞机进行喷雾且和田间药效试验同时开展。

（2）田间药效、药害试验。植保无人飞机施用药剂登记要求开展药效试验，但没有专门为植保无人飞机施药制定的田间药效试验准则，基于大田常规施药基础，对无人飞机施药进行了一些调整。主要包括：①小区面积：杀虫剂和杀菌剂 525 m^2 处理区 ±5 m^2 缓冲区，除草剂为 3 000 m^2 处理区 ±5 m^2 缓冲区；②施药方式：植保无人飞机飞行速度为 15 km/h，直线飞行距离为 20 m；③杀虫剂和杀菌剂需要使用水敏感试纸对液滴分布进行监测（仅限于稀释用制剂）。

植保无人飞机施用药剂登记要求开展药害试验，包括临近作物安全性试验，该试验可在温室中进行，可使用超低容量喷头代替无人飞机喷雾，在作物生长早期进行试验，施药后观察 14 d，不同的登记作物邻近作物的种类不同，因此测定作物安全性的作物选择种类也不同，如果登记作物为水稻，邻近作物包括甘蓝、莴苣、黄瓜、辣椒、菜豆、紫苏；如果登记作物是旱地作物，邻近作物包括甘蓝、莴苣、黄瓜、辣椒、菜豆、玉米。

（3）环境施药。环境方面，不需要额外提供环境资料。

由此可以看出，与日本不同，韩国植保无人飞机喷施药剂登记的残留试验是不可以使用常规喷雾的试验数据申请减免的，并且要求与药效试验同时进行，与常规残留试验相比，仅施药器械有所不同。韩国植保无人飞机喷施药剂登记要求开展田间药效和药害试验，虽没有专门针对植保无人飞机施药的田间药效试验准则，但其在常规施药的基础上，对植保无人飞机施药的小区面积、施药方式、喷雾雾滴分布监测、邻近作物安全性试验等均进行了明确规定。

（二）我国航空喷施药剂的现状和管理

最早研发的适用于飞机喷雾作业的农药专用剂型是超低容量液剂（ULV），它是一种供超低容量喷雾使用的特制油剂，具有低黏度和高稳定性，在地面或用航空器械将超低容量液剂喷洒成 $80\sim120~\mu\mathrm{m}$ 的细小雾滴，均匀分布在保护作物和防治靶标的表面，从而有效地发挥药效。因其雾滴为细度均匀的油性雾滴，易黏附在农作物上，穿透性强并耐雨水冲刷，所以农药利用效率高。

超低容量液剂制备的关键在于溶剂的选择，在选择溶剂时需要考虑溶解性、挥发性、药害以及黏度、闪点、表面张力和密度等。一般选择使用闪点大于 $60~℃$、沸点 $200~℃$ 以上的溶剂，近年多用植物油或改性植物油。随着植保无人飞机在作物病虫害防治中发挥越来越重要的作用，农药企业和科研单位都积极投身于飞防专用超低容量制剂的研发中，然而由于新型制剂研发和登记的周期较长，据中国农药信息网记载，截止到 2019 年年底，国内获得登记的超低容量液剂产品仅有 23 个（表 3-9），远低于日本、韩国登记的数量，其中杀虫剂 16 个（包含 4 个卫生杀虫剂）、杀菌剂 6 个、植物生长调节剂 1 个。用于防治水稻病虫害（水稻二化螟、稻飞虱、稻纵卷叶螟、水稻纹枯病、稻曲病）的药剂有 15 个，用于防治小麦病虫害（小麦蚜虫、红蜘蛛、小麦白粉病）的药剂有 4 个，用于防治玉米病虫害（玉米螟）的药剂只有 1 个，用于防治甘蔗病虫害（蔗螟）或调节生长的药剂有 2 个。

然而，截止到 2019 年年底，除了卫生用农药，我国登记在农作物上制剂的数量总数为 34 406 个，而登记用于防治水稻病虫害的制剂有 8 899 个，登记用于防治小麦病虫害的制剂有 3 243 个，登记用于防治玉米病虫害的制剂有 2 512 个。我国目前所登记的适用于植保航空飞机使用的超低容量制剂远远无法满足我国农作物病虫草害防治需求。

表 3 - 9　我国超低容量液剂登记产品

序号	药剂名称	农药类别	防治对象	生产厂家
1	4%阿维·噻虫嗪超低容量液剂	杀虫剂	小麦蚜虫	河南金田地农化有限责任公司
2	5%氯虫苯甲酰胺超低容量液剂	杀虫剂	甘蔗蔗螟 水稻稻纵卷叶螟 水稻二化螟 玉米螟	广西田园生化股份有限公司
3	3%呋虫胺超低容量液剂	杀虫剂	水稻稻飞虱	广西田园生化股份有限公司
4	6%甲维·茚虫威超低容量液剂	杀虫剂	水稻稻纵卷叶螟	南宁市德丰富化工有限责任公司
5	20%二嗪磷超低容量液剂	杀虫剂	水稻二化螟	广西田园生化股份有限公司
6	3%噻虫嗪超低容量液剂	杀虫剂	小麦蚜虫	河南金田地农化有限责任公司
7	3%茚虫威超低容量液剂	杀虫剂	水稻稻纵卷叶螟	广西田园生化股份有限公司
8	1.5%阿维菌素超低容量液剂	杀虫剂	水稻稻纵卷叶螟 小麦红蜘蛛	广西田园生化股份有限公司
9	5%烯啶虫胺超低容量液剂	杀虫剂	水稻稻飞虱	广西田园生化股份有限公司
10	1%甲氨基阿维菌素苯甲酸盐超低容量液剂	杀虫剂	水稻稻纵卷叶螟	广西田园生化股份有限公司
11	4克/升氟虫腈超低容量液剂	杀虫剂		安徽华星化工有限公司
12	4克/升氟虫腈超低容量液剂	杀虫剂		拜耳作物科学（中国）有限公司
13	6%噻呋·氟环唑超低容量液剂	杀菌剂	水稻纹枯病	南宁市德丰富化工有限责任公司
14	6%噻呋·氟环唑超低容量液剂	杀菌剂	水稻纹枯病	广西康赛德农化有限公司
15	10%唑醚·戊唑醇超低容量液剂	杀菌剂	小麦白粉病	河南金田地农化有限责任公司
16	5%苯醚甲环唑超低容量液剂	杀菌剂	水稻纹枯病	广西田园生化股份有限公司
17	3%戊唑醇超低容量液剂	杀菌剂	水稻稻曲病	广西田园生化股份有限公司
18	5%嘧菌酯超低容量液剂	杀菌剂	水稻纹枯病	广西田园生化股份有限公司
19	2%苯醚·胺菊酯超低容量液剂	卫生杀虫剂	蚊、蝇	江苏省南京荣诚化工有限公司
20	1%氯菊酯超低容量液剂	卫生杀虫剂	蚊、蝇	美国德瑞森有限公司
21	5%氯菊酯超低容量液剂	卫生杀虫剂	蚊	广东省广州市花都区花山日用化工厂
22	2%胺菊酯·反式苯醚菊酯超低容量液剂	卫生杀虫剂	蚊、蝇	江苏省南京荣诚化工有限公司
23	4%乙烯利超低容量液剂	植物生长调节剂	甘蔗调节生长	广西田园生化股份有限公司

　　由于获得登记的超低容量液剂数量和品种非常有限，国内植保无人飞机作业大多只能使用传统剂型，且多为两种或多种农药混配使用，容易出现沉淀、絮凝、结晶等问题，同时因为植保无人飞机作业时药剂量多是按照地面施药器械登

记的量进行喷雾，而用水量却只有地面施药器械用水量的 1/30 左右，因此其药剂浓度为地面施药器械施药时的 30 倍左右，因此高浓度的药剂存在对靶标作物造成药害的风险。此外，与传统地面常规植保装备相比，植保无人飞机载重小、飞行快、喷头距离作物冠层较远，只能采取低容量喷雾方式，农药雾滴沉降过程中蒸发萎缩快、飘移风险大，随着植保无人飞机的迅速推广，无人飞机低容量喷雾带来的除草剂、杀虫剂、杀菌剂等药害问题和环境风险时常出现。

加快飞防专用药剂的研发与登记，已成为植保无人飞机行业的首要任务之一。

我国植保无人飞机缺乏专用药剂的问题，究其根本原因就是我国目前关于植保无人飞机喷施药剂的登记管理政策不明确，缺乏对植保无人飞机喷施药剂的有效监管。登记管理政策不明确，导致很多正规企业在研究开发植保无人飞机专用药剂上持观望态度，而由于缺乏必要的法规，致使监管工作无据可依，导致乱用、滥用药等情况出现，造成对非靶标作物和环境的严重影响。

近几年，我国植保无人飞机能有突破性的发展，与我国相关管理部门在无人飞机管理上的一些措施政策密切相关。我国目前对农业航空的管理主要依据中国民用航空局以及农业机械化管理的部分规定。自 2009 年以来，中国民用航空局及农业部农机化司等部门在民用无人飞机标准及低空领域管理方面已先后颁布了多个管理文件，以解决无人飞机的适航管理、低空域管理、运行管理等问题。在无人飞机驾驶员管理资质问题上，中国民用航空局于 2013 年 11 月下发了《民用无人驾驶航空器系统驾驶员管理暂行规定》，由中国航空器拥有者及驾驶员协会（AOPA－China）负责民用无人飞机的相关管理。另外，为规范无人驾驶航空器飞行及相关活动，维护国家安全、公共安全、飞行安全，促进行业健康可持续发展，国家空中交通管制委员会办公室组织起草了《无人驾驶航空器飞行管理暂行条例（征求意见稿）》，于 2018 年 3 月出台。有了国家管理部门的大力支持，有了可依据的标准、政策，企业在无人飞机研发上有了明确的方向，无人飞机行业发展迅速，部分机型达到国际先进水平，已出口东南亚各国以及日本和韩国等植保无人飞机应用发达的国家。

以此为鉴，2019 年我国农业农村部农药检定所在召开《植保无人飞机专用农药田间药效试验准则（试行）》专家研讨会和企业开放日听取各农药研发企业的需求和相关专家的建议后，起草了《植保无人飞机喷施农药田间药效试验准则（大田作物）》并进行了征求意见。相信为了促进植保无人飞机施药体系的逐步完善和发展，国家管理部门会尽快出台相应的管理政策，明确植保无人飞机喷施药剂登记的具体要求，打消企业研发植保无人飞机专用药剂的顾虑，促进我国植保无人飞机在农业中的快速发展。

第四章 <<<
农业航空植保田间测试与效果评价

一、植保无人飞机喷施评价指标

（一）农药喷洒效果评价指标

在航空施药过程中，作业环境的复杂性和作业参数的多变性导致雾滴运动轨迹及沉积分布结果难以预料，因此地面药液的沉积效果和分布特性成为指导航空喷施的重要参考。大量的文献分别对喷雾作业中雾滴分布均匀性、雾滴的穿透能力、雾滴的飘移和雾滴对靶标的覆盖程度进行了研究。本章对航空喷雾质量评价指标进行了概括，并以农药利用率、喷雾均匀性、雾滴穿透性以及雾滴飘移率作为航空喷施质量评价的 4 个指标，后续分析研究也主要围绕这 4 个指标展开。

1. 农药利用率

农药利用率，从广义上讲是指真正发挥病虫草害防治作用的药剂占所使用农药总量的比值，参见公式 4-1：

$$农药利用率（广义）=\frac{真正发挥病虫草害防治作用的药剂量}{使用的农药总量}\times100\%$$

$$4-1$$

我国农药利用率较低受到多种因素的影响，其中包括农药使用技术单一，滥用、乱用农药，缺少计量器具，不恰当的农药混配混用造成农药浪费等，但在现有的技术水平条件下，人们很难把害虫或病原菌作为农药喷雾的靶标，一般把作物冠层视为农药雾滴沉积的靶标。在一块农田中，喷洒后沉积在作物上的农药量相对于施药总量的比值，称为农药利用率（狭义，国际上也称为沉积回收率，参见公式 4-2），这是衡量农药使用水平高低的基本参数。

$$农药利用率（狭义）=\frac{沉积在作物上的农药量}{使用的农药总量}\times100\% \quad 4-2$$

近年来我国植保无人飞机的推广应用，对于我国农药利用率的提升发挥了重要作用，植保无人飞机施药作为一种低容量和超低容量施药技术，每公顷施药液量在 30 L 以下，相比传统的大容量喷雾，其节水 90％以上。植保无人飞机具有更佳的雾化系统，产生的雾滴更小，而且其喷洒的均匀性也远远好于背负式喷雾器。植保无人飞机单位面积施药液量少，作业效率很高，现有植保无人飞机 1 h 可以完成 $8 \sim 10$ hm² 的农药喷洒作业，其效率要比传统作业高出 $50 \sim 60$ 倍。中国农业科学院植物保护研究所袁会珠等测定小麦、玉米、水稻病虫害防治时无人飞机低容量喷雾法的农药利用率（表 4-1），结果显示，植保无人飞机比地面植保机械特别是背负式喷雾器有显著提升农药利用率的作用，这可能是由于地面植保机械较高的地面流失量造成的。植保无人飞机在喷施中也存在一些问题，比如由于植保无人飞机雾滴粒径较细，更多的雾滴会由蒸发、飘移而损失。

表 4-1　小麦、玉米、水稻病虫害防治时无人飞机低容量喷雾法的农药利用率

试验序号	试验日期（年-月-日）	试验地点	作物及生育期	测定值
1	2014-4-24	河南新乡	小麦灌浆期	76.3％～81.3％
2	2015-5-7	山东淄博	小麦孕穗期	38.5％～48.1％
3	2016-4-29	陕西渭南	小麦灌浆期	40.1％～42.6％
4	2016-5-4	河南安阳	小麦灌浆期	57.6％～87.9％
5	2017-4-13	湖北天门	小麦孕穗期	22.1％～25.0％
6	2017-4-18	河南长葛	小麦扬花期	38.2％～53.7％
7	2015-5-25	广西南宁	水稻孕穗期	56.2％～61.1％
8	2016-5-21	广西钦州	水稻孕穗期	59.1％～63.8％
9	2016-6-6	江西南昌	水稻分蘖期	25.9％～31.3％
10	2016-6-13	江西上高	水稻抽穗期	33.3％～60.1％
11	2017-6-6	广西柳州	水稻孕穗期	18.4％～72.6％
12	2017-8-1	江西瑞昌	水稻孕穗期	48.9％～70.3％
13	2015-7-21	山东兰陵	玉米抽丝期	35.1％
14	2017-8-15	山东德州等	玉米大喇叭口期	51.3％～62.7％

2. 喷雾均匀性

喷雾均匀性是指喷雾雾滴在目标上分布的均匀程度，一般以分布变异系数的大小来表示。影响分布均匀性的因素有很多，其中包括喷嘴类型、喷嘴的安装位置和角度、多喷嘴之间喷雾幅宽的衔接、使用参数（如喷雾压力、飞行速度等）

以及喷雾时的自然环境条件，另外航空施药中的旋翼风以及侧风也很容易造成雾滴分布的不均匀。雾滴的分布是否均匀首先要经过室内的喷头综合性能测试试验台进行测定，随后需要针对具体的航空喷洒设备分析不同作业参数下的雾滴分布均匀性。由过去田间试验结果可知，国内植保无人飞机喷雾均匀性较差，雾滴沉积变异系数在50%左右，这很大程度上是由于喷洒系统安装不合理以及旋翼风场的干扰导致的。

3. 雾滴穿透性

雾滴在冠层内的穿透对于药效的发挥具有重要的作用，尤其是在防治作物中下部病虫害时。作物冠层内部一般湿度较大，大多数病害一般从冠层内部开始发生，雾滴在冠层内分布较少会降低喷洒药效，导致施药者需要重复喷洒，造成了药剂的浪费以及环境污染。雾滴粒径是一个对于雾滴穿透性十分重要的因素，国际上采用喷杆喷雾机进行喷洒时，往往推荐使用文丘里喷嘴或者其他产生大雾滴的喷嘴来减少雾滴的飘移，植保无人飞机由于受到喷液量的限制往往采用细雾滴，但是细雾滴容易受到喷洒设备的气流运动影响而被冠层上部捕捉。物理学研究表明，质量更大的物体动量更大，雾滴穿透性更强。但是过去多人对于雾滴穿透性的研究结论并不一致。部分研究认为小雾滴更容易穿透到冠层中下部，还有些研究认为大雾滴更容易穿透。

雾滴穿透性的测定往往会根据不同喷洒设备的喷洒特点或者冠层的生长情况而定，植保无人飞机从作物冠层上方喷雾，因此在分析雾滴穿透性时往往计算下部冠层/上部冠层的沉积量比例。田间试验表明植保无人飞机的旋翼风场有利于雾滴在冠层的穿透，此外，植保无人飞机喷洒的雾滴粒径、作业参数、植保无人飞机类型都可能会对雾滴的穿透性产生重要的影响，因此在作业时应当选择合理的作业参数以及雾滴粒径。

4. 雾滴的飘移

雾滴飘移率是指雾滴偏离目标的趋势，用偏离目标雾滴占总喷液量的比例来表示。随着生态农业的发展和环境保护要求的提高，喷施飘移问题已成为喷施作业过程中不可忽视的一个重要方面。喷施飘移是指在施药过程中或施药后的一段时间，在不受外力控制的条件下，农药雾滴在大气中从靶标区域迁移到非靶标区域的一种物理运动。

从雾滴飘移产生的机理来看，雾滴飘移的产生原因主要可以分成以下两个方面：首先，药液以较高的速度从喷嘴喷射出来并很快破碎成细小的雾滴，当雾滴喷射到空气环境中时，这些高速运动的雾滴会使周围的环境空气一起卷入运动并产生一种流场，随着雾滴和空气之间的动量不断交换，导致这个流场会越来越强，并影响着这些细小雾滴的直接沉降；其次，航空喷施设备与环境空气的相对移动会产生一个侧向流场，与自然风风场一起影响着细小的雾滴沉降，使其不能直接沉积在农作物的表面，而是飘移和沉降到作业区域以外的区域。

喷雾飘移主要受到以下四个方面因素的影响：环境参数、施药参数、周围施药环境特点以及喷洒溶液的性质。其中环境参数包括环境温湿度、风速情况；施药参数包括施药设备、施药高度、施药速度等；周围的施药环境特点主要包括施药周围作物以及遮挡情况；溶液的性质主要包括溶液的黏度、表面张力、密度等。测定飘移的方法主要包括田间试验测定方法、风洞测定方法以及计算机模拟方法。田间试验结果可以获取不同作业条件以及不同作业参数下的真实飘移结果，同时建立飘移模型。风洞试验可以更好地控制飘移条件，对比不同的喷头以及喷洒溶液对飘移的影响。计算机模拟提供了一个确定各种因素对喷雾飘移影响程度的手段，目前至少有 3 种不同的飘移模拟软件在飘移测定中应用，FLU-ENT（Fluent Inc.，Lebanon，N. H.）（1990）、FSCBG（Continuum Dynamics，Princeton，N. J.）和一个由 Picot 编制的模型（Univercity of New Brunswich，Frederiction，NB，Canada）。

（二）田间雾滴沉积测试方法

1. 试验前准备

农药的利用率、沉积均匀性、雾滴的穿透性对于田间病虫害的防治具有重要的影响。而对于雾滴在田间的沉积、穿透往往采用布置卡片的方式进行测定，其中卡片的类型有水敏纸、铜版纸（或相纸）、滤纸、塑料卡等。水敏纸和铜版纸等主要是通过扫描或者肉眼计数的方法来测定雾滴粒径、雾滴密度以及覆盖度情况；滤纸和塑料卡主要是通过定量洗脱采样卡上的沉积示踪剂来分析沉积量的情况，沉积量常以单位面积上的沉积示踪剂质量来表示，单位为 $\mu g/cm^2$。

为保证测定的准确性，在进行纸卡布置前首先需要进行测试材料准备并记录参试植保无人飞机的喷雾参数情况。喷雾流量对沉积特征具有重要的影响，因此首先应当测定喷施设备的流量。测试方法为在额定工作压力下以容器承接雾液，每次测量时间 1～3 min，重复 3 次，计算每分钟平均喷雾量，记为喷雾流量。另外，雾滴沉积特点受环境参数（温湿度、风速、风向）和作业参数（飞行高度、飞行速度）等因素影响较大，因此试验时还需要记录测试作业地点、作业时间、飞机类型及喷头型号、飞机主要参数、飞行参数以及环境温湿度、风速、风向等条件。

2. 采样纸卡布置方法

采样纸卡的布置往往与试验目的相关。以有效喷幅的测定为例，往往采用单喷幅多重复的测定方法进行试验测定。试验时将采样卡（普通纸卡或水敏纸）水平夹持在 0.2 m 高的支架上，在植保无人飞机预设飞行航线的垂直方向（即沿喷幅方向），间隔不大于 0.2 m 连续排列布置。若使用普通纸卡（例如铜版纸或者相纸）作为采样卡时，则试验介质应为染色的清水（常用的染色剂如诱惑红、柠檬黄或胭脂红等）。

试验时给植保无人飞机加注额定容量试验介质，以制造商标明的最佳作业参数进行喷雾作业。若制造商未给出最佳作业参数，则以 2 m 作业高度，3 m/s 飞行速度进行喷雾作业。在采样区前 50 m 开始喷雾，后 50 m 停止喷雾。

计数各测点采样卡收集的雾滴数，计算各测点的单位面积雾滴数，作业喷幅边界的确定有两种方法。

（1）从采样区两端逐个测点进行检查，两端首个单位面积雾滴数不小于 15 滴/cm² 的测点位置作为作业喷幅的两个边界。

（2）绘制单位面积雾滴数分布图，该分布图单位面积雾滴数为 15 滴/cm² 的位置作为作业喷幅的两个边界，如图 4-1 所示。

以作业喷幅两个边界间的距离作为植保无人飞机的作业喷幅。

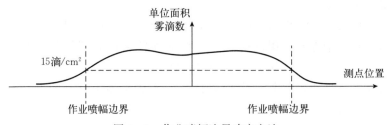

图 4-1　作业喷幅边界确定方法

另外，在试验中也可以采用多点取样的方法进行取样，以测定植保无人飞机喷雾的沉积情况，如图 4-2，喷雾开始前，在试验区域内以及试验区域外不同位置插放竹竿或者其他同等类型的采样杆（代表作物），并利用万向夹分别在采样杆的上部夹放雾滴采集卡（图 4-3）；喷雾结束后，收取雾滴采集卡并装入自封袋，带回实验室通过计数或扫描软件测定雾滴沉积及飘移情况。

在有些情况下，例如作物冠层较大时，或者有必要测定作物冠层中下部的雾滴沉积情况时，还可以在冠层的不同位置布置采样点，来采集雾滴在冠层不同位置的沉积情况来分析雾滴的穿透性，提高对冠层中下部病虫害的防治效果（图 4-3）。

3. 纸卡数据处理方法

进行沉积测定的纸卡主要分为两种类型，一种是水敏纸或者铜版纸类型，对

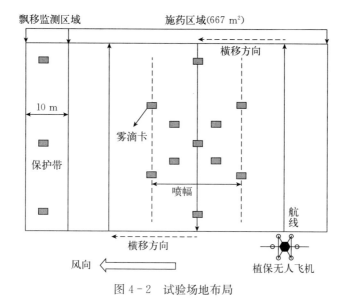

图 4-2　试验场地布局

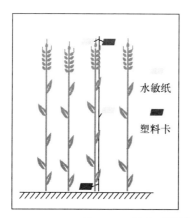

图 4-3　施药区域雾滴采集卡布置示意

于此类纸卡一般是在试验完成后，待采集卡上的雾滴干燥后，按照序号收集雾滴采集卡，并逐一放入相对应的密封袋中，带回实验室进行数据处理。将收集的雾滴采集卡用扫描仪在扫描参数为 600 dpi 灰度下进行扫描，扫描后的图像通过图像处理软件 DepositScan 进行分析（软件的下载地址：http://www.ars.usda.gov/mwa/wooster/atru/depositscan），得出在不同的航空施药参数下雾滴的覆盖率、覆盖密度及沉积量。当然在条件有限的情况下，也可以人工肉眼数单位平方厘米的雾滴个数，来统计雾滴的密度分布情况。

另一类纸卡为滤纸或者塑料卡，此类采集样本往往采用洗脱定量测定沉积量的方法进行测定。此类测试在试验前往往需要向药箱中加入一定量的示踪剂，常用的示踪剂有诱惑红、柠檬黄、胭脂红、罗丹明 B 等。每个架次喷雾试验后，等滤纸或者塑料卡上的雾滴晾干后，戴一次性手套，收取，并做好标记，放入自封袋，置于阴凉处，带回实验室进行分析。每一个样品用定量的去离子水洗脱滤纸或者塑料卡上的示踪剂，用紫外可见光分光光度计或者荧光分光光度计测定每份洗脱液的吸光值或者荧光值，根据标样的"浓度-吸光值/荧光值"标准曲线可计算出洗脱液中示踪剂的沉积量，即可实现精确测定药液在单位面积上的沉积量。

（三）农药有效沉积率测定方法与案例

1. 我国农药利用率测算模型的建立

（1）建立农药利用率测算模型的必要性。数学模型是近年来发展起来的新学科，是数学理论与实际问题相结合的科学。它将现实问题归结为相应的数学问题，并在此基础上利用数学的概念、方法和理论进行深入的分析和研究，从而从定性或定量的角度来刻画实际问题，并为解决现实问题提供精确的数据和可靠的指导。农药利用率反映了某地区（全国）农药使用水平高低，但目前研究多局限于某种施药机具在某种作物特定生长时期的沉积率测定，对于不同地区、不同植保机具、作物不同生长时期等多因素影响的综合农药利用率国内尚无报道，而其不仅反映了我国农药使用水平现状，同时有利于促进我国植保机械进步，促进我国农药使用的科学化，提高我国农药使用的标准化，提高病虫害的防治效果以及资源利用率。尤其是在化肥农药"双减"的大背景下，实现"农药零增长"依赖于农药利用率的稳步提高，从这个角度讲，科学、合理地评价农药利用率则显得尤为重要。在此背景下，建立一个农药利用率的计算评价模型显得十分必要。

（2）我国农药利用率测算模型的建立。全国农业技术推广服务中心和中国农业科学院植物保护研究所组织专家于 2015 年 8 月 17 日在北京对建立农药利用率计算模型进行讨论，充分考虑作物化学防治现状和植保机具使用现状，建立了农药利用率计算模型，提出了在农药利用率计算过程中植保部门需要提供的相关数据。

全国农业技术推广服务中心，中国农业科学院植物保护研究所、农业经济与发展研究所，中国农业大学，农业部南京农业机械化研究所等有关专家建立并论证通过了农药利用率测算数学模型，如下：

总农药利用率：

$$PE = \sum_1^j (C \times PE_j)$$

式中，C 为某作物病虫害防治面积占总防治面积的权重；j 为作物种类；PE_j 为某作物农药利用率。

某作物农药利用率：

$$PE_j = r \times \sum_1^i \left(\frac{S_i}{S} \times D \times K \right)$$

式中，i 为施药机械种类，取值 1，2……；S_i 为某种施药机械在某种农作物上的防治面积；S 为某种农作物的化学防治总面积；$\frac{S_i}{S}$ 为施药机械在某种作物上的使用权重。

D 为施药机械农药利用率实测值，是不同施药机械多次农药利用率实测值的算术平均数，用如下公式计算：

$$D = \frac{\sum_1^n D_n}{n}$$

式中，n 为农药利用率测试次数。

K 为叶面积系数，采用某种作物整个生育期各次喷药时的叶面积指数平均值与该作物农药利用率实测时的叶面积指数平均数的比值表示，用如下公式计算：

$$K = \frac{\sum_1^m LAI_m}{m} \bigg/ \frac{\sum_1^n LAI_n}{n}$$

式中，$\frac{\sum_1^m LAI_m}{m}$ 为某种作物整个生育期各次喷药时的叶面积指数平均值，其中 m 为作物整个生育期喷药次数；LAI_m 为第 m 次喷药时的作物叶面积指数；$\frac{\sum_1^n LAI_n}{n}$ 为某种作物田间试验各次喷药时的叶面积指数平均，其中 n 为田间测定次数，LAI_n 为第 n 次测定时的作物叶面积指数。

r 为农药喷洒操作水平影响因子，用如下公式计算：

$$r = \frac{A_1}{A} \times 100\% + \sum_1^K \frac{A_{2k}}{A} (0 \sim 80\%)$$

式中，$\frac{A_1}{A}$ 为统防统治权重，其中 A_1 为统防统治作业面积，A 为防治总面积；$\frac{A_{2k}}{A}$ 为农民自己防治所占权重，其中 A_{2k} 为农民自防面积。

统防统治作业的系数设定为 100%，农户自防作业的系数根据农户受教育培训、操作规范等给予系数赋值，不用、滥用、乱用农药赋值 0。

2. 农药利用率的测算过程

（1）农药利用率的田间测定过程。农药利用率的田间测试对象主要包括三大主粮作物小麦、玉米、水稻，同时也包括部分蔬菜、果树、棉花等经济作物，下面以小麦为例，简单介绍农药利用率的田间测定过程。

① 试验材料：试验示踪剂：85% 诱惑红（浙江吉高德色素科技有限公司）；纸卡布置：Kromekote 纸/雾滴测试卡（中国农业科学院植物保护研究所），滤纸/麦拉片、订书机、夹子；取样：自封袋（5#、10#、12#）、手套、口罩、剪刀；测定仪器：UV 2100 型紫外-可见分光光度计（或 Synergy 多功能酶标仪）、注射器、水系过滤膜（0.45 μm）；指标测定：风速仪（北京中西远大科技有限公司）、温湿度仪（深圳市华图电气有限公司）、YMJ 叶面积仪（托普仪器）；雾滴密度测定：电脑、DepositScan 软件、扫描仪。

② 标准曲线的绘制以及田间情况调查：诱惑红标准曲线的绘制：准确称取诱惑红（精确至 0.000 2 g）于 10 mL 容量瓶中，用蒸馏水定容，即得到质量浓度分别为 0.5，1.0，5.0，10.0，20.0 mg/L 的诱惑红标准溶液。分别用多功能酶标仪（或紫外分光光度计）于波长 514 nm 处测定其吸光度值。每个浓度连续测定 3 次。取吸光度平均值对诱惑红标准溶液浓度作标准曲线。

③ 田间情况调查：试验前，测定小区小麦生长密度，即单位面积小麦植株数以及小麦叶面积情况；试验时测定环境温湿度、风速等指标。

④ 纸卡的布置：将 Kromekote 纸（或雾滴测试卡、水敏纸）、滤纸（或麦拉片）分别布置到作物的上、中、下 3 个不同位置，分别测定作物不同位置雾滴密度、沉积量的分布情况。

⑤ 不同位置雾滴密度、沉积量以及有效沉积率的测定：喷雾时，将诱惑红添加到药剂中，以诱惑红代替农药进行测定，诱惑红每 667 m² 添加量为 10～30 g。喷雾结束后将上、中、下部的 Kromekote 纸（或雾滴测试卡）、滤纸（或麦拉片）分别装入自封袋中，带回实验室处理。

⑥ 雾滴密度测定：收取的 Kromekote 纸（或雾滴测试卡）可以人工进行计数，测定每平方厘米的雾滴数，或使用 Depositscan 软件与扫描仪连用测定雾滴密度。

⑦ 沉积量测定：向分别装有上、中、下的滤纸（或麦拉片）的自封袋中加入定量蒸馏水，振荡摇匀 3 min，致滤纸（或麦拉片）上的诱惑红全部洗入溶液之中，使用装有过滤器的注射器进行过滤处理，处理后的溶液用紫外分光光度计（或多功能酶标仪）于波长 514 nm 处测定其吸光度值。根据已测定的标准曲线计

算洗脱液的浓度，进而根据洗脱液的体积，以及滤纸（或麦拉片）面积，分别计算上、中、下不同部位的单位面积沉积量：

$$单位面积沉积量 = \frac{洗脱液浓度 \times 洗脱液体积}{滤纸/麦拉片面积}$$

此单位面积沉积量指的是模拟单位作物面积的沉积量。

⑧ 有效沉积率测定：田间小区试验结束 30 min 后，在试验处理内均匀取 5 点，每点取小麦苗 5～10 株，放入 10#、12#自封袋内，重复 3 次，进行药液沉积量的测定与计算。

测定时向自封袋中加入定量蒸馏水，振荡洗涤 10 min，使诱惑红完全溶解于水中。用紫外分光光度计（或多功能酶标仪）测定洗涤液在 514 nm 处的吸光度值。根据预先测定的诱惑红的质量浓度与吸光度值的标准曲线，计算洗涤液中指示剂的浓度。

根据单位面积诱惑红的喷施量以及单位面积小麦的株数，计算小麦田理论每株小麦的施药量。进而计算农药的有效沉积率：

$$有效沉积率 = \frac{洗涤液中指示剂的浓度 \times 洗涤液体积}{理论每株小麦的施药量 \times 每点所取小麦株数} \times 100\%$$

（2）农药利用率测算模型的计算过程。农药利用率主要受施药机械、使用技术、操作水平、环境条件、农作物种类、施药时期等因素的影响。现以小麦为例，说明农药利用率测算过程。

① 实测小麦不同施药机械的农药利用率。在试验点，实测 9 种施药机械在小麦生长关键时期喷药的农药利用率（D）。

② 测算小麦全程不同施药机械的农药利用率。将实测的某种施药机械在小麦生长关键时期喷药的农药有效利用率（D）用叶面积系数（K）进行校正，具体方法是用小麦整个生长期各次喷药时的叶面积指数平均值与田间实测时的叶面积指数平均值的比值进行校正。

③ 测算小麦田的农药利用率。以 9 种施药机械在小麦田病虫害防治面积比例为权重，对校正后的 9 种施药机械在小麦田的实测农药利用率进行加权平均，得到规范化标准作业的小麦田农药利用率。

④ 考虑施药主体和操作水平的农药利用率。考虑统防统治与农民自己防治的操作水平差异，测算农药喷洒操作水平影响因子（r），用操作水平影响因子系数乘以小麦的农药利用率，校正小麦的农药利用率（$PE_{小麦}$）。

⑤ 测算全国的农药利用率。按照上述同样的方法，测算出玉米、蔬菜等作物的农药利用率。然后，以全国不同作物的病虫害化学防治面积比例为权重，对多种作物的农药利用率进行加权平均，得到全国农作物农药利用率。

3. 农药利用率测算模型的应用

（1）农药利用率测算模型的数据来源及计算。当前农药利用率测算模型主要考虑了组织模式中统防统治与农民自防的差异、不同植保机具的差异、作物生长时期的差异等，并分别用农药操作水平影响因子 r、机械权重 S_i/S、LAI 进行校正。其中，农药操作水平影响因子 r 和机械权重 S_i/S，需要由各级植保部门调查得到，具体机械在具体作物及其生长期的利用率实测值 D_n 及当时的 LAI 值由中国农业科学院植物保护研究所测定。下面结合具体案例分别介绍各参数的处理情况。

农药操作水平影响因子 r 的计算：

前已述及，$r = \dfrac{A_1}{A} \times 100\% + \sum_1^K \dfrac{A_{2k}}{A}$（0～80%）

为得到较为准确的 r 值，需通过统计调查得到本地区 A_1、A、A_{2k} 等值，比如通过统计调查得到 M 地区基本情况，通过汇总，整理如下表格（表 4-2）：

表 4-2　M 地区防治比例统计

作物	自防面积	统防面积	防治总面积	自防比例	统防比例
小麦					
玉米					
水稻					
蔬菜					
果树					
总计					

结合 M 地区的实际案例，得到 M 地区的各参数具体数值，如表 4-3 所示。

表 4-3　M 地区防治比例统计（实例）

作物	农民自防面积 （A_{2k}）	统防统治面积 （A_1）	防治总面积 （A）	农民自防比例 （%）	统防统治比例 （%）
小麦	31.52	5.78	37.30	84.5	15.5
玉米	114.84	10.26	125.10	91.8	8.2
水稻	299.79	160.01	459.80	65.2	34.8
蔬菜	115.80	21.40	137.20	84.4	15.6
果树	118.74	48.26	167.00	71.1	28.9
总计	680.69	245.71	926.40		

注：表中面积以"万亩"为计量单位。

依据表 4-3 即可得到该地区涉及农药喷洒操作水平影响因子的相关参数，如在水稻作物中，统防统治的面积 A_1 为 160.01，防治总面积 A 为 459.80，农民自防的面积 A_{2k} 为 299.79，此时，可结合该地区实际情况给农民自防水平进行赋值，如赋值 78%，则有：

$$r_{\text{M地区水稻}} = (160.01/459.8) \times 100\% + (299.79/459.8) \times 78\% = 0.86$$

以此类推，即得到该地区农药喷洒操作水平影响因子。

（2）机械权重的计算。上面讲到，S_i/S 为施药机械在某种作物上的使用权重，其中 i 为施药机械种类，取值 1，2……，S_i 为某种施药机械在某种农作物上的防治面积，S 为某种农作物的化学防治总面积。

为得到机械权重 S_i/S 值，即某种植保机械在某种作物上的使用权重。实际操作中这一参数仍需要植保工作人员进行大量调查统计才能得到，但现实情况是一种植保机械会在多种作物上进行作业，如植保无人飞机既可以给小麦施药，也可以给水稻施药，故统计特定作物上的某植保机械使用权重是不现实的，也是不准确的。为此，在统计调查中，只统计该植保机械全面的防治总面积，这一指标操作起来更为现实和可靠，同样的，我们根据农户和专业化防治组织进行分类，分别计算两类人群中各植保机械的使用权重。据此已经得到某作物上各机械在农民自防和统防统治中的使用权重，为求得该作物的各种机械权重，我们可以将农民自防机械权重和统防统治机械权重分别乘以农民自防比例和统防统治比例，便可得到几种典型作物上的各机械权重。以 M 地区的水稻田为例，将调查数据汇总，填入表 4-4：

表 4-4　M 地区水稻田机械权重计算

机械类型	农民自防面积	农民自防权重	统防统治面积	统防统治权重	机械权重（S_i/S）
背负式手动喷雾器	4 742.3	0.505	1 412	0.009	0.332
背负式电动喷雾器	3 036.2	0.323	17 201	0.114	0.251
背负式静电喷雾器	157.0	0.017	3 600	0.024	0.019
背负式机动喷雾喷粉机	1 458.0	0.155	93 079	0.619	0.317
牵引式喷杆喷雾机	/	0	4 400	0.029	0.010
担架式动力喷雾机	/	0	6 636	0.044	0.015
多旋翼无人飞机	/	0	24 000	0.160	0.057
单旋翼无人飞机	/	/	/	/	/
水田自走喷雾机	/	/	/	/	/
总计	9 393.5	1	150 328	1	1

注：表中面积以"亩"为计量单位。

这里的机械权重一栏即 S_i/S，是由前面农民自防权重和统防统治权重分别乘以 M 地区水稻上农民自防比例 65.2% 和统防统治比例 34.8% 得到的。

到这里我们已经得到了 M 地区几种典型作物上的农药喷洒操作水平影响因子 r 和相应机械权重 S_i/S。

（3）利用率实测值及 LAI 的计算。农药利用率的实测值 D 和叶面积指数 K 是由中国农业科学院植物保护研究所经过多年来大量田间试验得到的。在这里为简便计算，不再详细列出每种作物不同生长时期、不同植保机械对应的农药利用率实测值，只将各作物最终的 D 值和 K 值列出，需要说明的是，随着我国社会经济的发展、农药使用水平的提高和植保机械的更新换代，每年的 D 值和 K 值都会有所变化，中国农业科学院植物保护研究所也会在每年实时更新当年农药利用率实测值等。

由农药利用率计算模型数学公式不难看出，上述参数中 r、S_i/S、D、K 为相乘关系，前面已经介绍各参数的来源及计算过程。下面介绍某地区各种作物农药利用率及该地区总农药利用率的计算。

2. 某地区（全国/省/县市区）农药利用率的计算

某地区（全国/省/县市区）总农药利用率是基于该地区各种农作物农药利用率得来的。为此，需要先计算该地区各作物的农药利用率，在这里仍以 M 地区为例，通过第一节已经获得 M 地区农药利用率计算模型相关参数 r、S_i/S、D、K，代入农药利用率计算模型，填入表 4-5 计算，以 M 地区水稻田为例：

表 4-5 M 地区水稻田农药利用率测算

施药机械	自防权重	统防统治权重	机械权重（S_i/S）	农药利用率（%）			操作因子（r）	$PE_{水稻}$（%）
				实测值 D	K 值	测定值		
背负式手动喷雾器	0.505	0.009	0.332	47.30		41.15		
背负式电动喷雾器	0.323	0.114	0.251	50.10		43.59		
背负式电（机）动静电喷雾器	0.017	0.024	0.019	55.90		48.63		
背负式机动喷雾喷粉机	0.155	0.619	0.317	51.80	0.87	45.07	0.86	
牵引式（悬挂式）喷杆喷雾机	/	0.029	0.010	52.30		45.50		
担架式动力喷雾机	/	0.044	0.015	43.00		37.41		
多旋翼无人飞机	/	0.160	0.056	59.10		51.42		
总计	1.000	1.000	1.000	/		/		37.59

计算得知 M 地区水稻田农药利用率为 37.59%，同理计算得知 M 地区小麦田农药利用率为 37.5%，玉米田为 34.91%，蔬菜田为 39.36%，果园为 35.96%。计算 M 地区总农药利用率，代入下列公式：

$$PE = \sum_1^j (C \times PE_j)$$

$$PE_{M地区}=37.50\%\times0.04+34.91\%\times0.13+37.59\%\times0.5+$$
$$39.36\%\times0.15+35.96\%\times0.18=37.21\%$$

即 M 地区总农药利用率为 37.21%。

综上所述，测算典型作物农药利用率过程为首先进行该地区基本情况和植保机械的相关调查，并如实记录，然后按照前文的方法计算农药喷洒操作水平影响因子 r 及机械权重 S_i/S，最后代入农药利用率测算表，分别计算该地区不同作物农药利用率，根据上述数据，代入农药利用率总计算公式，可计算出该地区总农药利用率。

诚然，农药利用率测算工作涉及植保机械、农药、作物、病虫害、作物生育期以及植保机械操作人员等多个方面，与农民的科学安全用药意识、专业化防治组织的服务水平等都有直接关系，需要全方位、多角度的合作和进行大范围测试、大数据分析，才能较为准确地测算农药利用率的总体水平。

（四）植保无人飞机喷施作业轨迹评价方法与案例

在航空喷洒中，只有保证飞行航线的稳定性才能避免喷洒过程中的重喷漏喷，实现农药的精准喷洒。在中小田块作业时，小型农用无人飞机多以遥控飞行为主，航线飞行作业或悬停对靶作业的作业质量主要依赖于操控员自身视觉、经验以及田块边界或作物纹理。飞行作业效果和效率直接关系到生产成本、作物增产和农民收益情况，影响到农民使用无人飞机进行生产作业的积极性。彭孝东等采用 GPS 坐标采集无线传输系统，以作业田块边界直线为参照，通过目视和经验操控植保无人飞机分别进行循直线飞行试验和基于有效喷幅的航线规划飞行试验，分析规划航线与理论航线之间的差异。除 GPS 坐标信息采集以外，采用北斗差分定位系统可以更精准地获取植保无人飞机飞行轨迹，评判飞行的精准度。例如，兰玉彬教授团队领导的国家精准农业航空中心在 2016 年 5 月采用北斗定位系统分别测定了国内 3 款商用植保无人飞机作业航线及飞行精度情况，其中采用的北斗定位系统为航空用北斗系统 UB351，由移动站和基准站组成，具有 RTK 差分定位功能，平面精度达（$10+5\times D\times10^{-7}$）mm，高程精度达（$20+1\times D\times10^{-6}$）mm，其中，$D$ 表示该系统实际测量的距离值，单位为 km。采样精度为 4，采样频率为 1 Hz。图 4-4 为国家精准农业航空中心研发的 RTK 定位系统。

测定时首先选取一块足够大的地块进行植保无人飞机喷施作业，并携带北斗定位系统移动站对无人飞机的飞行轨迹进行绘制，获取其作业参数，所标定作业地块如图 4-5，4 个标定点之内为作业区域。

3 款植保无人飞机中，植保无人飞机 A 在作业区域内速度参数、高度参数对应的作业轨迹参见图 4-6，其中，图中标注的编号行所对应的飞行参数如表 4-6 所示。

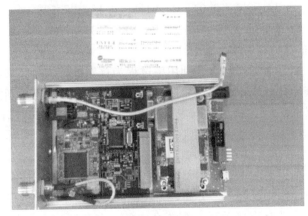

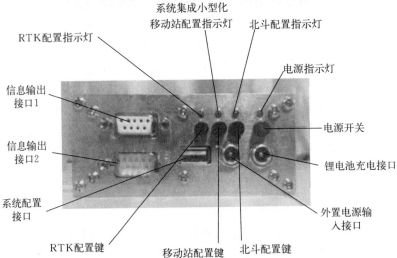

图 4-4　国家精准农业航空中心研发的 RTK 定位系统

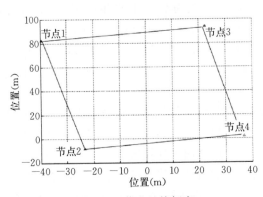

图 4-5　作业地块标定

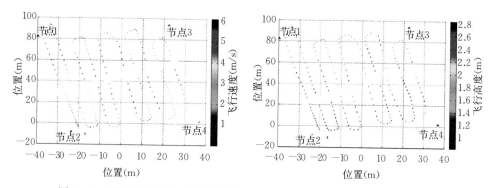

图 4-6 植保无人飞机 A 不同速度（左）及不同高度（右）对应飞行轨迹

从图 4-6 和表 4-6 可以看出，最大平均速度出现在 6#回程轨迹上，为 5.16 m/s，最小平均速度出现在 9#去程轨迹上，为 3.25 m/s；最大平均高度出现在 8#回程轨迹上，为 1.75 m，最小平均高度出现在 3#去程轨迹上，为 1.22 m。从整个作业轨迹来看，该飞手操控无人飞机的飞行趋势为：去程速度慢于回程速度，去程高度低于回程高度。

表 4-6 植保无人飞机 A 喷施作业轨迹参数

轨迹编号	起始点	终止点	采样点数	平均飞行速度（m/s）	平均飞行高度（m）	用时（s）	飞行距离（m）	作业方向
1	1	25	25	3.35	1.29	25	83.72	去
2	31	56	26	3.95	1.26	25	98.61	回
3	60	80	21	3.83	1.22	20	76.59	去
4	86	104	19	4.64	1.42	18	83.45	回
5	108	125	18	4.87	1.35	16	77.91	去
6	130	145	16	5.16	1.45	16	82.60	回
7	149	169	21	3.94	1.23	20	78.85	去
8	174	192	19	4.81	1.75	17	81.67	回
9	196	216	21	3.25	1.26	20	65.01	去
10	20	237	18	4.08	1.41	17	69.37	回

图 4-7 为植保无人飞机 B 在作业区域内的速度参数、高度参数对应的作业轨迹，其中，图中标注的编号行所对应的飞行参数如表 4-7 所示。

从图 4-7 和表 4-7 可以看出，最大平均速度出现在 1#去程轨迹上，为 7.43 m/s，最小平均速度出现在 2#回程轨迹上，为 4.99 m/s；最大平均高度出现在 4#回程轨迹上，为 1.12 m，最小平均高度出现在 7#去程轨迹上，为 0.87 m。

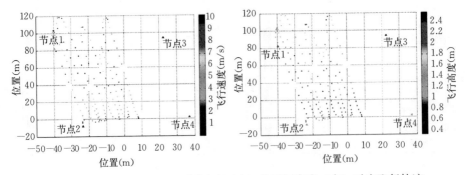

图4-7 植保无人飞机B不同速度（左）及不同高度（右）对应飞行轨迹

表4-7 植保无人飞机B喷施作业轨迹参数

轨迹编号	起始点	终止点	采样点数	平均飞行速度（m/s）	平均飞行高度（m）	用时（s）	飞行距离（m）	作业方向
1	1	16	16	7.43	0.88	14	104.01	去
2	18	39	22	4.99	0.90	22	109.84	回
3	41	59	19	6.77	0.89	18	121.94	去
4	61	79	19	6.74	1.12	18	121.34	回
5	81	98	18	6.44	0.88	17	109.39	去
6	99	115	17	6.39	1.02	17	108.64	回
7	117	130	14	5.66	0.87	15	84.87	去
8	130	145	16	5.88	1.10	14	82.33	回
9	147	163	17	7.18	0.97	16	114.86	去
10	165	183	19	6.38	0.99	18	114.76	回

图4-8为植保无人飞机C在作业区域内的速度参数、高度参数对应的作业轨迹，其中，图中标注的编号行所对应的飞行参数如表4-8所示。

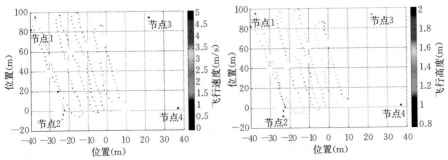

图4-8 植保无人飞机C不同速度（左）及不同高度（右）对应飞行轨迹

从图 4-8 和表 4-8 可以看出，该前半部分轨迹的去程平均速度和回程平均速度基本接近，保持在 3.90 m/s 左右；最大平均高度出现在 2#回程轨迹上，为 1.52 m，最小平均高度出现在 3#去程轨迹上，为 1.17 m。

表 4-8　植保无人飞机 C 喷施作业轨迹参数

轨迹编号	起始点	终止点	采样点数	平均飞行速度（m/s）	平均飞行高度（m）	用时（s）	飞行距离（m）	作业方向
1	1	30	30	3.03	1.29	30	96.76	去
2	32	57	26	3.68	1.52	26	102.98	回
3	60	84	25	4.00	1.17	25	95.83	去
4	86	112	27	3.90	1.32	27	101.51	回
5	113	138	26	3.93	1.31	26	98.32	去
6	142	167	26	3.99	1.31	26	99.74	回
7	169	190	22	3.93	1.42	22	82.42	去
8	194	214	21	3.91	1.49	21	78.09	回

不同机型的植保无人飞机在整个飞行航线轨迹中的作业参数及参数变化均匀性数值由整个轨迹中不同编号轨迹的速度参数和高度参数计算其变异系数而得出。

表 4-9　整个飞行航线中无人飞机作业参数

机型型号	平均速度（m/s）	速度均匀性（%）	平均高度（m）	高度均匀性（%）
植保无人飞机 A	3.75	16.00	1.37	11.66
植保无人飞机 B	5.84	11.35	0.97	9.75
植保无人飞机 C	3.60	8.56	1.36	8.53

从表 4-9 中可以看出，植保无人飞机 B 在整个作业轨迹中的平均飞行速度最大，其平均值为 5.84 m/s。植保无人飞机 C 在整个作业轨迹中的平均速度均匀性最好，其均匀性平均值为 8.56%。植保无人飞机 B 在整个作业轨迹中的平均飞行高度最小，其飞行高度平均值为 0.97 m。

总体来说，在没有明显行列特征的物体做参照或者飞机与操控员距离较远的情况下，目视遥控控制无人飞机沿直线飞行难度较大。目视遥控模式下即时航线规划的精准程度不仅取决于操控员的操控技能，也与作业对象种类、种植方式以及作物纹理特征有关，缺少明显行列特征的作业对象也是目视航线规划出现误差，进而影响作业成效及农艺指标的因素之一。在无人飞机遥控飞行作业中，飞机的速度、高度、姿态以及作业量等完全由操控者目视和自身经验判断控制，存在一定的误差和人为随意性，难以做到精准控制和精确作业。同时，熟练掌握无人飞机的控制技巧需要经过长期、大量的飞行训练，这对普通用户来讲在短时间内难以实现。因此，遥控飞行作业模式的推广和普及受到限制。在飞行作业前，飞机如果能根据预设的作业幅宽和作业区域大小自动解算航迹点坐标，以固定的高度和速度沿航迹点自主飞行作业，则同时能大大降低对操控者飞行技术的要求以及变量控制技术难度。随着差分 GPS（DGPS）的普及、飞控技术的日臻完善和机器视觉技术的不断发展，基于 GPS 导航、可自动田块边界识别、边界坐标采集并能自动优化、生成作业航线的自主飞行作业模式是未来农用无人飞机进行精准作业的发展方向。

二、植保无人飞机雾滴飘移测试方法

植保无人飞机与传统施药方式相比喷雾时多采用低空低容量喷雾，在旋翼风场和外界气象条件的影响下雾滴容易脱离目标靶区并产生喷雾飘移。中华人民共和国民用航空行业标准（MH/T 1050—2012）对喷雾飘移的相关专用名词有以下规定：

喷雾飘移（spray drift）：是指喷雾过程中由气流作用将喷液带出靶标区的现象。

目标喷雾区（target sprayed area）：喷雾处理的目标区域。

有效喷幅（effective swath）：与可接受雾滴分布均匀性相对应的最大喷幅宽度。

采样线（sampling line）：检测区内由多个采样点连成的一条线。

在测试农用无人飞机喷施雾滴飘移时首先检测设备的总体性能是否正常，确保无人飞机各部件工作正常，根据无人飞机生产商所提供的设备使用手册调试无人飞机并检测喷施流量、雾滴粒径等，确保符合作业要求。测量所用喷液应具有药液的典型物理性质，可添加罗丹明等示踪剂，添加比例一般为 0.2%，也可根据实际情况进行改变。测量飘移时保证测量场地内无明显障碍物、视野开阔、环境气象条件适中、地形地貌较为平坦，对于一些丘陵地带应在测试报告上准确记录其地貌特征。推荐气象条件为风速较为平稳、平均风向应与飞机航线成 60°～120°、相对湿度在 50% 以上。选择合适的目标喷雾区，喷雾区的宽度要大于无人飞机生产厂家提供的有效喷幅宽度，无人飞机飞行路线尽量与风向垂直，在其下风向一侧要保证有足够空间能够布置采样卡片，下风向区域应是平地或者低矮作物且在试验报告上予以注明，飞行时，为保证结果的可靠性及客观性，无人飞机应在测试区域以外 20 m 以上起飞喷施并保持稳定飞行姿态，在测试区域记录飞行时的作业参数（包括飞行速度、高度、环境气象条件等），经过采样线之后继续平稳飞行 20 m 以上可结束喷施，采样区域内喷施时间应大于 10 s。待采样装置完全收集雾滴后（至少 30 s 以上）测试人员戴手套取样并及时封装保存，下风向距离应从目标喷雾区下风向的边界起测量。

测量时需要用到的主要仪器设备包括气象站（可测试风速、风向、温湿度、大气压力等）、流量计、图像处理仪器、喷雾飘移采样装置、传感器、荧光剂、示踪剂、计时器、记号笔、量筒、配药桶、皮尺、天平、标志小旗、信封、自封袋、冰盒、锄头、铁锹、插地管、聚乙烯单丝线、夹子、小型电钻、吸管等。

（一）采样布置方法

1. 采样场地

视野开阔，场地周围没有高大障碍物，测试报告上详细记录场地及地形地貌详情。对市场上主流植保无人飞机的前期测试发现，无人飞机作业时 90% 的雾滴飘移总量一般可控制在 50 m 以内，实际测试时可将飘移线延长至 100 m，一般都能满足测试要求。

2. 采样线

飘移采样线可设置 2～3 条，间隔 10～20 m 或者根据实际情况进行调整，作为 2～3 个重复，无人飞机正下方设为 0 点，下风向位置按正数编号排列，上风向位置按负数编号排列，在无人飞机厂商提供的有效喷幅区内等间距布置采样点，间隔距离一般为 0.5～1 m，在有效喷幅区以外可递增至 1～2 m，距离无人飞机航线 10 m 以上时可将采样间距增大至 5 m 以上。

3. 采样测试架

采样测试架主要用于测量空中雾滴飘移情况，测试架可由 2 根插地钢管和 3 根聚乙烯单丝线组成，钢管应具有可伸缩性，高度 5 m 以上，聚乙烯单丝线直径约 0.7 mm，也可以根据实际情况进行调整，聚乙烯单丝线可布置在离地高度 1 m、2 m、5 m 的位置。测试架布置与无人飞机航线平行，间隔及数量可根据实际需要选取。

4. 采样装置

地面雾滴飘移采样装置一般为水敏纸、铜版纸、麦拉卡、培养皿、色谱纸等，空间雾滴飘移采样装置推荐使用聚乙烯单丝线、尼龙绳、试管刷等。地面采样装置应放置在采样区内作物顶部适宜的高度上，作物高度不整齐，冠层稀疏导致较高比例的飘移沉积物沉积到地面时，应在地面对应的采样点上增设采样装置。

（二）数据处理方法

水敏纸和麦拉卡数据读取方法与前文相同，这里主要介绍麦拉卡和聚乙烯单丝线的处理方法。根据荧光计读数、校准曲线、采样装置表面积、喷洒药液浓度等，可按以下公式进行计算：

$$\beta_{dep} = \frac{(\rho_{smpl} - \rho_{blk})F_{cal}V_{dil}}{\rho_{spray}A_{col}}$$

$$\beta_{dep}\% = \frac{10\,000\beta_{dep}}{\beta_v} \times 100\%$$

式中，β_{dep} 为喷雾飘移沉积量（$\mu L/cm^2$）；ρ_{smpl} 为样品荧光计读数；ρ_{blk} 为不含示踪剂的空白采样器荧光计读数；F_{cal} 为校准系数，荧光计单位刻度所对应的浓度（$\mu g/L$）；V_{dil} 为用于溶解收集器收集的示踪剂稀释液的体积（L）；ρ_{spray} 为喷雾液浓度或者在喷头处采样的喷雾液中示踪剂的量（g/L）；A_{col} 为收集器上收集喷雾飘移的投影面积（cm^2）；$\beta_{dep}\%$ 为用百分比表示的喷雾飘移量（%）；β_v 为喷施量（L/hm^2）。

典型的雾滴飘移测试曲线如图 4 - 9 所示：

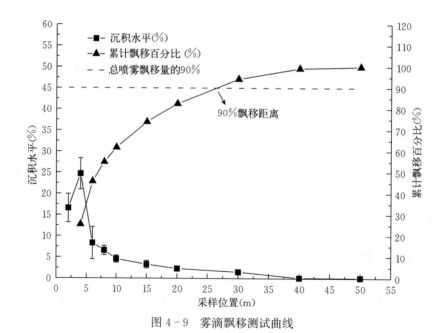

图 4 - 9 雾滴飘移测试曲线

（三）飘移测试案例

以 2017 年 1 月在海南临高县进行的菠萝雾滴飘移测试为例，图 4 - 10 为海南菠萝无人飞机飞防飘移测试现场效果，图 4 - 11 为海南菠萝无人飞机飞防飘移测试现场布置。

图 4-10 海南菠萝无人飞机飞防飘移测试现场布置效果

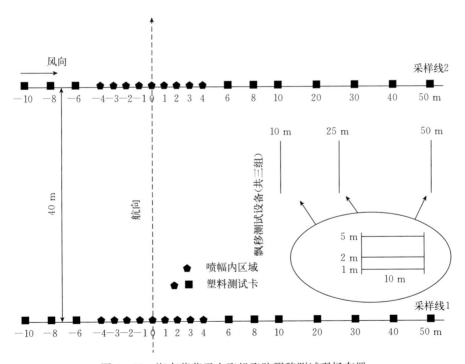

图 4-11 海南菠萝无人飞机飞防飘移测试现场布置
⬠代表有效喷幅区水敏纸和 Mylar 卡布点位置，间隔 1 m 布置；
■代表 Mylar 卡布点位置，依次间隔 2 m、10 m 布置。

采样线布置：采样线垂直于无人飞机飞行方向布置，共两条，间距 40 m。采集带长度 60 m。根据无人飞机的喷施特性将有效喷幅设为 6 m，航线中心布点标记为 0，上风向位置从 0 开始间隔 1 m 在 −1 m、−2 m、−3 m、−4 m 共 4 点布置水敏纸，再间隔 2 m 在 −6 m、−8 m、−10 m 共 3 点布置 Mylar 卡。下风向从航线 0 点间隔 1 m 在 1 m、2 m、3 m、4 m 共 4 点布置水敏纸，再间隔 2 m 在 6 m、8 m、10 m 共 3 点布置 Mylar 卡，再间隔 10 m 在 20 m、30 m、40 m、50 m 共 5 点布置 Mylar 卡。水敏纸布置区间为 8 m，可以涵盖现有飞机的喷幅，也可以预防飞机偏离航线造成漏采。

飘移测试架布置：在平行中心航线，两条采集带中间依次布置 3 个飘移测试架。距离中心航线的距离分别为 10 m、25 m、50 m。每个飘移测试架由两根可伸缩带地插的不锈钢管和 3 条聚乙烯单丝线组成，3 条单丝线的距地高度依次为 1 m、2 m、5 m。

最后，在撰写无人飞机喷雾飘移现场试验报告时应包括：

① 测量区信息：地形、采样装置、作物高度及生长期、表面类型等。

② 无人飞机作业信息：生产厂家、无人飞机型号、喷杆长度、喷头型号、喷雾压力、喷头数目、喷施量、流量、飞行高度、飞行速度、飞行方向、喷施药液成分组成等。

③ 气象条件：采样高度、风速、风向、温湿度等。

三、无人飞机风场测定与利用

（一）无人飞机风场测定方法

风场对于植保无人飞机喷洒雾滴沉积、飘移以及用来授粉应用具有重要的影响。对植保无人飞机的风场多采用风速传感器进行测定。测量装置以及不同的风速传感器排布往往根据不同的试验目的来设置，例如在无人飞机授粉过程中，为了使测量的风场更接近实际授粉时母本冠层的受风情况，在风速传感器安装时，使其叶轮轴心的高度与水稻冠层顶部齐平，设计了线阵和面阵 2 种布局，对无人驾驶油动单旋翼直升机辅助授粉作业时的风场分布情况进行了模拟测量试验。在每个架次风场数据采样开始前进行自然风数据的采集，用于后续风场数据分析时对自然风的影响进行滤除（图 4 - 12）。

1. 3 向线阵风场测量方法

如图 4 - 13 所示，在水稻田中选 10 个测量点，每个点间隔 1 m，即测定的宽度为 9 m，每个测量点上布置 3 个风速传感器（如图 4 - 13 a 所示），风速传感器轴心的安装方向分别为平行于飞行方向（X，即平行于水稻种植行方向）、垂直

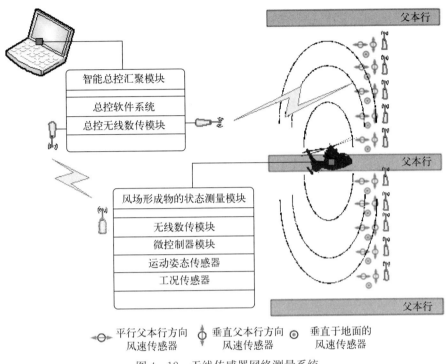

图 4-12　无线传感器网络测量系统

a　　　　　　　　　　　　　　b

图 4-13　3 向线阵风场测量

a.3 向线阵风速传感器的布置　b.3 向线阵风场测量总体布置方案

于飞行方向（Y，即垂直于水稻种植行方向）、垂直于地面方向（Z），同时测定每个点的 3 个不同方向飞机作业产生的风速。在自然风条件下，当飞机飞行至距离线阵 3 m 时开始测定风速，同时获取 GPS 数据。飞机沿线阵的中心轴 A 至 B，B 至 A 来回飞行，每种飞行参数条件下测量 2 个来回。

2. 单向面阵风场测量方法

如图 4-14 所示，在水稻田中选 30 个测量点，共计 3 行，每行间隔 1 m，每行 10 个点，行内各点间隔 1 m，即测定的区域为一个 2 m×9 m 的矩阵，每个点上布置一个风速传感器，风速传感器轴心的安装方向为平行于飞行方向（X）。在自然风条件下，当飞机飞行至距离面阵中心轴 3 m 时开始测定风速，同时获取 GPS 数据。飞机沿线阵的中心轴 A 至 B，B 至 A 来回飞行，飞行方向为平行于水稻种植行方向，每种飞行参数条件下测量 2 个来回。

图 4-14　单向面阵风场测量

（二）无人飞机风场与沉积关系研究

1. 单旋翼植保无人飞机喷施试验结果与分析

（1）雾滴沉积数据。如图 4-15 所示，a、b、c 分别表示农用无人直升机 6 次喷施作业试验雾滴在水稻植株上层、中层、下层的雾滴沉积分布情况。

从图 4-15 雾滴在水稻植株各层的分布情况可以看出，航空喷施雾滴在植株各层的沉积趋势基本相同，沉积量从上层到下层依次减少，上层沉积量远高于中层沉积量，而中层沉积量略高于下层沉积量；且雾滴主要沉积在水稻植株上层的 4#、5#、6#、7#采集点和中下层的 5#、6#采集点，且根据雾滴密度评价农用无人飞机有效喷幅的方法，4#、5#、6#、7#这 4 个雾滴采集点上层的雾滴沉积密度均满足评价要求（MH/T 1002，1995），因此，可以将雾滴采集带上的 4#～7#采集点作为本次喷施试验农用无人飞机有效喷幅宽度内的采集点。

（2）风场分布数据。如图 4-16 所示，a、b、c 分别表示农用无人飞机 6 次喷施作业试验时风场测量系统所测得水稻冠层上方 X、Y、Z 方向的 3 向风场分布情况。

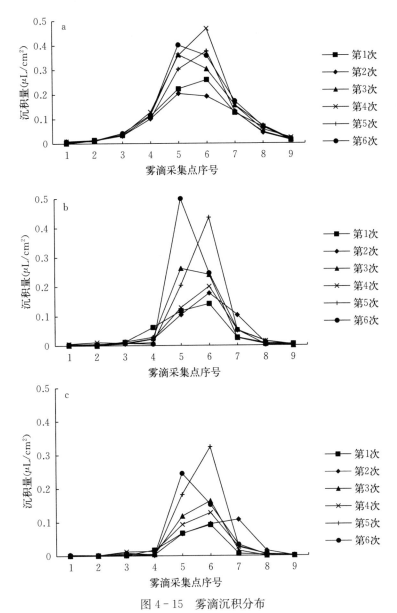

图 4 - 15　雾滴沉积分布

a. 植株上层雾滴沉积分布　b. 植株中层雾滴沉积分布　c. 植株下层雾滴沉积分布

从图 4 - 16 水稻冠层上方 X、Y、Z 方向的 3 向风场分布情况可以看出，由于喷施作业飞行参数的不同，每次试验的风场分布情况也存在差异，但风速值大小总体表现出 Y 向 $>Z$ 向 $>X$ 向的趋势；且由于外界环境风场的影响，水平方向上 X、Y 方向的风场随着外界环境风场的方向略有偏移。

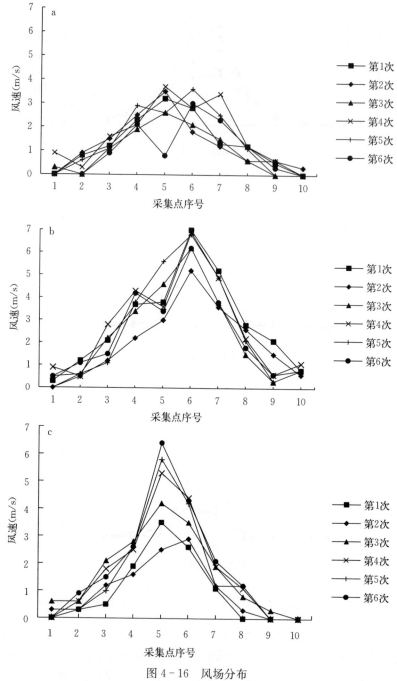

图 4 - 16　风场分布
a. X 方向风场分布　b. Y 方向风场分布　c. Z 方向风速分布

（3）风场对有效喷幅区内雾滴沉积量的影响。雾滴在有效喷幅区内的沉积分布情况如表4-10所示。

表4-10 有效喷幅区内雾滴沉积分布

试验组号	采集点	平均沉积量（$\mu L/cm^2$）	穿透性（%）	均匀性（%）
第1次	4#	0.064	60.95	
	5#	0.136	47.54	45.33
	6#	0.164	42.59	
	7#	0.053	98.47	
第2次	4#	0.042	101.03	
	5#	0.125	46.23	38.05
	6#	0.155	27.62	
	7#	0.114	10.41	
第3次	4#	0.049	97.60	
	5#	0.247	40.49	61.72
	6#	0.236	24.31	
	7#	0.066	97.51	
第4次	4#	0.055	95.15	
	5#	0.193	60.70	58.07
	6#	0.266	55.01	
	7#	0.078	71.22	
第5次	4#	0.037	122.81	
	5#	0.230	22.64	76.45
	6#	0.379	12.09	
	7#	0.069	62.34	
第6次	4#	0.041	127.75	
	5#	0.386	28.37	71.65
	6#	0.252	33.42	
	7#	0.086	71.35	

由以上试验结果根据逐步回归分析可得表4-11，为农用无人飞机旋翼下方风场对有效喷幅区内雾滴沉积量影响的方差分析及回归分析结果。由方差分析结果可知，因素Y向风速对应的显著性水平值$Sig. < 0.05$，表明Y向风速对有效喷幅区内雾滴沉积量的影响显著；因素Z向风速对应的显著性水平值$Sig. <$

0.01，表明 Z 向风速对有效喷幅区内雾滴沉积量的影响极显著。且回归方程显著性检验的概率 $Sig.=0.011<0.05$，因此被解释变量与解释变量全体的线性关系是显著的，可建立线性方程。

对于雾滴沉积量而言，由回归分析结果可知，回归方程的回归系数依次为 -0.386、0.075、0.159，因此，指标有效喷幅区雾滴沉积量 y_1 与因素 Y 向风速和 Z 向风速之间的关系模型为：

$$y_1 = 0.075 V_Y + 0.159 V_Z - 0.386$$

回归模型的决定系数 R^2 为 0.755。

从所建立的关系模型可以看出，因素 Y 向风速和 Z 向风速的系数均大于 0，为正，表示旋翼下方的 Y 向风速和 Z 向风速与有效喷幅区内雾滴沉积量均呈正相关，采集点上方的 Y 向风速值和 Z 向风速值越大，采集点上的雾滴沉积量就越多。这与实际作业情况是相符的。

表 4-11　沉积量方差分析及回归分析结果

差异源	回归系数	标准误差	$Sig.$	显著性	R	R^2
常数项	-0.386	0.130	0.007	＊＊		
Y 向	0.075	0.027	0.011	＊	0.869	0.755
Z 向	0.159	0.024	0.000	＊＊		

注：$Sig.$ 表示因素对结果影响的显著性水平值，本文取显著性水平 $α=0.05$，＊＊代表因素对试验结果有极显著影响，＊代表因素对试验结果有显著影响。下同。

（4）风场对有效喷幅区内雾滴沉积穿透性的影响。农用无人飞机旋翼下方 3 向风场对有效喷幅区内雾滴在水稻植株冠层沉积穿透性影响的方差分析及回归分析结果如表 4-12 所示。由方差分析结果可知，因素 Z 向风速对应的显著性水平值 $Sig.<0.05$，表明 Z 向风速对有效喷幅区内雾滴沉积穿透性的影响显著。且回归方程显著性检验的概率 $Sig.=0.025<0.05$，因此被解释变量与解释变量全体的线性关系是显著的，可建立线性方程。

表 4-12　沉积穿透性方差分析及回归分析结果

差异源	回归系数	标准误差	$Sig.$	显著性	R	R^2
常数项	0.934	0.150	0.000	＊＊	0.456	0.208
Z 向	-0.107	0.045	0.025	＊		

对于雾滴沉积穿透性而言，由回归分析结果可知，回归方程的回归系数依次为 0.934、-0.107，因此，指标有效喷幅区雾滴沉积穿透性 y_2 与 Z 向风速之间

的关系模型为：

$$y_2 = -0.107 V_z + 0.934$$

回归模型的决定系数 R^2 为 0.208。

（5）风场对有效喷幅区内雾滴沉积均匀性的影响。为表明农用无人飞机旋翼下方风场对有效喷幅区内雾滴沉积均匀性的影响，取每次试验中旋翼下方风场 X 向、Y 向、Z 向 3 个方向的峰值来研究 3 向风场与雾滴沉积均匀性之间的关系。农用无人飞机旋翼下方 3 向风场峰值对有效喷幅区内雾滴在水稻植株冠层沉积均匀性影响的方差分析及回归分析结果如表 4 - 13 所示。由方差分析结果可知，因素 Z 向峰值风速对应的显著性水平值 $Sig.<0.05$，表明 Z 向峰值风速对有效喷幅区内雾滴沉积均匀性的影响显著。且回归方程显著性检验的概率 $Sig.=0.011<0.05$，因此被解释变量与解释变量全体的线性关系是显著的，可建立线性方程。

对于雾滴沉积均匀性而言，由回归分析结果可知，回归方程的回归系数依次为 0.122、0.099，因此，指标有效喷幅区雾滴沉积均匀性 y_3 与 Z 向峰值风速之间的关系模型为：

$$y_3 = 0.099 V_{z-\max} + 0.122$$

回归模型的决定系数 R^2 为 0.837。

在所建立的关系模型中，因素 Z 向峰值风速的系数大于 0，为正，表示 Z 向峰值风速与有效喷幅区内的雾滴沉积均匀性亦呈正相关。在实际喷施作业中，较大的 Z 向垂直风速可以减弱旋翼下方水平风速对雾滴沉积的影响，提高雾滴沉积均匀性。因此，这一模型与雾滴沉积机理分析是一致的。

表 4 - 13　沉积均匀性方差分析及回归分析结果

差异源	回归系数	标准误差	$Sig.$	显著性	R	R^2
常数项	0.122	0.106	0.031	*	0.915	0.837
Z 向	0.099	0.022	0.011	*		

（6）风场对雾滴飘移的影响。左、右飘移区内雾滴的飘移量及风场在有效喷幅区边缘的分布情况如表 4 - 14 所示。从雾滴飘移的角度来看，每次试验右边飘移区的雾滴飘移量均多于左边飘移区的雾滴沉积量；另外，从有效喷幅区边缘风场分布的角度来看，左边缘处（4#采集点）的 X 向风速值和 Z 向风速值基本上都大于右边缘处（7#采集点）的风速值，而左边缘处（4#采集点）的 Y 向风速值基本上都小于右边缘处（7#采集点）的风速值，刚好与左右两边飘移区内雾滴飘移量的差异相吻合，在一定程度上说明在雾滴沉积过程中容易受到 Y 向风场的影响而发生飘移。

表 4-14 左右飘移区内雾滴飘移量及有效喷幅区边缘处风场分布

试验组号		有效喷幅区边缘风速（m/s）			雾滴飘移量（μL/cm²）
		X 向	Y 向	Z 向	
1	左边	2.30	3.70	1.90	0.069
	右边	1.30	5.20	1.10	0.096
2	左边	2.50	2.20	1.60	0.064
	右边	1.20	3.60	1.20	0.081
3	左边	1.90	3.40	2.80	0.074
	右边	1.50	3.80	1.90	0.093
4	左边	2.10	4.30	2.50	0.094
	右边	3.40	4.90	1.90	0.102
5	左边	2.90	3.80	2.60	0.054
	右边	2.50	4.90	1.20	0.085
6	左边	2.10	4.20	2.60	0.088
	右边	2.30	3.80	2.10	0.093

为更清楚地揭示农用无人飞机旋翼下方风场对雾滴沉积飘移的影响，取每次试验中有效喷幅边缘处的旋翼下方风场 X 向、Y 向、Z 向 3 个方向的风速值来研究风场与雾滴沉积飘移之间的关系。有效喷幅区内左右边缘处的 3 向风场对左右飘移区雾滴飘移影响的方差分析及回归分析结果如表 4-15 所示。由方差分析结果可知，因素 Y 向风速对应的显著性水平值 $Sig.<0.05$，表明有效喷幅内边缘处 Y 向风速对雾滴沉积飘移的影响显著，即农用无人飞机旋翼下方 Y 向风场对雾滴沉积飘移的影响显著。且回归方程显著性检验的概率 $Sig.<0.05$，因此被解释变量与解释变量全体的线性关系是显著的，可建立线性方程。

对于雾滴沉积飘移而言，由回归分析结果可知，回归方程的回归系数依次为 0.035、0.012，因此，雾滴沉积飘移量 y_4 与 Y 向风速之间的关系模型为：

$$y_4 = 0.012V_Y + 0.035$$

回归模型的决定系数 R^2 为 0.429。

表 4-15 雾滴飘移方差分析及回归分析结果

差异源	回归系数	标准误差	$Sig.$	显著性	R	R^2
常数项	0.035	0.018	0.043	*	0.655	0.429
Y 向	0.012	0.004	0.021	*		

2. 多旋翼植保无人飞机喷施试验结果与分析

（1）雾滴沉积数据。如图 4-17 所示，a、b、c 分别表示农用无人飞机 4 次喷施作业试验雾滴在水稻植株上层、中层、下层的雾滴沉积分布情况。

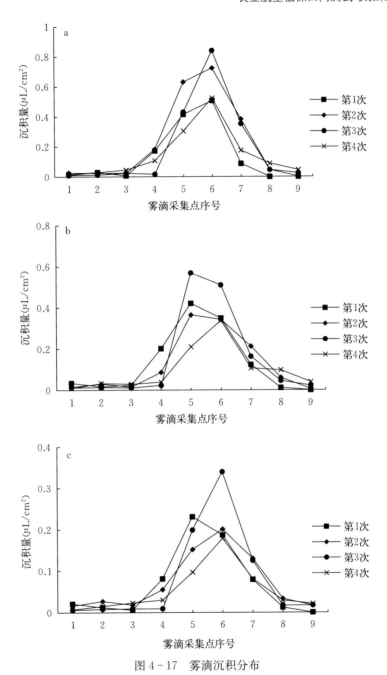

图 4-17 雾滴沉积分布

a. 植株上层雾滴沉积分布　　b. 植株中层雾滴沉积分布　　c. 植株下层雾滴沉积分布

从图 4-17 可以看出，航空喷施雾滴在植株各层的沉积趋势基本相同，沉积量从上层到下层依次减少，上层沉积量略高于中层沉积量，而中层沉积量高于下层沉积量；且雾滴主要沉积在水稻植株上层的4#、5#、6#、7#采集点。根据雾滴密度评价农用无人飞机有效喷幅的方法，第一次试验和第二次试验中的4#、5#、6#、7#采集点，第三次试验中的5#、6#、7#采集点及第四次试验中的4#、5#、6#、7#、8#采集点上层的雾滴沉积密度均满足评价要求（MH/T 1002，1995），因此，可以将上述雾滴采集点作为本次喷施试验中农用无人飞机有效喷幅宽度内的采集点。

（2）风场分布数据。如图4-18所示，a、b、c分别表示农用无人飞机4次喷施作业试验时风场测量系统所测得水稻冠层上方X、Y、Z方向的3向风场分布情况。

从图4-18可以看出，由于喷施作业飞行参数的不同，每次试验的风场分布情况也存在差异，但风速值大小总体表现出Z向>Y向>X向的趋势。

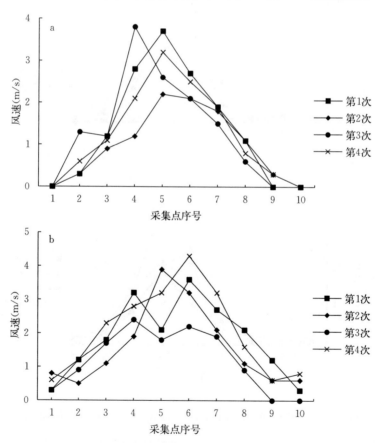

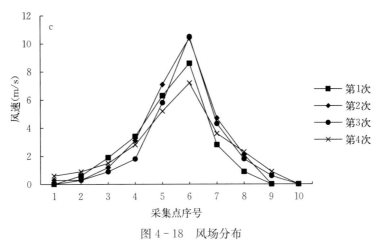

图 4 - 18　风场分布

a. X 方向风场分布　　b. Y 方向风场分布　　c. Z 方向风速分布

（3）风场对有效喷幅区内雾滴沉积量的影响。如表 4 - 16 所示，为雾滴在有效喷幅区内的沉积分布情况。

表 4 - 16　有效喷幅区内雾滴沉积分布

试验组号	采集点	平均沉积量（$\mu L/cm^2$）	下层沉积量（$\mu L/cm^2$）
第 1 次	4#	0.151	0.081
	5#	0.356	0.231
	6#	0.348	0.187
	7#	0.096	0.079
第 2 次	4#	0.108	0.055
	5#	0.383	0.152
	6#	0.423	0.201
	7#	0.242	0.13
第 3 次	5#	0.400	0.199
	6#	0.564	0.34
	7#	0.214	0.125
第 4 次	4#	0.059	0.030
	5#	0.204	0.097
	6#	0.347	0.179
	7#	0.121	0.081
	8#	0.072	0.029

由以上试验结果根据逐步回归分析可得表 4-17，为农用无人飞机旋翼下方风场对有效喷幅区内雾滴沉积量影响的方差分析及回归分析结果。由方差分析结果可知，因素 X 和 Y 向风速对应的显著性水平值 $Sig.$ 分别为 0.477 和 0.114，因素 Z 向风速对应的显著性水平值 $Sig. < 0.01$，表明 X 和 Y 向风速对有效喷幅区内雾滴沉积量的影响不显著，Z 向风速对有效喷幅区内雾滴沉积量的影响极显著。且回归方程显著性检验的概率 $Sig. < 0.01$，因此被解释变量与解释变量全体的线性关系是极显著的，可建立线性方程。

对于雾滴沉积量而言，由回归分析结果可知，回归方程的回归系数依次为 −0.036、0.053，但常数项的显著性水平值 $Sig. > 0.05$，应予以剔除，因此，指标有效喷幅区雾滴沉积量 y_1 与因素 Z 向风速之间的关系模型为：

$$y_1 = 0.053 V_Z$$

回归模型的决定系数 R^2 为 0.868。

在所建立的关系模型中，因素 Z 向风速的系数大于 0，为正，表示旋翼下方 Z 向垂直风速与有效喷幅区内的雾滴沉积量呈正相关，Z 向风速越大，有效喷幅区内雾滴受垂直下旋风场的影响沉积越多。这与雾滴沉积机理分析和实际作业情况相一致。

表 4-17　沉积量方差分析及回归分析结果

差异源	回归系数	标准误差	$Sig.$	显著性	R	R^2
常数项	−0.036	0.033	0.301	—	0.932	0.868
Z 向	0.053	0.006	0.000	＊＊		

注：$Sig.$ 表示因素对结果影响的显著性水平值，本文取显著性水平 $\alpha = 0.05$，＊＊代表因素对试验结果有极显著影响，＊代表因素对试验结果有显著影响，—代表因素对试验结果无显著影响。下同。

（4）风场对有效喷幅区内雾滴沉积穿透性的影响。为表示农用无人飞机旋翼下方风场对有效喷幅区内雾滴沉积穿透性的影响，取雾滴在有效喷幅区内采集点下层的沉积量来表征雾滴穿透性。农用无人飞机旋翼下方 3 向风场对有效喷幅区内雾滴在水稻植株冠层沉积穿透性影响的方差分析及回归分析结果如表 4-18 所示。由方差分析结果可知，因素 X 向风速对应的显著性水平值 $Sig.$ 为 0.056，因素 Y 向风速对应的显著性水平值 $Sig. < 0.05$，因素 Z 向风速对应的显著性水平值 $Sig. < 0.01$。表明 X 向风速对有效喷幅区内雾滴沉积穿透性的影响不显著，Y 向风速对有效喷幅区内雾滴沉积穿透性的影响显著，Z 向风速对有效喷幅区内雾滴沉积穿透性的影响极显著。且回归方程显著性检验的概率 $Sig. < 0.01$，因此被解释变量与解释变量全体的线性关系是极显著的，可建立线性方程。

对于雾滴沉积穿透性而言，由回归分析结果可知，回归方程的回归系数依次为 0.045、-0.028、0.031，但常数项的显著性水平值 $Sig. >0.05$，应予以剔除，因此，指标有效喷幅区雾滴沉积穿透性 y_2 与因素 Y 向风速和 Z 向风速之间的关系模型为：

$$y_2 = -0.028V_Y + 0.031V_Z$$

回归模型的决定系数 R^2 为 0.842。

在所建立的模型中，因素 Y 向风速的系数小于 0，为负，表示有效喷幅区内雾滴沉积穿透性与 Y 向风速呈负相关；因素 Z 向风速的系数大于 0，为正，表示有效喷幅区内雾滴沉积穿透性与 Z 向风速呈正相关。水平方向上的风场会阻碍雾滴在植株间的穿透，垂直方向上的风场会促进雾滴在植株间的穿透，即 Y 向风速值越大、Z 向风速值越小，有效喷幅区内雾滴沉积穿透性越差；Y 向风速值越小、Z 向风速值越大，有效喷幅区内雾滴沉积穿透性越好。此模型与雾滴沉积机理分析互为补充。

表 4 - 18　沉积穿透性方差分析及回归分析结果

差异源	回归系数	标准误差	$Sig.$	显著性	R	R^2
常数项	0.045	0.033	0.200	——		
Y 向	-0.028	0.004	0.037	$*$	0.918	0.842
Z 向	0.031	0.045	0.000	$* *$		

（5）风场对有效喷幅区内雾滴沉积均匀性的影响。为表明农用无人飞机旋翼下方风场对有效喷幅区内雾滴沉积均匀性的影响，取每次试验中旋翼下方风场 X 向、Y 向、Z 向 3 个方向的峰值来研究 3 向风场与雾滴沉积均匀性之间的关系。农用无人飞机旋翼下方有效喷幅区内 3 向风场峰值与雾滴在水稻植株冠层沉积均匀性结果如表 4 - 19 所示。当 X、Y、Z 向风速分别为 2.60 m/s、2.20 m/s、10.50 m/s 时，有效喷幅区内的雾滴沉积均匀性达到最佳，为 36.44%；当 X、Y、Z 向风速分别为 3.20 m/s、4.30 m/s、7.20 m/s 时，有效喷幅区内的雾滴沉积均匀性最差，为 66.28%。说明旋翼下方水平方向上的 X、Y 向风速和垂直方向上的 Z 向风速共同影响着有效喷幅区内的雾滴沉积均匀性，水平方向上的 X、Y 向风速峰值越大、垂直方向上的 Z 向风速峰值越小，雾滴沉积均匀性越差；X、Y 向风速峰值越小、Z 向风速峰值越大，雾滴沉积均匀性越好。这表明当水平方向上的风场较大时，会扰乱垂直方向上的风场而造成旋翼下方出现紊流，从而降低雾滴沉积均匀性；而垂直方向上的 Z 向风场较大时则会减弱其他方向上风场的影响，从而提高雾滴沉积均匀性。此现象与实际作业情况是吻合的。

表 4 - 19　有效喷幅区内风场最大值及雾滴沉积均匀性

试验组号	最大风速值（m/s）			沉积均匀性（%）
	X 向	Y 向	Z 向	
1	3.70	3.60	8.60	48.64
2	2.20	3.90	10.40	42.97
3	2.60	2.20	10.50	36.44
4	3.20	4.30	7.20	66.28

（6）风场对雾滴飘移的影响。左右飘移区内雾滴的飘移量及风场在有效喷幅区两侧边缘采集点处的分布情况如表 4 - 20 所示。

表 4 - 20　左右飘移区内雾滴飘移量及有效喷幅区两侧边缘处风场分布

试验组号		有效喷幅区边缘风速（m/s）			雾滴飘移量（$\mu L/cm^2$）
		X 向	Y 向	Z 向	
1	左边	2.80	3.20	3.40	0.166
	右边	1.90	2.70	2.80	0.230
2	左边	1.20	1.90	3.10	0.197
	右边	1.80	2.10	4.70	0.164
3	左边	2.60	1.80	5.80	0.156
	右边	1.50	1.90	4.30	0.172
4	左边	2.10	2.80	2.80	0.203
	右边	0.80	1.60	2.30	0.320

为清楚地揭示农用无人飞机旋翼下方风场对雾滴沉积飘移的影响，取每次试验中有效喷幅两侧边缘处的旋翼下方风场 X 向、Y 向、Z 向 3 个方向的风速值来研究风场与雾滴沉积飘移之间的关系。有效喷幅区内左右边缘处的 3 向风场对左右飘移区雾滴飘移影响的方差分析及回归分析结果如表 4 - 21 所示。由方差分析结果可知，因素 X 向风速对应的显著性水平值为 0.179，因素 Y 向风速对应的显著性水平值为 0.051，因素 Z 向风速对应的显著性水平值 $Sig. < 0.05$。表明有效喷幅内边缘处 X 和 Y 向风速对有效喷幅区内雾滴沉积穿透性的影响均不显著，有效喷幅内边缘处 Z 向风速对雾滴沉积飘移的影响显著，即农用无人飞机旋翼下方 Z 向风场对雾滴沉积飘移的影响显著。且回归方程显著性检验的概率 $Sig. < 0.05$，因此被解释变量与解释变量全体的线性关系是显著的，可建立线性方程。

对于雾滴沉积飘移而言，由回归分析结果可知，回归方程的回归系数依次为

0.324、−0.034，因此，雾滴沉积飘移量 y_3 与 Z 向风速之间的关系模型为：

$$y_3 = -0.034 V_Z + 0.324$$

回归模型的决定系数 R^2 为 0.545。

在雾滴沉积飘移模型中，因素 Z 向风速的系数小于 0，为负，表示雾滴沉积飘移量与 Z 向风速呈负相关，即说明旋翼下方垂直方向上的风场对雾滴飘移量有抑制作用。垂直风场越强，雾滴飘移量越少，此现象与雾滴沉积机理是极其吻合的。

另外值得注意的是，此回归模型的决定系数 R^2 为 0.545，低于标准值 0.7。根据已有的试验研究，在实际航空喷施作业中，垂直于飞行方向的水平 Y 向风速对雾滴飘移量有一定程度的影响。但在此次模型中，因素 Y 向风速并没有包含在此回归模型之中，而 Y 向风速对应的显著性水平值 $Sig.$ 为 0.051，因此，我们认为是由于航线中心两侧采集点的距离不同以及一定试验误差的影响，从而造成此回归模型的相关系数较低。

表 4 - 21　雾滴飘移量方差分析及回归分析结果

差异源	回归系数	标准误差	$Sig.$	显著性	R	R^2
常数项	0.324	0.048	0.001	＊＊	0.738	0.545
Z 向	−0.034	0.013	0.036	＊		

（三）无人飞机风场与作物授粉应用

目前，小型无人直升机在农业方面运用越来越广，尤其体现在杂交水稻制种辅助授粉作业上，但是无人飞机风场参数对水稻授粉的花粉分布情况尚未有具体的研究成果。下文研究室外自然环境下的无人飞机不同风场参数对水稻授粉花粉分布的影响，找出各风速下花粉分布宽度以及得出花粉分布的有效区域值，也是测试无人飞机在不同飞行参数下水稻父本花粉飘移距离以及检测无人飞机产生的风场与父本花粉运动之间的相关性，为提高杂交水稻授粉质量和授粉作业效率提供理论指导和数据支持。

1. 花粉运动分析

无人飞机授粉属于气力式授粉，利用无人飞机旋翼产生的下压风力作用在水稻父本的花穗上，雄蕊花药的花粉沿着力的作用方向扩散出去。根据王慧敏等对气力式授粉机理的研究，因为无人飞机旋翼的风力较大，以及水稻种植株距较小，导致花粉扩散的方式分为两种，一种是直接作用在花粉的旋翼风力大于花粉与花药的黏附力，使花粉脱离花药并随着气流扩散出去，如图 4 - 19，花粉刚脱离花药的时刻，旋翼气流的风速 V_0 大于花粉悬浮速度，风力克服重力导致花粉沿气流沿直线向前传播，当传播至一定距离后，旋翼风力衰减，此时风速 V_1 小于花粉的悬浮速度，此时花粉开始沿抛物线运动直到沉降在水稻母本花药上，完成授粉，在这一过程中花粉水平位移（S）为两者之和（$S_0 + S_1$）。杂交水稻气力式授粉中，花粉运动过程与气流本身的特性密切相关，因此符合射流理论及其相关特性，参考等温圆射流经验公式：

$$\frac{V_1}{V_0} = \frac{0.996}{\dfrac{\alpha S_0}{r} + 0.294}$$

式中，α 为射流扩散角，r 为等温圆半径。由上式可以得出花粉的总位移与初始速度有关。

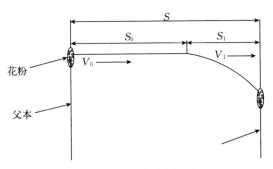

图 4-19　花粉受力模型 1

另一种是旋翼风力作用在水稻植株茎秆、花穗等部位，茎秆、花穗对花粉产生作用力，使花粉受到冲击作用，冲击力大于花粉与花药的黏附力，最后导致花粉被扩散出去，如图 4-20 所示，植株茎秆受到风力作用，发生弹性形变，分别位移至 B、C 处，其中 A、B 处茎秆位移速度为 0，而 C 处速度达到峰值。根据冲击理论以及参考王慧敏等对气力式授粉机理的研究得到的花粉脱离水稻茎秆花药前的公式：

$$m_1 V_1^2 = m_f V_0^2 - \frac{(3h_1 - h_2)\, m_f^2 g^2 h_2^2}{6EI}$$

式中，V_0 为初始风速；E 为植株的弹性模量；I 为圆柱面对中性轴的惯性矩；m_f 为一定气体的质量；m_1 为水稻植株的质量；g 为重力加速度；h_1 为母本高度；h_2 为父本高度。

花粉脱离花药后，忽略环境对花粉的影响作用，花粉以平抛的形式运动，直到花粉沉降到母本花药上后，完成整个授粉过程，此过程花粉的水平位移 S' 与花粉初始速度 V' 以及父本与母本的高度差有关系，再结合公式可知，花粉的水平位移 S' 与初始风速 V_0 有关。

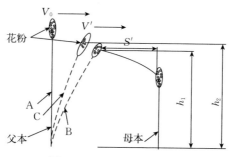

图 4 - 20　花粉受力模型 2

根据以上两种花粉传播方式，得出花粉传播距离与旋翼风场的初始风速有直接关系，花粉的传播距离随无人飞机旋翼风速的增大而增大。当无人飞机风速较小时，旋翼产生的风场作用力不足以使花粉被吹下，因此受力情况与花粉受力模型 2 一致，花粉主要受振动力起作用而扩散出去；当风速大到一定的程度之后，风力直接将花粉吹下，此时风力起主要作用，因此，在实际授粉作业时可根据田间母本分布区域空间来确定所需要的旋翼风力大小，以获得最佳的授粉质量，减小因基因漂移所带来的危害。但是，在无人飞机实际授粉作业过程中还需要考虑外界环境带来的可变影响因素，例如自然风、温湿度等。因而还要通过采集风场以及花粉量来分析各个影响因子。

2. 试验方案设计

选用北斗定位系统为华南农业大学兰玉彬、李继宇等研制的航空用北斗系统UB351，该系统具有 RTK（real - time kinematic）差分定位功能，平面精度达1cm，高程精度达 2cm，速度精度达 0.03m/s，时间精度达 20ns。手持该系统移动站给花粉采样点坐标定位，精确掌握各个采样点的位置坐标与间距。无人飞机搭载该系统移动站给作业航线绘制轨迹，通过北斗系统绘制的作业轨迹来观察实际作业航线与各花粉采样点之间的关系，且该系统上直接显示无人飞机的实时飞行参数，便于读取数据。

试验中无人飞机风场测量系统采用的是华南农业大学兰玉彬、李继宇等研制的风场无线传感器网络测量系统，该系统包括叶轮式风速传感器、风速传感器无线测量节点。叶轮式风速传感器测量每一个采样点处无人飞机授粉作业时产生的3 向风速，测量范围为 0～45 m/s，精度为±3%，分辨率为 0.1 m/s。风速传感器无线测量节点由 490MHz 无线数传模块、微控制器以及供电模块组成，实现将风速数据传输到计算机的智能总控汇聚节点。

环境监测系统包括便携风速风向仪和试验用数字温湿度表，风速风向仪用于监测和记录试验时环境的风速和风向，温湿度表用于测量试验时环境的温度及湿度。

花粉采集玻片利用万向夹使涂有凡士林的载玻片固定于水平仪三脚架顶部，如图 4-21 所示。

试验用到的显微镜为普通生物显微镜，放大倍数为 40～1 600 倍。

图 4-21　花粉采集玻片

根据水稻的开花时间，3 次试验时间设定在 11：00～12：30 进行，试验地点为湖南省武冈市隆平种业公司杂交水稻制种基地的 6：60 行比试验区水稻田，水稻采用机械插秧，水稻植株之间的行列间距为 17 cm×14.5 cm。水稻田的父、母本品种、植株生长状况等均一致。待测试植株正处于旺盛开花期。

此次室外试验研究无人飞机在不同飞行速度下水稻花粉在各个作业影响因素下的分布规律，参考平时无人飞机授粉作业时的经验，农用无人飞机作业的高度一般在距离作物冠层 3～10 m 范围内，飞行速度为 4 m/s 左右，在最佳飞行速度左右再分别设置两个飞行速度，即预设定的 3 个飞行速度分别为 3.5 m/s、4 m/s、4.5 m/s，并分别标记为试验 1、试验 2、试验 3。

3 次飞行速度试验分别在试验区水稻田的 3 个区域依次进行，每个区域的中心还包含 6 行父本作为授粉作业的花粉源，每个区域总共布置 20 个花粉采样点，20 个采样点呈直线排成一排，与区域中心 6 行父本的种植方向垂直。花粉采样点之间的距离预设为 1 m，从航线的左侧到右侧依次编号为 1#～20#，且每个区域的 10# 与 11# 分别设在区域中心的父本行左右边缘处。相邻两个区域之间以 6 行父本为边界，为防止区域中心的父本花粉传播给相邻区域的母本，区域与区域之间的 6 行父本不用于授粉作业，仅用于隔开相邻两个区域，防止父本花粉的交叉传播。

采集点按照杂交水稻实际授粉作业的情况在水稻植株的穗层高度布置采样撑杆。在载玻片上均匀涂抹少量凡士林，然后将载玻片固定在方向夹上，方向夹夹在田间已布置好的采样撑杆顶端。试验时，无人飞机从区域中心的 6 行父本正上方飞过，如图 4 - 22 所示。

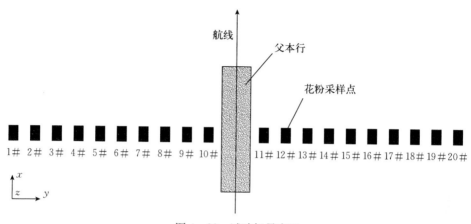

图 4 - 22　试验场景布置

3. 无人飞机飞行姿态参数及气象参数的获取

利用无人飞机搭载北斗定位系统 UB351 获取 3 次不同飞行速度下的各项姿态参数，包括平均飞行高度、平均飞行速度。利用环境检测系统获取试验相关气象参数，如表 4 - 22。

表 4 - 22　无人飞机飞行姿态、气象参数

试验序号 (#)	平均飞行速度 (m/s)	平均飞行高度 (m)	自然风速 (m/s)	平均湿度 (%)	平均温度 (℃)
1	3.46	1.23	0		
2	3.96	1.33	0.3	64	33
3	4.53	1.15	0		

4. 室外采样点坐标以及无人飞机航线的绘制

利用北斗定位系统 UB351 对室外无人飞机授粉作业的花粉采样点定位并获取坐标值，由坐标值绘制试验田花粉采样点坐标图以及预设飞行航线，如图 4 - 23 所示。

无人飞机搭载北斗定位系统 UB351 的移动站，绘制无人飞机 3 次试验的飞行轨迹，并根据表 4 - 22 记录的试验 1 与试验 3 的自然风速为 0 m/s，试验 2 的自然风速为 0.3 m/s，因此最终航线轨迹如图 4 - 24、图 4 - 25、图 4 - 26。

5. 旋翼风场数据采集

参考汪沛等测量无人油动直升机田间风场的方法，在每个采样节点上设有 x、y、z 向 3 个不同方向的叶轮式风速传感器，风速传感器的高度与水稻冠层平齐，以风速传感器的轴心为参考安装方向，并对每个风场测量节点编号 1#～20#。叶轮式风速传感器与花粉采样点的位置、序号对应一致，测量此次无人飞机授粉作业时每个采样点处的 3 向风速，其中 x 方向与无人飞机飞行方向平行、y 方向与飞行方向垂直、z 方向垂直于地面，风场测量数据如表 4-23 所示。

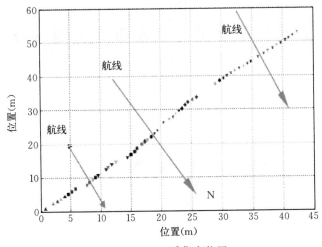

图 4-23　采集点位置

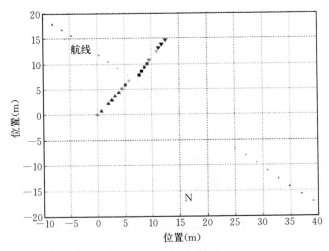

图 4-24　第 1 次作业轨迹线

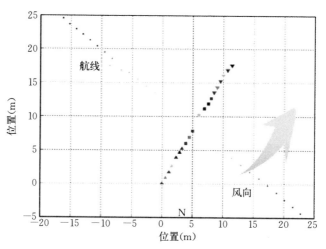

图 4 - 25　第 2 次作业轨迹线

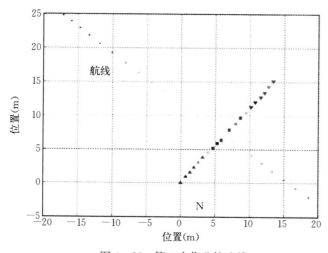

图 4 - 26　第 3 次作业轨迹线

表 4 - 23　无人飞机风场数据

采样点序号（#）	试验 1 风速（m/s）			试验 2 风速（m/s）			试验 3 风速（m/s）		
	x	y	z	x	y	z	x	y	z
1	0	0	0	0	0	0	0	0	0
2	0	0	0	0	0	0	0	0	0
3	0	0	0	0	0	0	0	0	0

（续）

采样点序号（#）	试验1风速（m/s）			试验2风速（m/s）			试验3风速（m/s）		
	x	y	z	x	y	z	x	y	z
4	0	0	0	0	0	0	0	0	0
5	0	0	0	0	0	0	0	0	0
6	0	0	0	0	0	0	0	0	0
7	0	1	0	0	1.7	0	0	0	0
8	0.7	1	1.5	1.4	0.9	0.6	0	0	0.6
9	0	8.6	1.9	0	0	0	0	2.8	0
10	2.7	7.1	6.1	2.9	6.4	1.5	2.7	4.1	1.5
11	0	0	0	0	1.8	0	1	3.1	0
12	0.6	5.3	0	0.8	3.7	1.1	0	1.1	1.1
13	0	0	0	0	0	0	0	0	0
14	0	0	0	0	0	0	0	0	0
15	0	0	0	0	0	0	0	0	0
16	0	0	0	0	0	0	0	0	0
17	0	0	0	0	0	0	0	0	0
18	0	0	0	0	0	0	0	0	0
19	0	0	0	0	0	0	0	0	0
20	0	0	0	0	0	0	0	0	0

利用 Excel 将风场测量数据绘制成柱形图，如图 4-27 所示，图中横坐标表

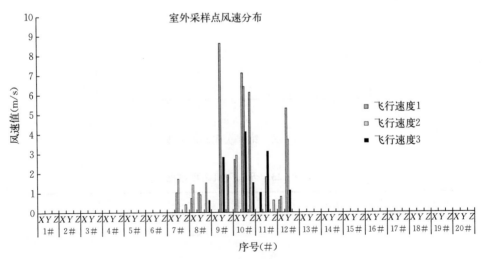

图 4-27　无人飞机风场风速

示试验区域按等间距分布的 1#～20# 采样点，纵坐标表示每个采样点上 x、y、z 方向的风速值。考察风场宽度的适宜风速定义为花粉悬浮的参考速度，分别以峰值风速大于 1 m/s、2 m/s、3 m/s 的采样点所覆盖的宽度为风场宽度，根据风场风速值以及采样点坐标统计无人飞机水稻授粉 3 次试验时的各向风速峰值、风速峰值所对应的采样点位置、各风速区间内所对应的风场宽度，如表 4 - 24 所示。

表 4 - 24　无人飞机风场参数

主要参数		试验号								
		x			y			z		
		1	2	3	1	2	3	1	2	3
风速峰值（m/s）		2.7	2.9	1.0	8.6	6.4	4.1	6.1	0.6	1.5
峰值采样点序号（#）		10	10	11	9	10	10	10	11	10
风场宽度（m）	>1 m/s	1.26	0.67	0	5.81	4.16	3.73	3.17	0	0.67
	>2 m/s	0.52	0.67	0	4.39	3.17	2.81	1.65	0	0
	>3 m/s	0	0	0	4.09	2.76	1.75	1.25	0	0

6. 花粉数据采集

无人飞机分别以 3.46 m/s、3.96 m/s、4.53 m/s 的飞行速度飞过父本行，然后分别收集 20 个采样点的载玻片，每个载玻片上按照梅花状均匀取 5 个观察点，并用碘-碘化钾溶液对 5 个观察点染色，将染色后的载玻片放置于 10×10 倍显微镜下，并利用移动显微镜物镜，在每个观察点下任意观察、计数 3 个视野的花粉颗粒数，以单个视野内均值花粉量大于 1 的作为有效视野，因此每个载玻片共产生 15 个有效的计数视野，对此 15 个有效视野的花粉颗粒数取平均值，并以此作为单个载玻片上的花粉分布量，最终 3 次无人飞机授粉作业试验下每个采样点的花粉分布量如表 4 - 25，并利用 Excel 绘制成柱形图，如图 4 - 28 所示，横坐标表示试验区域按等间距分布的 1#～20# 采样点，纵坐标表示每个采样点的花粉量。

表 4 - 25　花粉分布量

采样点序号（#）	花粉量（粒）		
	1	2	3
1	5.8	5.4	6.07
2	4.67	5.13	4.13
3	3.47	4.67	3.47

（续）

采样点序号（#）	花粉量（粒）		
	1	2	3
4	4.27	4.73	3.67
5	4.27	4.67	5.4
6	5.93	5.93	4.47
7	5.4	8.13	6.13
8	7.53	9.73	8.73
9	10.6	18.87	17.2
10	38.33	54.13	27.27
11	7.67	8.2	9.53
12	4.67	6.33	7
13	3.2	7.07	3.13
14	5.13	6.87	3.47
15	5.27	5.73	3.27
16	4.07	5.4	4.2
17	6.53	6.2	6.73
18	6.33	9	5.6
19	6.93	14.13	5.33
20	18.13	21.6	10.33

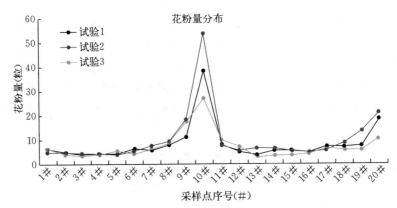

图 4-28　无人飞机授粉作业花粉分布

7. 风场分布

（1）水平风场的分布。无人飞机授粉作业时旋翼产生的水平风场是由 x、y

向形成的与水稻冠层面水平的风场，花粉的悬浮输送主要来自这两个方向的风力，风速值越大越好。由表 4-24 可以看出，3 次试验的 y 方向风速中，风速大于 1 m/s 的风场宽度最大达到 5.81 m，风速大于 3 m/s 的风场宽度最大达到 4.09 m；x 方向风速大于 1 m/s 的风场宽度最大为 1.26 m，且所有采样点 x 方向风速值均小于 3 m/s，说明该无人飞机产生的水平风场以 y 方向为主，且 y 方向风场宽度最宽。对比 3 次试验中水平方向的风场宽度，试验 1 中风场宽度均最大，试验 3 的水平风场宽度均最小，该现象与李继宇等研究得到的旋翼电动无人飞机授粉作业参数中的飞行速度主要影响风场宽度以及风场宽度会随飞行速度的减小而增大的结论一致。

（2）垂直风场的分布。无人飞机授粉作业时旋翼产生的垂直风场是由 z 向形成的与水稻冠层面垂直的风场，主要考察对水稻植株的损伤情况，该向风速越小越好。由表 4-24 可以看出，无人飞机 3 次不同飞行速度的授粉作业，z 向风速峰值均处于 10#与 11#采样点。无人飞机以 3.46 m/s 的飞行速度飞行时，z 方向风速峰值达到 6.1 m/s，风速大于 1 m/s 的风场宽度为 3.17 m；无人飞机以 3.96 m/s 飞行时，z 方向风速峰值降为 0.6 m/s，所有采样点风速皆小于 1 m/s；无人飞机以 4.53 m/s 飞行时，z 方向风速峰值为 1.5 m/s，只有 10#采样点风速大于 1 m/s，说明无人飞机飞行速度对 z 向风速影响明显，且以 3.96 m/s 的飞行速度飞行时产生垂直风场最小，因此可以看出当无人飞机以 3.96 m/s 飞行时，旋翼产生的 z 向风场易于授粉作业。为进一步探索花粉在水平风场与垂直风场相结合的状况下的分布情况，接下来对采样点的花粉量进行统计分析。

8. 花粉分布

由图 4-28 可以看出 3 次试验中 10#采样点为花粉量峰值点；3 次试验中 7#~12#采样点随着与父本行距离的增加花粉量减少，1#~7#，12#~17#采样点花粉量分布较少，且保持在 5 粒左右波动。

表 4-26 记录无人飞机授粉作业 3 次试验花粉量的峰值、峰值位置、花粉分布密度、花粉分布不均匀性、花粉分布面积比和分布宽度等。花粉分布面积比表示花粉量大于某一指标的采样点个数占总个数的比值。

对比表 4-26 的花粉分布宽度和花粉分布面积比可以看出，3 次试验的>1 粒和>10 粒的花粉分布宽度和分布面积比基本一致，说明飞机不同飞行速度对>1 粒和>10 粒的花粉分布宽度没有较大影响；3 次试验中>5 粒的花粉分布宽度和花粉分布面积比最大的均为试验 3，而试验 1 与试验 2 的花粉分布宽度和花粉分布面积比基本相等，说明无人飞机以 4.53 m/s 飞行时，对花粉分布影响较明显，最利于花粉传播。表 4-26 中 1#~10#采样点花粉量明显多于 11#~20#采样点，说明无人飞机授粉作业下旋翼产生的风场对花粉分布的影响呈非对称性。

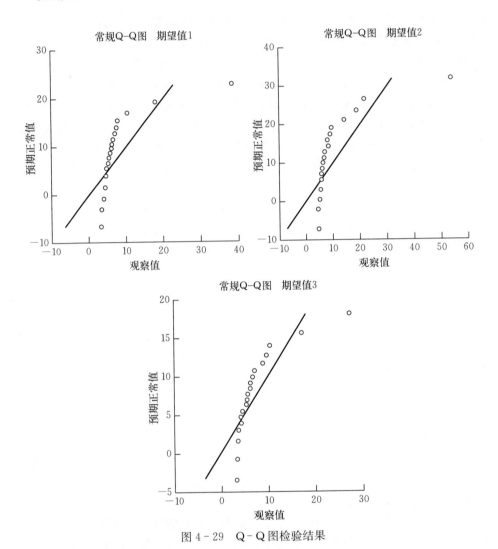

图 4-29　Q-Q图检验结果

表 4-26　无人飞机授粉作业花粉分布

试验号 (#)	花粉量峰值 (粒)	峰值采样点序号 (#)	花粉平均分布密度 (粒)	花粉分布不均匀度 (粒)	花粉分布量 (粒)		花粉分布面积比 (%)			花粉分布宽度 (m)		
					1#~10#	11#~20#	>1粒	>5粒	>10粒	>1粒	>5粒	>10粒
1	38.3	10	7.9	7.9	90.3	67.9	100	65	15	18.13	8.46	1.07
2	27.3	10	7.3	5.7	86.5	58.6	100	60	15	18.76	8.44	1.04
3	54.1	10	10.6	11.3	121.4	90.5	100	85	20	18.36	14.57	1.83

为进一步分析无人飞机授粉作业花粉分布量的数据模型，采用和风场花粉数据处理相同的方法，即利用 SPSS 分析软件中的 Q‐Q 图检验田间水稻花粉分布量是否服从正态分布，在 SPSS 软件中单击主菜单命令"Analyze"下的"Descriptive Statics"中的"Q‐Q Plots"项，最终得到检验结果，如图 4‐29 所示，其中横坐标表示样本值，纵坐标表示标准正态分布的分位数，直线的斜率为标准差。

表 4‐27　田间花粉分布正态性检验

试验	Kolmogorov‐Smirnova 检验			Shapiro‐Wilk 检验		
	统计量	自由度	显著性值	统计量	自由度	显著性值
1	0.362	20	0.000	0.526	20	0.000
2	0.331	20	0.000	0.538	20	0.000
3	0.268	20	0.001	0.671	20	0.000

9. 风场对花粉分布的影响

无人飞机授粉作业产生的风场对花粉的力分为两种，一种是风力作用在水稻茎秆等部位，利用冲击将花粉振落；另一种是风力直接作用在花粉颗粒上将花粉吹散。无人飞机授粉作业的花粉量分布受 3 个方向风场的力，影响因素复杂，因此为揭示无人飞机风场分布与花粉量分布之间的规律，用分级尺度代换较大的数字，更能揭示风速与花粉量的关系，预报效果比采用数量值统计方法有明显的提高，因此采取将各向风速和花粉量分别按表 4‐28 所示的标准分为 1～5 级，分级结果如表 4‐29 所示。

表 4‐28　风速与花粉量分级标准

等级	x 方向风速（m/s）	y 方向风速（m/s）	z 方向风速（m/s）	花粉量 m（粒）
1	0～0.5	0～1.5	0～0.5	0～10
2	0.5～1	1.5～3	0.5～1	10～20
3	1～1.5	3～4.5	1～1.5	20～30
4	1.5～2	4.5～6	1.5～2	30～40
5	>2	>6	>2	>40

表 4‐29　风速与花粉量数值等级区间

序号（#）	试验 1 风速（m/s）			试验 1 花粉量（粒）	试验 2 风速（m/s）			试验 2 花粉量（粒）	试验 3 风速（m/s）			试验 3 花粉量（粒）
	x_1	y_1	z_1	m_1	x_2	y_2	z_2	m_2	x_3	y_3	z_3	m_3
1	1	1	1	1	1	1	1	1	1	1	1	1

(续)

序号(#)	试验1风速(m/s)			试验1花粉量(粒)	试验2风速(m/s)			试验2花粉量(粒)	试验3风速(m/s)			试验3花粉量(粒)
	x_1	y_1	z_1	m_1	x_2	y_2	z_2	m_2	x_3	y_3	z_3	m_3
2	1	1	1	1	1	1	1	1	1	1	1	1
3	1	1	1	1	1	1	1	1	1	1	1	1
4	1	1	1	1	1	1	1	1	1	1	1	1
5	1	1	1	1	1	1	1	1	1	1	1	1
6	1	1	1	1	1	1	1	1	1	1	1	1
7	1	1	1	1	1	2	1	1	1	1	1	1
8	2	1	3	1	3	1	2	1	2	1	2	1
9	1	5	4	2	1	1	1	2	2	2	1	2
10	5	5	5	4	5	5	3	5	3	3	3	3
11	1	1	1	1	1	2	1	1	3	1	1	1
12	2	4	1	1	2	3	3	1	1	1	3	1
13	1	1	1	1	1	1	1	1	1	1	1	1
14	1	1	1	1	1	1	1	1	1	1	1	1
15	1	1	1	1	1	1	1	1	1	1	1	1
16	1	1	1	1	1	1	1	1	1	1	1	1
17	1	1	1	1	1	1	1	1	1	1	1	1
18	1	1	1	1	1	1	1	1	1	1	1	1
19	1	1	1	1	1	1	1	2	1	1	1	1
20	1	1	1	2	1	1	1	3	1	1	1	2

根据表 4-29 风速与花粉量数值等级区间，利用 SPSS 软件建立花粉分布量等级与各自方向风速等级之间的多元线性回归模型的分析表，如表 4-30 所示。

表 4-30 无人飞机授粉作业试验多元线性回归分析

模型		回归系数		t	$Sig.$	F	$Sig.^*$
		B	标准误				
试验1	常数	0.340	0.146	2.676	0.033		
	x_1	0.379	0.141	0.644	0.017	19.139	0
	y_1	−0.064	0.100	1.602	0.529		
	z_1	0.219	0.137	2.359	0.129		

（续）

模型		回归系数		t	$Sig.$	F	$Sig.^*$
		B	标准误				
试验 2	常数	0.806	0.342	2.618	0.031		
	x_2	0.824	0.315	2.008	0.019	9.256	0.001
	y_2	0.582	0.290	−2.111	0.062		
	z_2	−1.067	0.505	6.149	0.051		
试验 3	常数	2.138	0.348	6.149	0.000		
	x_3	−2.032	0.364	−5.587	0.000	24.245	0
	y_3	0.985	0.136	7.261	0.056		
	z_3	−0.028	0.104	−0.269	0.792		

注：$Sig.$ 表示各参数显著性，$Sig.^*$ 表示回归方程显著性。

回归模型的方差分析表 4 - 30 中记录了常量常数、影响因子（x_n、y_n、z_n）、标准误、Bata 系数、F 值等。表中 F 值分别为 19.139、9.256、24.245，回归方程显著性值分别为 0，0.001，0，均小于 0.05，则认为系数不同时为 0，被解释变量与解释变量全体的线性关系是极显著的，可建立线性方程。但 3 次试验的 y、z 方向的显著性水平值均大于 0.05，因此 y、z 方向风速变量等级不能运用于回归模型方程中，所以该模型不可用，应重新建模。重新建模采用的是"向后筛选"方法，依次剔除的变量是 y、z 方向风速等级，剔除后的 3 次试验的线性回归分析结果如表 4 - 31 所示。

表 4 - 31   无人飞机授粉作业试验的 x 风向线性回归分析

模型		回归系数		t	$Sig.$
		B	标准误		
试验 1	常数	0.407	0.159	2.564	0.020
	x_1	0.648	0.100	6.450	0
试验 2	常数	0.439	0.278	1.578	0.132
	x_2	0.712	0.168	4.239	0
试验 3	常数	0.231	0.181	1.274	0.219
	x_3	0.808	0.139	5.812	0

根据表 4 - 31，3 次试验的 x 方向的显著性水平值均为 0，因此皆小于 0.05，所以 x 方向风速变量等级能运用于回归模型方程中，且根据表 4 - 31 中常数系数与影响因子系数得到无人飞机授粉作业时 3 次不同飞行速度下的回归线性模型方

程，分别是：

$$m_1 = 0.407 + 0.648 \times x_1$$
$$m_2 = 0.439 + 0.712 \times x_2$$
$$m_3 = 0.231 + 0.808 \times x_3$$

其中 m_1、m_2、m_3 分别表示试验 1、试验 2、试验 3 的花粉量等级；x_1、x_2、x_3 分别表示试验 1、试验 2、试验 3 的 x 方向的风速等级。

由上述 3 式可以看出花粉分布量只与无人飞机旋翼产生的 x 方向风场呈正向线性关系，且不同飞行速度下，花粉量等级与 x 方向风场等级的比例因子不同。x 方向即为无人飞机的航线方向，说明无人飞机的飞行航线直接关系水稻授粉效果，在实际授粉作业时需要着重规划以获得最佳授粉质量。

四、农业航空作业效果评价试验案例

（一）植保无人飞机喷施不同喷液量对小麦病虫害防治效果的研究（河南新乡）

1. 材料与方法

试验田选择在新乡市新乡县七里营镇中国农业科学院综合实验基地。测试小麦品种为矮抗 58，处于孕穗灌浆期。小麦作物间距为 12 cm，小麦高度为（64.5±3.2）cm，旗叶面积 1 754.4 cm²，种植密度为（3.5～4.0）×10⁶ 株/hm²。2015—2016 年小麦于 2015 年 10 月 7 日种植，并在 2016 年 4 月 17 日和 27 日，拔节灌浆期喷药两次以防治小麦蚜虫和白粉病。2016—2017 年小麦于 2016 年 10 月 9 日种植，只在 2017 年 4 月 21 日小麦孕穗灌浆期喷药一次防治小麦蚜虫。

试验拟采用安阳全丰航空植保科技股份有限公司生产的 3WQF120 - 12 型植保无人飞机进行试验，如图 4 - 30，具体参数如表 4 - 32，以背负式电动喷雾机（新乡市牧野区创兴喷雾器厂）常量喷洒作为对照。

图 4 - 30　植保无人飞机及背负式喷雾器

植保无人飞机飞行速度为 18 km/h，喷杆上安装有 3 个液力式喷头，喷头间距为 625 mm，安装角度为垂直于飞行方向向下。试验采用隔膜泵（普兰迪有限公司，中国）提供喷雾压力，试验时喷雾压力为 0.4 MPa。飞行精度通过 GPS 控制，飞行高度为 2 m，作业喷幅设定为 5 m。由于受到作业速度范围的限制，喷液量的变化很难只通过变换飞行速度来实现，因此试验中通过变换喷头类型来实现不同的喷液量。

表 4 - 32　喷洒参数及 5 个喷液量处理情况

喷洒设备	喷嘴类型	喷嘴个数	喷雾压力（MPa）	行进速度（m/s）	流量（L/min）	理论喷液量（L/hm²）	实际喷液量（L/hm²）
	LU 120 - 01				1.35	9.0	9.6
无人飞机	LU 120 - 02	3	0.4	5	2.52	16.8	18.4
	LU 120 - 03				4.21	28.1	30.4
电动喷雾器	空心圆锥孔喷头	2	0.3	0.6	1.6	225.0	237.6
				0.3	1.6	450.0[a]	472.1

a 对照喷液量（当地植保人员习惯用量）。

试验共测试 3 种喷液量，分别为 9.0 L/hm²、16.8 L/hm² 和 28.1 L/hm²，在不改变其他作业参数的情况下通过采用 LU120 - 01、LU120 - 02、LU120 - 03 3 种喷头以实现 3 种喷液量，喷雾压力设定为 0.4 MPa。试验中设计的 3 种喷液量具有一定的代表性，且高于 28.1 L/hm² 的喷液量处理未设计，主要是考虑到喷液量过大会降低作业效率。

试验选择电动背负式喷雾器作为对照喷洒设备，电动背负式喷雾器安装有两个空心圆锥式喷头，喷孔直径为 1.0 mm，喷雾压力泵提供压力为 0.3 MPa，流量为 1.5～1.7 L/min。喷杆长度 81 cm。试验中共测定两种喷液量对沉积以及防效的影响，分别为 225 L/hm²、450 L/hm²，作业速度分别为 0.3 m/s 和 0.6 m/s。其中喷液量 450 L/hm² 为田间常用的大容量喷洒喷液量。

在喷洒前采用罗丹明-B 作为沉积示踪剂添加到药箱中。除示踪剂外，试验还添加 0.1% OP-10 表面活性剂以模拟农药溶液性质。

试验共有 5 个处理，其中无人飞机 3 个喷液量处理，电动喷雾器 2 个喷液量处理。沉积特性测定于 2017 年 4 月 21 日进行，试验面积为 1 200 ㎡（20 m×60 m），各处理之间设置 10 m 缓冲区。

先于喷洒处理前在试验田内布置采样点，每个重复共包含 6 个采样点，每个采样点间隔为 2 m，重复 1 采样点总长度为 10 m，采样点重复 3 次，每个重复之间间隔 15 m。为避免处理之间的飘移污染，采样点设置于试验田中央（图 4 - 31）。

每个采样点包含两张水敏纸以及两张
Mylar卡，水敏纸和Mylar卡通过双头
夹固定在塑料杆上，调节布置位置，使
一个水敏纸与麦穗齐平，一个与麦株中
部齐平。Mylar卡则一个与麦穗齐平，
一个放置于地面（图4-32）。水敏纸主
要用来测定不同冠层的雾滴沉积参数，
例如覆盖度、雾滴粒径、雾滴密度等。
Mylar卡主要是用来测定上部冠层以及
地面的雾滴沉积量。

处理完成后，待雾滴沉降到水敏纸
以及Mylar卡上后，将不同采样点的水
敏纸和Mylar卡分别采集并放入自封袋
中。同时，每个采样点随机选取5个麦
穗作为一个采样点测定麦穗上的平均沉
积量。每个处理共18个麦穗样本，36
个Mylar卡样本以及36个水敏纸样本。

雾滴沉积参数的测定：试验室内采
用扫描仪在600 dpi灰度条件下扫描水敏
纸，分析雾滴在不同部位的沉积密度、
雾滴粒径、沉积量等参数。针对扫描的
结果对雾滴粒径进行校正：

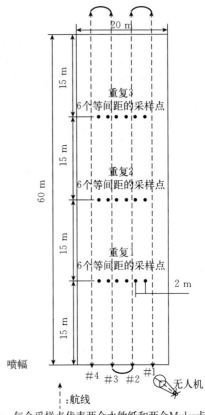

图4-31 采样点的布置

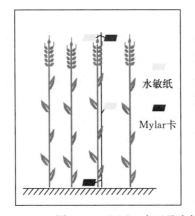

图4-32 Mylar卡以及水敏纸在作物冠层内的布置

$$Y = 0.550\ 7X - 0.000\ 09X^2$$

式中，Y 为校正雾滴粒径（μm），X 为水敏纸上扫描的雾滴粒径（μm）。

沉积分布测定：向放置 Mylar 卡/叶片的自封袋中加 20 mL 清水，充分振荡洗脱，将洗脱液盛放至 10 mL 离心管中，带回至实验室。将洗脱液加入比色皿中，使用 F-380 荧光分光光度计在激发波长 550 nm 和发射波长 575 nm 条件下测定。根据荧光值-浓度标准曲线，测算沉积量的数值。根据 Mylar 卡面积计算单位面积的沉积量（μg/cm^2，麦穗则为 μg/穗）。

试验时记录环境参数，试验时温度为 19.6～24.6℃，湿度为 48.1%～59.5%，风速为 0.04～3.5 km/h。

为调查喷液量及喷洒设备类型对药剂防效的影响，试验于 2016 年对小麦蚜虫以及白粉病，2017 年对小麦蚜虫进行喷药防治试验。由于受降雨的影响，试验田 2016 年白粉病发生比较严重同时伴有蚜虫发生，2017 年白粉病发生相对较轻，仅有蚜虫危害。因此 2016 年与 2017 年安排了不同的试验处理。

2016 年 4 月 17 日进行了第一次喷洒试验，由于蚜虫数较少，仅喷洒 430 g/L 戊唑醇悬浮剂（拜耳作物科学公司），有效成分量为 120 g/hm^2；伴随着蚜虫数量的增加，在 4 月 27 日第二次喷洒时，喷洒药剂中增加 25 g/hm^2 含量为 33% 的高效氯氟氰菊酯·吡虫啉（龙灯化学，中国）以防治小麦蚜虫。在每次喷洒中分别喷洒 4 种喷液量，其中包括无人飞机 9.0 L/hm^2、16.8 L/hm^2、28.1 L/hm^2 处理以及背负式电动喷雾器 450 L/hm^2 处理，另外还包括一个空白对照处理。

2017 年仅蚜虫发生，病害发生较轻，试验选择了 5 个喷液量处理，分别为无人飞机 9.0 L/hm^2、16.8 L/hm^2 和 28.1 L/hm^2 和电动喷雾器的 225 L/hm^2 和 450 L/hm^2 处理。并对两种药剂进行了对比试验，分别为诺普信生化股份有限公司的 600 g/L 吡虫啉悬浮剂和 2.5% 高效氯氟氰菊酯乳油。根据药剂登记推荐量，吡虫啉使用量为 30 g/hm^2，高效氯氟氰菊酯用量为 10 g/hm^2。所有处理于 2017 年 4 月 21 日进行。2016 年及 2017 年所有处理采用随机区组设计并重复 3 次。所有处理面积为 1 200 m^2（20 m×60 m），为避免飘移污染，处理之间设置 10 m 缓冲区。

病虫害防效调查方法依据国家田间药效标准，根据空白对照发生情况，白粉病调查 3 次，第 1 次为喷施前 4 月 16 日，第 2、3 次为 5 月 7 日以及 5 月 12 日，分别位于第 2 次喷洒后的第 10 天以及第 15 天。调查方法采用 5 点取样法，每点调查 30 株并分别调查每株的旗叶以及第一片叶。根据《田间药效试验准则（一）杀菌剂防治禾谷类白粉病》（GB/T 17980.22—2020）记录白粉病发生等级。

蚜虫的调查也采用 5 点取样法，分别调查喷洒后 1 d、3 d、7 d 后每点 10 穗上的蚜虫数。虫数减退率以及防效根据喷药前的结果进行分析与计算。

表 4 - 33   药剂使用情况及喷洒时间

年份	具体喷洒时间	药剂类型	防治对象	喷洒设备
2016	4 月 17 日（第一次喷洒）	430 g/L 戊唑醇悬浮剂（120 g/hm²）	白粉病	植保无人飞机＋电动喷雾器
	4 月 24 日（第二次喷洒）	430 g/L 戊唑醇悬浮剂（120 g/hm²）和 33％高效氯氟氰菊酯·吡虫啉悬浮剂（26.4％吡虫啉＋6.6％高效氯氟氰菊酯，25 g/hm²）	麦蚜和白粉病	
2017	4 月 21 日	600 g/L 吡虫啉悬浮剂（30 g/hm²）和 2.5％ 高效氯氟氰菊酯乳油（10 g/hm²）	麦蚜	

所有百分制数据（包括雾滴覆盖度、病情指数以及防效）通过反正弦 arcsin $\sqrt{X}/100$ 进行转化；其他数据进行 $\log(X+1)$ 转化以稳定变异性并满足正态分布要求。数据转化后采用 Kolmogorov-Smirnov 方法检验正态性，采用 Levene's 检验方差齐性。分别针对喷液量以及每种喷雾设备进行方差分析（SPSS v22.0）。对处理结果进行 Turkey's HSD 多重检验，显著性水平选择 $\alpha=0.05$。对于两因素试验，采用 t 检验。

2. 试验结果

不同喷雾器不同喷液量的处理显著影响麦穗（$P=0.000\ 4$）沉积以及 Mylar 卡（$P<0.000\ 1$）沉积。通过麦穗沉积结果可知，只有背负式电动喷雾器喷液量为 450 L/hm² 处理沉积显著小于其他处理，其他处理之间差异不显著。考虑到麦穗垂直向下，较大的喷液量导致低沉积量可能是由于药剂的流失。地面的流失量结果也证明了这一点。背负式电动喷雾器喷液量为 450 L/hm² 的处理在地面的流失量为 26.1 ng/cm²，占 Mylar 卡上沉积量的 38.0％，此结果也显著高于其他处理（图 4 - 33）。

无人飞机在喷液量为 16.8 L/hm² 和 28.1 L/hm² 时具有最大的沉积量，且显著高于 9.0 L/hm²，与地面机械喷液量为 225 L/hm² 处理差异不显著。单独分析每种喷洒设备在 Mylar 卡上的沉积情况时，无人飞机 3 个喷液量具有显著差异（$P<0.000\ 1$），且当喷液量为 9.0 L/hm² 时具有最小的沉积量 25.0 ng/cm²，推测是由于雾滴的蒸发导致。喷液量越低，蒸发飘移影响越显著。

不论是冠层上层还是中层，雾滴覆盖度随着喷液量的增加而增加。雾滴在上部的覆盖度要远高于中部。不论是作物上部还是中部，背负式电动喷雾器喷液量为 450 L/hm² 具有最大的覆盖度，显著高于处理 225 L/hm²，同时显著高于无人飞机处理。背负式喷雾器喷洒覆盖度要比植保无人飞机高一个数量级。当单独分析无人飞机时，喷液量对覆盖度有显著影响，且喷液量为 28.1 L/hm² 时具有最

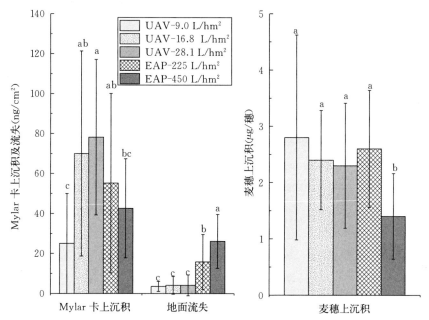

图 4-33　两种喷雾器 5 个喷液量情况下，雾滴在 Mylar 卡以及麦穗上的
沉积及在地面上的流失情况

注：UAV 表示无人飞机，EAP 表示电动喷雾器。

大覆盖度。单独分析电动喷雾器，上部覆盖度随喷液量的增加（$P<0.0001$）而增加，但是中部差异不显著（$P=0.0612$）(表 4-34)。

在冠层上部以及中部的雾滴密度也随着喷液量以及喷洒设备的变化而变化。沉积密度最大值为电动喷雾器上部冠层喷液量为 225 L/hm² 时，在冠层上部的沉积密度显著高于无人飞机处理 9.0 L/hm²，但是与其他处理差异不显著。上部冠层的沉积密度要显著高于中部冠层，无人飞机尤为突出。在无人飞机处理中，中部冠层的密度仅为上部的 15.2%～21.3%，在电动喷雾器两个处理中，中部冠层的密度分别为上部的 59.0% 和 81.4%。电动喷雾器在中部的沉积密度要远高于无人飞机处理。但就无人飞机来说，喷液量显著影响在上部（$P=0.0335$）以及中部冠层（$P<0.0001$）的沉积密度。

植保无人飞机以及电动喷雾器的雾滴粒径随着喷液量的增加而增加。对于植保无人飞机，最大的雾滴粒径为使用 LU120-03 喷嘴且喷液量为 28.1 L/hm² 时，这在冠层的上部（$P<0.0001$）以及中部（$P<0.0001$）要显著高于其他处理。尽管电动喷雾器的喷嘴以及泵压没有显著变化，但是雾滴粒径也随着喷液量的增加而增加，这可能是由于喷洒后雾滴的叠加导致的。

表4-34 小麦冠层上部、中部的雾滴覆盖度、雾滴密度以及雾滴粒径

喷洒设备	喷液量（L/hm²）	覆盖度（%）	雾滴密度（个/cm²）	雾滴粒径（μm）
冠层上部				
无人飞机	9.0	1.4 (0.3) c	18.4 (2.6) b	135.4 (6.2) d
	16.8	2.6 (0.4) c	22.8 (2.2) ab	164.1 (7.6) cd
	28.1	3.4 (0.5) c	23.5 (2.1) ab	201.1 (9.9) c
电动喷雾器	225	17.9 (3.8) b	45.9 (9.2) a	270.5 (31.8) b
	450	45.2 (4.0) a	33.9 (8.6) ab	507.3 (62.7) a
冠层中部				
无人飞机	9.0	0.16 (0.02) c	2.8 (0.4) b	115.5 (6.1) c
	16.8	0.39 (0.04) c	4.0 (0.4) b	155.2 (7.4) b
	28.1	0.63 (0.07) c	5.0 (0.5) b	175.0 (8.9) b
电动喷雾器	225	6.7 (1.2) b	27.1 (6.7) a	182.0 (31.7) b
	450	11.9 (2.0) a	27.6 (4.6) a	287.2 (48.0) a

注：表中数据皆是原始数据并且没有进行数据转换。在数据分析时，覆盖度数据进行了 $arcsin \sqrt{X}/100$ 转换，雾滴密度以及雾滴粒径进行了 $log(X+1)$ 转化。同一列中相同字母表示经过 Tukey's HSD 检验在 $P<0.05$ 水平下差异不显著。两因素试验设计采用 5% 水平的 t 检验。水敏纸上的数据与实际叶片上的结果可能会有所不同。

不同喷液量下对棉蚜的防效结果见图4-34。喷液量在喷后第3天（$P<0.0001$）和第7天（$P=0.0008$）都显著影响防治效果。最佳的防治效果为电动喷雾器喷液量为 450 L/hm² 处理，但是与无人飞机喷液量为 28.1 L/hm² 处理差异不显著。单独分析无人飞机处理，喷液量显著影响第3天（$P<0.0001$）以及第7天（$P=0.0047$）防效。喷液量为 16.8 L/hm² 和 28.1 L/hm² 处理之间差异不显著，都显著高于 9.0 L/hm²。

为进一步探索喷液量与药剂类型对麦蚜防效的影响，2017年4月21日进行了吡虫啉（同时具有内吸与触杀作用）与高效氯氟氰菊酯（仅有触杀作用）的对比试验。试验结果表明，不论是吡虫啉还是高效氯氟氰菊酯都受到喷液量的影响。与背负式喷雾器相比，喷液量对无人飞机防治麦蚜的影响更为显著（图4-35）。

当单独分析吡虫啉药剂时，无人飞机喷洒最佳防效为 16.8 L/hm² 和 28.1 L/hm²，这与背负式喷雾器差异不显著，但是显著好于喷液量为 9.0 L/hm² 试验处理。对于高效氯氟氰菊酯，当植保无人飞机喷液量最大时以及背负式喷雾器喷液量较低时有较好的防治效果。在大多数情况下，背负式喷雾器的防治效果要略优于植保无人飞机，但是无人飞机的防治效果也基本能满足田间喷洒需要。

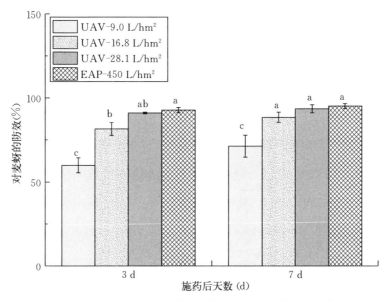

图 4 - 34　2016 年采用无人飞机和背负式喷雾器喷洒高效氯氟氰菊酯·吡虫啉
悬浮剂（25 g/hm²）后第 3 天和第 7 天对麦蚜的防治效果

注：UAV 表示无人飞机，EAP 表示电动喷雾器。

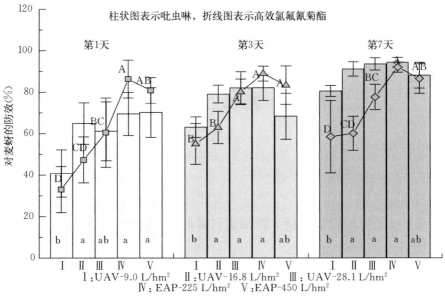

图 4 - 35　2017 年采用无人飞机和背负式喷雾器喷洒吡虫啉和高效氯氟氰菊酯
5 种喷液量情况下在第 1、3、7 天的防效

注：UAV 表示无人飞机，EAP 表示电动喷雾器。

与杀虫剂对比，喷液量对杀菌剂戊唑醇也有显著的影响（$P<0.0001$）。第 1 次喷洒后最佳的防治效果为喷液量为 450 L/hm² 处理，此处理显著高于其他处理。尽管无人飞机防效在第 10 天时显著低于背负式喷雾器处理，但是在第 15 天时，无人飞机喷液量为 28.1 L/hm² 与背负式喷雾器处理差异不显著，这表明植保无人飞机喷洒高浓度药剂具有较好的持效期。对于无人飞机喷洒，喷液量显著影响药后第 10 天（$P=0.0104$）以及第 15 天（$P=0.0005$）防治效果。无人飞机防治效果随着喷液量的增加而增加。喷液量为 28.1 L/hm² 时田间白粉病防治效果更好（图 4-36）。

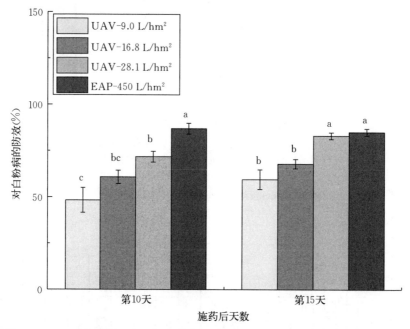

图 4-36　2016 年采用无人飞机和背负式喷雾器喷施杀菌剂后第 10 天和第 15 天对小麦白粉病的防治效果

注：UAV 表示无人飞机，EAP 表示电动喷雾器。

（二）植保无人飞机喷施不同喷液量对雾滴沉积及棉花脱叶效果的影响（新疆石河子）

1. 材料与方法

（1）试验用四旋翼 P30 型植保无人飞机（广州极飞科技有限公司）以及牵引式喷杆喷雾机，参见图 4-37。

试验时，植保无人飞机喷头喷洒雾滴粒径为 150 μm，飞行的精准度依靠 RTK 可以达到厘米级。牵引式喷杆喷雾机由水平喷杆和垂直喷杆组成，一共有

图 4-37　试验用 P30 型植保无人飞机及喷杆喷雾机

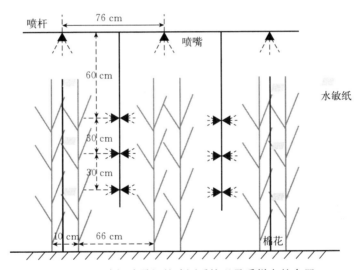

图 4-38　喷杆喷雾机的喷洒系统以及采样点的布置

16 组垂直喷杆悬挂在水平喷杆下方。水平喷杆和悬挂喷杆上的喷头间距都是 76 cm，在每一个悬挂喷杆上都有 3 对双边对称喷头，距离悬挂喷杆的高度位置分别为 60 cm、90 cm、120 cm。喷头喷洒的雾型与地面垂直（图 4-38），喷杆喷雾机与无人飞机的其他参数参见表 4-35。喷杆喷雾机的喷液量参考当地服务公司的常规用量，喷液量为 450 L/hm²。

　　（2）试验设计。两个棉花脱叶剂试验在新疆进行。第 1 个试验在试验田 1，第 2 个试验在试验田 2，试验在 2017—2018 年进行，试验地位于新疆生产建设兵团 150 团场，试验田 2 毗邻试验田 1。

　　两个试验田棉花种植品种为新陆早 64，种植时间为 2017 年 4 月 27 日。除种植密度外，两个田块的种植时间、水肥管理方式都一样。试验田的叶面积指数通过 CI-110 冠层指数仪测定。因为两个田块种植密度不同，田块 2 的叶面积指数低于田块 1，作物冠层特征参见表 4-36。

表 4-35　喷杆喷雾机和无人飞机的技术参数

参数	喷杆喷雾机	无人飞机
喷杆长度（m）	12	—
喷嘴个数	111	4
喷嘴类型	空心雾喷嘴	离心转盘喷嘴
喷嘴间距（mm）	760（水平喷嘴间距）	1 050
喷嘴方向	水平及向下	垂直向下
药箱容量（L）	400	12
喷雾压力（MPa）	0.3	—
流量（L/min）	54	0.47～3.16
喷洒幅宽（m）	12	3.5
喷洒高度（m）	0.5	2
喷雾类型	高容量低浓度	低容量高浓度

表 4-36　两田块的作物参数情况

田块	植株高度（cm）	植株密度（株/hm²）	叶面积指数	行距（cm）	品种	试验位置
试验田 1	105.2±1.7	180 000～195 000	1.87±0.31	10+66	新陆早 64	150 团
试验田 2	103.5±2.1	150 000～165 000	1.32±0.16			

注：叶面积指数测试于棉花脱叶前，2017 年 9 月 5 日测定。

喷液量对无人飞机喷洒雾滴沉积以及棉花脱叶的影响研究在试验田 1 中进行。无人飞机有 5 个不同的喷液量（4.5 L/hm²、7.5 L/hm²、15.0 L/hm²、22.5 L/hm² 和 30.0 L/hm²），无人飞机通过改变飞行速度和流量来实现不同的喷液量（表 4-37）。基于当地的服务公司建议，喷液量大于 30 L/hm² 没有进行试验测试，主要考虑到作业效率与作业质量之间的平衡。喷液量低于 4.5 L/hm² 也没有进行试验测试，主要考虑到新疆高温干旱的环境会导致较高的蒸发量。

为了探索冠层密度对雾滴沉积以及脱叶效果的影响，植保无人飞机在试验田 2 中进行了喷液量为 15.0 L/hm² 的喷洒处理。传统的喷杆喷雾机喷液量仍保持在 450 L/hm²，作为参考。两个田块都设置了空白对照。试验安排参见表 4-37。

表 4-37　田块 1 和田块 2 的试验安排情况

田块	喷雾器类型	喷液量（L/hm²）	作业速度（km/h）	流量（L/min）
	植保无人飞机	4.5	5.0	0.47
		7.5	5.0	0.79
		15.0	5.0	1.58
试验田 1		22.5	5.0	2.36
		30.0	4.0	2.52
	喷杆喷雾器	450.0	6.0	54.0
	空白对照	0.0	—	—
	植保无人飞机	15.0	5.0	1.58
试验田 2	喷杆喷雾器	450.0	6.0	54.0
	空白对照	0.0	—	—

两个田块中分别有一个长方形试验田，面积为 1 200 m²（12 m×100 m），用于测定雾滴沉积情况，在 2017 年 9 月 5 日第一次喷洒脱叶剂的同时测定。由于要重复采样，因此应当注意在采样过程中避免对棉花冠层造成损伤。在药剂喷洒前，药箱中添加 60 g/hm² 罗丹明-B 示踪剂。

对于脱叶试验，所有处理采用随机区组试验设计，每个处理重复 3 次。每个重复试验安排面积为 1 500 m²（30 m×50 m）。

（3）雾滴沉积的测定。不同喷液量对雾滴沉积的影响在试验田 1 中进行。为探索冠层密度对雾滴沉积的影响，无人飞机喷液量为 15.0 L/hm² 的处理在试验田 2 中进行。两个田块中都采用喷杆喷雾机喷液量为 450.0 L/hm² 作为试验对照。

在喷洒试验前，一共有 3 组 24 个采样点安排在喷洒方向上。每一组包括 8 个等间距的采样点，穿过航线正中心。为避免污染，每组采样线之间间隔 30 m。每个采样点之间间隔 0.5 m，每组共 3.5 m。采样片包括 3 个水敏纸和 2 个 Mylar 卡，通过双头夹固定在采样杆上，其中 Mylar 卡固定在中部和上部，分别距离地面 40 cm 和 100 cm。水敏纸的高度分别位于棉花冠层下、中、上 3 个位置，分别距离地面 40 cm、70 cm 和 100 cm。在喷洒完成后将水敏纸和 Mylar 卡取回分别放置到自封袋中，并标记号处理、重复以及样点位置等信息。对于每个处理一共有 72 个水敏纸和 48 个 Mylar 卡（图 4-39）。

Mylar 卡（50 mm×80 mm）用于评估雾滴沉积情况，水敏纸（25 mm×30 mm）用于评估雾滴沉积参数特点。Mylar 卡上的沉积测定以及水敏纸上的雾滴参数测

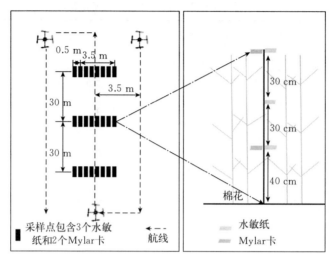

图 4-39　样本点的布置情况

定与上一案例的描述相同（图 4-40）。

图 4-40　水敏纸和 Mylar 卡在每个采样点冠层内的布置情况

气象参数的测定采用 Kestrel 5500 气象站进行，测定试验时温度范围在
32.9～36.0℃，湿度范围在 32.9%～36.0%，风速范围在 1.4～2.1 m/s。试验
时风向与采样线平行范围在 52°±11°（图 4-41）。

（4）脱叶及吐絮效果的调查。不同喷液量对棉花脱叶效果的影响也在试验田
1 中进行。为了探索冠层密度对脱叶效果的影响，植保无人飞机在试验田 2 中进
行了喷液量为 15.0 L/hm² 的喷洒处理，传统的喷杆喷雾机喷液量仍保持在
450 L/hm²，同时有一个空白处理作为对照（表 4-38）。

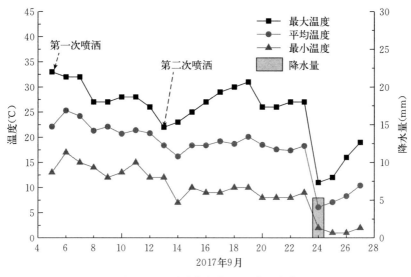

图 4-41　试验期间气温及降雨变化

表 4-38　棉花脱叶剂用量及喷洒日期

喷洒日期	脱叶成分	用药剂量	喷洒设备
2017 年 9 月 5 日 （第 1 次喷洒）	540 g/L 噻苯隆·敌草隆悬浮剂＋ 40% 乙烯利水剂＋ 280 g/L 烷基乙基磺酸盐助剂	180 g/hm²＋ 450 g/hm²＋ 720 g/hm²	无人飞机及 喷杆喷雾机
2017 年 9 月 13 日 （第 2 次喷洒）	540 g/L 噻苯隆·敌草隆悬浮剂＋ 40% 乙烯利水剂＋ 280 g/L 烷基乙基磺酸盐助剂	180 g/hm²＋ 1 050 g/hm²＋ 720 g/hm²	

　　基于当地的棉花种植情况，棉花脱叶剂共喷洒两次，分别在 2017 年 9 月 5 日以及 9 月 13 日。第 1 次喷洒 540 g/L 噻苯隆·敌草隆悬浮剂（180 g/hm²）＋40% 乙烯利水剂（450 g/hm²）＋280 g/L 烷基乙基磺酸盐助剂（720 g/hm²），第二次喷洒将 40% 乙烯利水剂的使用量提高到 1 050 g/hm²。使用药剂量以及使用时间是基于当地的使用标准执行的。

　　在化学药剂喷洒前，棉花脱叶剂以及吐絮率调查采用 5 点取样方法。每个点调查 10 株，并用红绳记录。为避免污染，这些调查的植株只在试验田中心，且距离棉田边缘 5 m。棉花不同高度采用红绳标记上、中、下不同位置。与沉积试验类似，下、中、上分别距离地面 40 cm、60 cm、100 cm。3 个不同高度的棉花叶片数、吐絮率以及总的棉铃数都进行了调查。在第 1 次喷洒后，棉花叶片数、吐絮数以及总的棉铃数总共记录了 4 次，分别为实验后的 4 d、7 d、11 d 以及 13 d。棉花脱叶率通过公式 4 - 3 计算，吐絮率通过公式 4 - 4 计算。

$$D_P = (L_b - L_a)/L_b \times 100\% \qquad\qquad 4-3$$
$$B_O = O_b/T_b \times 100\% \qquad\qquad 4-4$$

其中，D_P 为脱叶率；L_b 为处理前叶片数；L_a 为处理后叶片数；B_O 为吐絮率；O_b 为棉花吐絮数；T_b 为总的棉桃数。

在喷洒后 15 d，试验田 1 中不同位置的棉桃样本采集到实验室中进行纤维质量分析。每个重复中称取子样本 200 g 用于分析纤维质量。试验在农业部棉花质量检测中心完成。测试项目包括纤维长度、均匀度、马克隆值、纤维质量、成熟度以及伸长率。

试验期内的温度、降雨情况参见图 4 - 41。不同时间的最大温度变化较大，但是平均温度和最低温度相对稳定。在 9 月 24 日前，最低温度为 7.1～17.3 ℃，平均温度为 16.2～25.3 ℃。棉花于 9 月 22 日前进行机械采摘。

（5）试验结果统计分析。试验结果采用 SPSS 进行单因素方差分析。在试验结果分析之前，部分数据需要转化以满足正态分布。以百分数表示的数据需要进行反正弦 $\arcsin \sqrt{X}/100$ 转化，以满足数据的正态性，其他数据通过 $\log(X+1)$ 转换。转化后的数据通过 K - S 检验，以分析其是否满足正态分布。正态化数据包括雾滴沉积量、棉花脱叶数据、棉花吐絮数据以及纤维质量，进行单因素方差分析。冠层的影响通过两因素 t 检验分析。Duncan 新复极差分析用于分析多因素处理的显著性，检验水平为 $\alpha = 0.05$。

2. 试验结果

（1）喷液量对雾滴沉积以及棉花脱叶效果的影响。

① 雾滴在 Mylar 卡上的沉积情况。喷液量显著影响（$P < 0.01$）无人飞机在 Mylar 卡上的沉积量，结果参见图 4 - 42。植保无人飞机喷液量为 15.0 L/hm² 和 30.0 L/hm² 的处理显著高于 4.5 L/hm² 和 7.5 L/hm²。当喷液量为 4.5 L/hm² 时，在冠层上部的沉积量为 0.16 μg/cm²，仅为最大沉积量（30.0 L/hm²）的 63.2%。对比无人飞机处理，喷杆喷雾机在上部的沉积量显著小于无人飞机，但是在底部冠层，喷杆喷雾机的沉积量显著更多。这主要是因为两个喷洒设备的喷洒系统不同引起的，喷杆喷雾机的吊杆可以深入植株冠层内部，可以在冠层的中下部实现较好的沉积，而无人飞机喷洒高度为 2 m，并且无法深入冠层内部，因此雾滴主要沉积在冠层上部，下部冠层的沉积显著受到冠层的遮挡影响。

② 水敏纸上的雾滴密度和覆盖度结果。雾滴覆盖度与雾滴粒径、雾滴密度以及水敏纸上的扩散系数相关。在相同的雾滴粒径和扩散系数下，覆盖度的变化

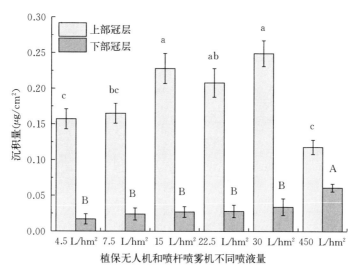

图 4-42　不同喷液量下雾滴在 Mylar 卡上的沉积情况

注：在相同冠层结果上的相同字母表示差异不显著（$P<0.05$）。

规律与雾滴密度一致，且与喷液量呈线性相关性（$R^2>0.95$）。当无人飞机喷液量为 4.5 L/hm²、7.5 L/hm²、15.0 L/hm²、22.5 L/hm² 和 30.0 L/hm² 时，雾滴在上、下冠层的量分别是 4.4 个/cm²、7.2 个/cm²、15.9 个/cm²、20.7 个/cm²、28.4 个/cm² 以及 0.3 个/cm²、0.8 个/cm²、1.8 个/cm²、2.5 个/cm²、3.1 个/cm²（图 4-43）。与无人飞机不同，喷杆喷雾机的喷液量显著较高，这对于雾滴密度和覆盖度有显著的影响。受到棉花叶片和枝干的影响，雾滴密度以及覆盖度由上部冠层到下部冠层递减。与上部冠层相比，喷杆喷雾机喷洒雾滴在中、下部冠层的覆盖度仅为 34.0% 和 47.0%。对于无人飞机而言，雾滴在中、下部降低量为上部冠层的 70.2%～74.7 % 以及 82.0%～86.0%。由以上对比结果看，与喷杆喷雾机相比，无人飞机在冠层中的穿透性较低。

③ 棉花脱叶率结果。试验田 1 无人飞机不同处理对棉花脱叶效果的影响参见图 4-44。对于空白对照而言，在第 13 天，总脱叶率只有 20.0%，显著低于药剂处理。在施药后第 13 天，不同处理之间也存在显著差异（$P<0.01$）。当喷液量为 4.5 L/hm² 时，棉花冠层具有最低的脱叶率，仅为 64.1%，显著低于其他处理。当喷液量大于 7.5 L/hm² 时，各处理不同喷液量对脱叶率没有显著影响。喷杆喷雾机总脱叶率为 85.6%，显著高于除喷液量为 15.0 L/hm² 以外的无人飞机处理。

不同位置的棉花脱叶率是不同的。在棉花冠层上部具有最大的棉花脱叶率，

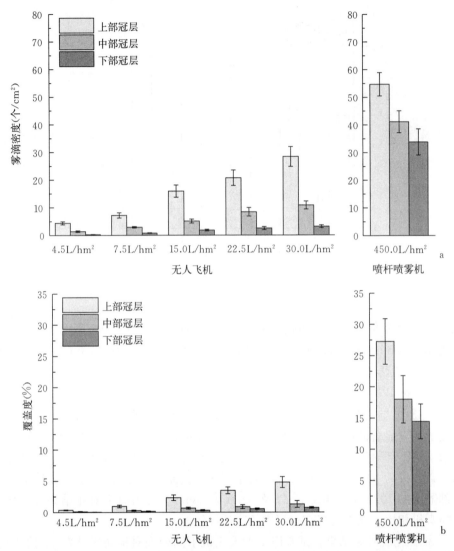

图 4-43 喷杆喷雾机及无人飞机不同喷液量下雾滴在不同冠层沉积密度 (a) 及覆盖度 (b) 结果

随后为冠层中部，下部冠层脱叶率最低。这主要是因为雾滴沉积从上至下不断降低，另外，上部冠层的叶片对于脱叶剂更为敏感。这个现象对于无人飞机和喷杆喷雾机都是如此，且对于无人飞机更为显著。当喷液量为 7.5～30.0 L/hm² 时，无人飞机在上、中、下冠层的脱叶率分别为 88.5%～94.9%、72.1%～91.5% 和 57.7%～63.9%。在冠层的上、中层，喷杆喷雾机的脱叶率为 92.3% 以及 85.5%，这与无人飞机类似，但是在下部冠层，喷杆喷雾机的脱叶率为 78.6%，这要显著优于无人飞机处理。

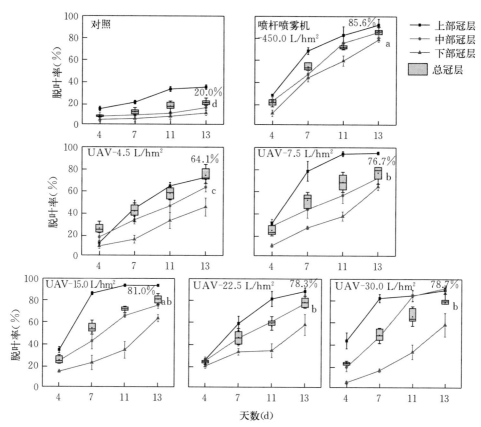

图 4-44 喷杆喷雾机及无人飞机不同喷液量下第 4、7、11、13 天
不同冠层的脱叶率以及总脱叶率情况

注：不同的喷液量在第 13 天的相同字母表示结果差异不显著（$P<0.05$）。UAV 表示无人飞机。

④ 棉花吐絮率结果。试验田 1 无人飞机不同喷液量对棉花吐絮率的影响参见图 4-45。在施药前，棉花吐絮率为 7.7%～12.8%。与空白对照相比，药剂的喷洒可以显著提高棉花的吐絮率。棉花吐絮率随着施药后时间的增加而增加。无人飞机不同喷液量下的显著差异性在喷洒后第 4 天开始显现。无人飞机各处理中当喷液量为 22.5 L/hm² 时在第 4 天的吐絮率为 31.2%。第 7 天和第 11 天的变化趋势跟第 4 天相似。在第 13 天，无人飞机处理的吐絮率为 74.3%～85.9%，与喷杆喷雾机处理的 84.0% 差异不显著。结合沉积结果，不同喷洒设备以及不同喷液量对吐絮率没有产生显著影响，可能是因为乙烯利的过量喷洒导

致的。

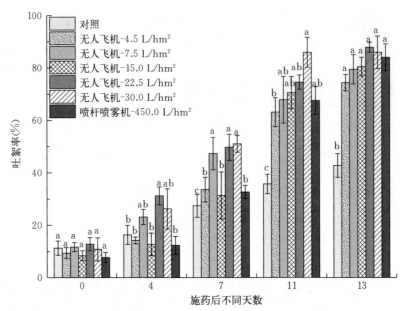

图 4-45 喷杆喷雾机及无人飞机不同喷液量下第 4、7、11、13 天棉花总吐絮率情况
    注：不同的喷液量在第 13 天的相同字母表示结果差异不显著（$P<0.05$）。

⑤ 棉花纤维质量。无人飞机和喷杆喷雾机不同喷液量对棉花纤维质量的影响参见表 4-39。

表 4-39　无人飞机和喷杆喷雾机不同喷液量对棉花纤维质量的影响

喷洒设备	无人飞机					喷杆喷雾机
喷液量（L/hm²）	4.5	7.5	15.0	22.5	30.0	450.0
纤维长度（mm）	24.3a	23.7a	23.5a	24.0a	23.8a	23.1a
均匀度（%）	81.7ab	85.6a	83.8a	84.3a	84.1a	82.4a
马克隆值	5.1a	5.4a	4.9a	5.4a	5.3a	4.76a
纤维强度（cN/tex）	27.5a	27.4a	27.4a	27.4a	27.4a	27.6a
成熟度	0.83a	0.85a	0.84a	0.85a	0.85a	0.84a
伸长率（%）	6.6a	6.6a	6.6a	6.7a	6.7a	6.7a

注：相同行相同的字母表示差异不显著（$P<0.05$）。

试验结果表明，纤维长度、纤维均匀度、马克隆值、纤维强度、成熟度以及伸长率分别在 23.1～24.0 mm，82.4%～85.6%，4.76～5.4，27.4～27.6 cN/tex，0.84～0.85 和 6.6%～6.7% 范围内。试验结果表明，无人飞机喷洒高浓度药剂不会对棉花纤维质量产生显著性影响。

（2）棉花冠层对雾滴沉积以及棉花脱叶效果的影响。

① 雾滴覆盖度以及雾滴密度情况。两个试验田棉花冠层对雾滴沉积以及覆盖度的影响结果参见图 4-46。由于试验田 2 冠层密度较低（$LAI=1.32$），除喷杆喷雾机在上部冠层的沉积外，在其他相同的喷洒设备或冠层位置下，试验田 2 中的雾滴密度和覆盖度要显著高于试验田 1（$LAI=1.87$）。对于无人飞机而言，在中、下部的雾滴密度试验田 2 比试验田 1 分别提高了 74.5% 和 160.9%。对于喷杆喷雾机，雾滴密度在中、下部分别提高了 6.3% 和 8.7%。这与覆盖度的结果基本类似。与喷杆喷雾机相比，冠层的厚度对无人飞机雾滴在中、下部冠层的穿透有更大的影响。

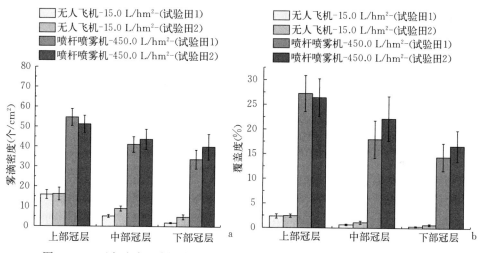

图 4-46 两个试验田喷杆喷雾机及无人飞机喷洒雾滴密度（a）及覆盖度（b）

② 棉花脱叶率。不同试验田块不同脱叶时间下，棉花不同冠层的脱叶率试验结果参见图 4-47。

在第 13 天，试验田 2 的棉花脱叶率结果要优于试验田 1，但是统计结果差异不显著。从试验田 2 的沉积结果（图 4-46）来看，在中、下部的雾滴密度以及覆盖度显著大于试验田 1，这对于提高脱叶率具有很好的作用。在试验田 2，无人飞机在中下部的脱叶率分别是 88.1% 和 88.7%，显著高于试验田 1 的 75.4% 和 63.4%。喷杆喷雾机在试验田 2 与无人飞机相比差异不显著。

③ 吐絮率结果。对于空白对照处理，试验田 2 在喷洒前的吐絮率和在不同

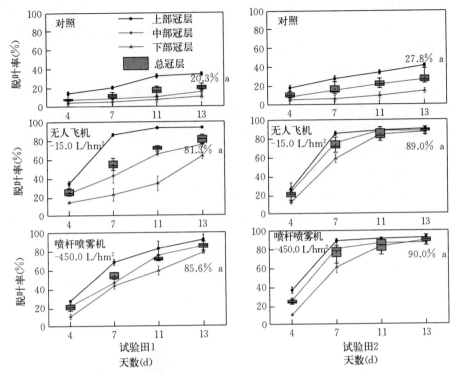

图 4-47 两个试验田第 4、7、11、13 天脱叶率情况对比

注：相同喷洒设备的相同字母表示差异不显著（P< 0.05）。

时间的吐絮率都显著高于试验田 1（图 4-48）。随着药剂的喷洒，两个田块的吐絮率都有所增加。在第 13 天，两个田块没有显著差异。尽管两个田块在下部的沉积显著不同，但是这并没有导致吐絮率的显著差异。与之前的分析类似，喷洒过量的乙烯利可能会掩盖沉积量的不同。

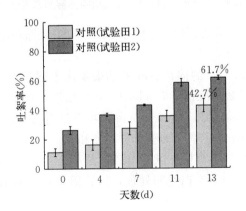

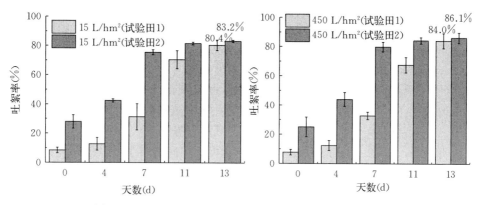

图4-48　两个试验田第4、7、11、13天吐絮率情况对比

注：相同喷洒设备的相同字母表示差异不显著（$P < 0.05$）。

（三）植保无人飞机喷药防治稻瘟病试验研究（广东增城）

1. 材料与方法

（1）试验材料。本次喷雾作业采用的是广州天翔航空科技有限公司提供的TXA-翔农六旋翼电动无人直升机，如图4-49所示，其外形尺寸（长×宽×高）为2 400 mm×600 mm×300 mm，最大载药量为16 L，作业速度范围为2～6 m/s，作业高度为2.0 m，有效喷幅宽度4 m。无人飞机机身装有4个ST110-01液力式喷头，喷头喷雾压力均为0.5 MPa，流量为1.67 L/min。

图4-49　无人飞机与电动喷雾器

电动喷雾器，有1个液力式雾化喷头，喷头流量为1.5～1.7 mL/min，施液量为每667 m² 20 L。

试验时采用Hberw6-3便携式超声波微型自动气象站（深圳市虹源博科技

有限公司）获取田间气象资料。

试验测试材料包括测试杆、双头夹、水敏纸、扫描仪、自封袋（已做标记）、手套、口罩、白大褂、移液枪、量杯、10 mL 量筒、手持式活体叶面积仪（托普云农 YMJ - D）、米尺、气象站、雨靴、对讲机等。

（2）试验方法。试验位于广东省广州市增城派潭试验基地。试验时间为 2017 年 6 月 6 日。试验人员为广东省农业科学院植物保护研究所（张扬、肖汉祥等）、华南农业大学（漆海霞、王国宾、臧禹、陈鹏超）、天翔公司。水稻为美香占直播稻，试验时水稻处于早稻有穗分化期，田间病害主要以稻瘟病（叶瘟为主），虫害稻纵卷叶螟、稻飞虱较少，以白背飞虱为主。试验小区的水稻生长情况及参试药剂见表 4 - 40 和表 4 - 41。

表 4 - 40　小区水稻生长情况

	小区 1	小区 2	小区 3	小区 4	小区 5	小区 6	小区 7	对照区
株高	63～80 cm，平均高度为 73 cm							
种植密度	11.1～15.6 株/m²							

表 4 - 41　试验药剂

	试验药剂	每 667 m² 用量	防治对象
杀虫剂	20％噻虫嗪悬浮剂	5 g	稻飞虱
	1％甲氨基阿维菌素苯甲酸盐乳油	75 mL	稻纵卷叶螟
杀菌剂	10％吡唑醚菌酯微胶囊悬浮剂	60 mL	稻瘟病
	240 g/L 噻呋酰胺悬浮剂	20 mL	纹枯病

（3）试验设计。试验田长宽为 100 m×30 m（面积 0.3 hm²），无人飞机喷幅为 4 m，共往返 7 次左右。无人飞机共 4 个处理，其中处理 1 每 667 m² 施液量为 740 mL，不添加喷雾助剂；处理 2 施液量 740 mL，添加喷雾助剂；处理 3 施液量 1 480 mL，不添加喷雾助剂；处理 4 施液量 1 480 mL，添加喷雾助剂（图 4 - 50）。所有处理添加罗丹明-B 2 g，试验时通过飞行速度的改变实现施液量的变化，其中施液量为 740 mL 的处理，飞行速度为 6 m/s，施液量为 1 480 mL 的处理，飞行速度为 3 m/s。处理 5 为电动喷雾器，施液量为 50 L（表 4 - 42）。

注意：由于试验中发现飞机的速度增加较慢，不能及时达到试验要求速度（6 m/s），因此试验中多添加了一定量的药液，实际添加药液分别为 6 L（罗丹明-B 浓度 1.667 g/L）、6 L、9 L（罗丹明-B 浓度 1.111 g/L）、9 L，处理 5 罗丹明-B 浓度为 0.033 g/L。

另外，电动喷雾器药箱内仍剩余15 L 药液，相当于0.5 g 罗丹明-B 未喷洒，计算时应注意。

表 4 - 42　不同试验处理情况

试验处理	每 667 m² 计划喷液量（L）	每 667 m² 实际喷液量（L）	助剂添加	试验设备	主要防治对象
处理 1	0.74	1.2	无	无人飞机	
处理 2	0.74	1.2	1%迈飞	无人飞机	
处理 3	1.48	1.8	无	无人飞机	稻瘟病
处理 4	1.48	1.8	1%迈飞	无人飞机	
处理 5	50	50	无	背负式电动喷雾器	

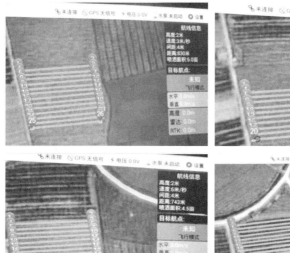

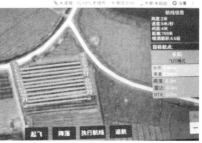

图 4 - 50　无人飞机 4 个处理作业参数及试验田情况

（4）雾滴沉积测定。试验时在处理 1、2、3、4 分别布置 2 条 15 m 长的铜版纸采样带（2 条采样带间隔 20 m）以采集多喷幅雾滴沉积情况，处理 4 分别在水稻的上、中两层布置水敏纸以测定分析无人飞机喷洒后雾滴穿透性能力。处理 5 为电动喷雾器处理，同样在上、下两层布置铜版纸以及 Mylar 卡以测定雾滴沉积情况（图 4 - 51）。试验完成后，测定铜版纸上的雾滴沉积密度。

（5）雾滴穿透性测定。为比较植保无人飞机与电动喷雾器的雾滴穿透性，处

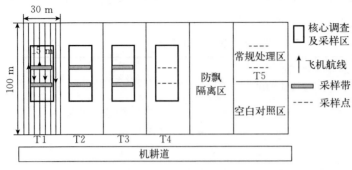

图 4-51 试验田处理情况及铜版纸布置情况

注：T1～T5 分别表示处理 1 至处理 5。

理 4 以及处理 5 采用测试杆分别固定上、下两层的纸卡及 Mylar 卡以测定上、下两层的雾滴密度以及沉积量情况［采集杆，采集不同位置的雾滴参数（9×2＝18根）］，试验完成后向自封袋中加入 5 mL 清水洗脱，测定沉积量情况（图 4-52）。

图 4-52 雾滴穿透性测试卡布置

（6）沉积量的测定。各个处理每个采样带上每隔 2 m 取水稻叶片 5 片，共取 9 点，每个处理 9×2＝18 个沉积量测定点，试验完成后每点加入 30 mL 清水洗脱，测定沉积量。

（7）防效调查。参考《农药田间药效试验准则（一） 杀菌剂防治水稻叶部病害》(GB/T 17980.19—2000) 中稻瘟病田间药效试验准则。

调查方法：每小区 5 点取样，每点调查 50 株，每株调查旗叶以及旗叶以下两片叶。

$$病情指数 = \frac{\sum[各级病叶(穗)数 \times 相对级数值]}{调查总数 \times 9} \times 100$$

$$防治效果 = \frac{对照组病情指数 - 处理组病情指数}{对照组病情指数} \times 100\%$$

（8）气象条件。

表 4 - 43　不同试验处理时环境情况

环境参数	施药时间段	时间段 （min）	剩余药量 （mL）	温度（℃）	湿度（%）	风速（平均值） （m/s）
处理 1	16：17～16：25	4.8	500	33.9～35.8	59.5～68.4	0.04～2.48（1.22）
处理 2	16：35～16：40	4.8	550	34.0～34.2	62.9～68.1	0.64～4.36（1.78）
处理 3	16：58～17：03	5.67	1 900	34.9～35.4	53.7～64.9	0.02～0.39（0.72）
处理 4	17：26～17：40	5.67	2 300	34.3～34.7	57.5～63.2	0.39～2.65（1.17）
处理 5	15：20～16：15	55	45 000	34.2～36.3	57.2～69.5	0～3.83（1.13）

2. 试验结果与分析

（1）雾滴沉积数据分析。

由图 4 - 53、图 4 - 54 可知，不同采样位置的雾滴覆盖度与雾滴密度呈现正

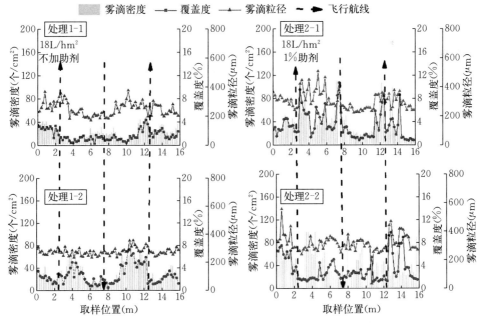

图 4 - 53　处理 1、处理 2 多喷幅内的雾滴密度、覆盖度以及雾滴粒径

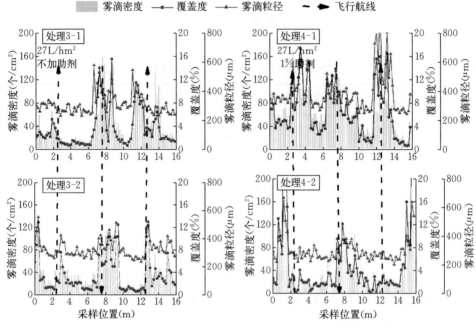

图 4 - 54 处理 3、处理 4 多喷幅雾滴密度、覆盖度以及雾滴粒径

相关关系，雾滴密度越大，雾滴在纸卡上的覆盖度越大，雾滴粒径也与覆盖度有相同的变化趋势，分析原因可能是由于在喷头、喷雾压力不变的情况下，喷头所喷出的雾滴粒径基本不变，但是由于测定的方式为沉积到纸卡上的雾滴粒径结果，在喷液量增加后，由于雾滴的相互叠加影响了真实的雾滴粒径大小。

由表 4 - 44 可知，①雾滴粒径随着喷液量的增加而增加，随着喷雾助剂的添

表 4 - 44 不同处理雾滴沉积情况

每 667 m² 喷液量 (mL)	雾滴粒径 (μm)		平均值	覆盖度 (%)		平均值	雾滴密度 (个/cm²)		平均值	沉积量 (μL/cm²)		平均值
	无喷雾助剂	有喷雾助剂		无喷雾助剂	有喷雾助剂		无喷雾助剂	有喷雾助剂		无喷雾助剂	有喷雾助剂	
740	263.4	305.8	284.6	2.14	3.26	2.7	27.90	38.28	33.09	0.19	0.31	0.25
1 480	321.4	346.8	334.1	3.37	5.51	4.4	42.13	53.40	47.76	0.32	0.49	0.41
平均值	292.4	326.3		2.8	4.4		35.0	45.8		0.26	0.40	

加而增加；②雾滴覆盖度、雾滴密度、沉积量都有相同的变化趋势，即随着喷液量的增加而增加，随着喷雾助剂的添加而增加。

（2）旗叶沉积量分析。由表4-45可知，电动喷雾器沉积液量显著高于其他处理，分析原因主要是电动喷雾器的喷液量显著高于其他处理，沉积在叶片上的液量也显著高于无人飞机处理。

通过无人飞机不同处理的沉积液量以及沉积量情况可知，增加喷雾助剂显著提高沉积液量以及沉积量，增加喷液量对沉积液量影响显著，但是对沉积量影响不显著。

表4-45　不同处理旗叶雾滴沉积情况

	沉积液量（µL/叶）	变异系数	沉积量（µg/叶）	变异系数
处理1	0.024	0.010	0.040	0.016
处理2	0.034	0.014	0.057	0.024
处理3	0.035	0.012	0.039	0.013
处理4	0.047	0.029	0.055	0.031
处理5	1.267	0.469	0.042	0.015

（3）穿透性对比。对比无人飞机以及电动喷雾器的雾滴穿透性（表4-46）可知，电动喷雾器穿透性要稍好于无人飞机，雾滴在上、下部的比例略大于无人飞机处理。电动喷雾器的雾滴穿透性为68.7%，无人飞机的雾滴穿透性为47.1%。

表4-46　无人飞机及电动喷雾器穿透性对比

		沉积量（µL/cm²）	变异系数	穿透率（%）
处理4	上部	0.154	85.961	47.1
	下部	0.072	98.274	
处理5	上部	0.968	24.750	68.7
	下部	0.665	52.678	

（4）防效数据分析。由防效结果（表4-47）可以看出，电动喷雾器防效稍好于无人飞机喷雾处理，防效为62.82%，无人飞机处理防效略差，防效范围在44.68%～54.40%，添加助剂对防效有提高作用，增加喷液量影响不显著。

表 4 - 47　不同处理防效对比

	防效（%）				平均防效（%）
	重复1	重复2	重复3	重复4	
处理1	46.79	44.86	48.34	49.27	47.31
处理2	51.36	47.20	54.48	51.64	51.23
处理3	47.62	47.34	40.46	43.19	44.68
处理4	56.17	44.29	51.58	63.89	54.40
处理5	65.21	57.58	64.18	63.93	62.82

第五章 <<<
农业航空植保田间应用实例

一、有人驾驶飞机田间作业实例

(一) AS350B3e 直升机喷洒沉积飘移评价试验

2016 年 10 月 19 日，在湖北省荆州市沙市机场进行 AS350B3e 有人直升机喷洒沉积飘移评价试验，以明确助剂添加和变量喷洒系统（AG - NAV）对雾滴沉积和飘移的影响。

1. 试验设备材料

AS350B3e（小松鼠）直升机：机身长 10.93 m、高 3.41 m，翼展 10.69 m，载药量 600~650 kg，最大航速 287 km/h，喷杆长 9 m，喷头：三号圆锥喷头（德国莱克勒公司）76 个（42 个单喷头，17 个双叉喷头）。

试验药剂：尿素：每 667 m² 10 g；飞防专用助剂（飞宝，山东瑞达有害生物防控有限公司）：体积分数 0.3%，主要成分为植物油类，功能有抗蒸发，防飘移。共加水 400 L。

试验时天气：温度 22.6 ℃，多云，湿度 70%，大气压 1 017 hPa，风速0.8 m/s（微风）。

2. 试验设计与方法

飞行高度距地面 5 m，共分 8 个处理，第 1 个处理飞行速度 90 km/h，不加助剂；第 2 个处理飞行速度 60 km/h，加飞防助剂；第 3~5 个处理飞行速度90 km/h，加飞防助剂；

图 5-1 AS350B3e（小松鼠）直升机

第 6 个处理飞行速度 120 km/h，加飞防助剂；第 7 个处理飞行速度 90 km/h，加飞防助剂，每 667 m² 喷液量 800 mL，规划航迹，设定有效喷幅 30 m，飞行 5 个喷幅；第 8 个处理飞行速度 90 km/h，加飞防助剂，每 667 m² 喷液量 400 mL，规划航迹，设定有效喷幅 30 m，飞行 5 个喷幅。试验时直升机搭载北斗定位系统移动站以获取具体的飞行参数。各试验处理情况参见表 5-1。

表 5-1　各试验处理情况

飞行编号	每 667 m² 施药量 (mL)	飞行速度 (km/h)	助剂添加情况
处理 1	800	90	无助剂
处理 2	800	60	有助剂
处理 3~5	800	90	有助剂
处理 6	800	120	有助剂
处理 7	800（多喷幅喷洒）	90	有助剂
处理 8	400（多喷幅喷洒）	90	有助剂

　　试验时，作业区域设有两条 110 m 长的雾滴采集带，以 −30 m、0 m、40 m、80 m 标记，设置 0 m 处为直升机航线。处理 1~6，−30~40 m 采集带每间隔 2 m 布置一张水敏纸，40~80 m 采集带每间隔 4 m 布置一张水敏纸；处理 7~8，−28~80 m 采集带内每间隔 4 m 布置一张水敏纸（所有水敏纸距地面 30 cm，正面迎风向倾斜布置）；两条雾滴采集带之间间距 80 m，采集带布置如图 5-2、图 5-3 所示。

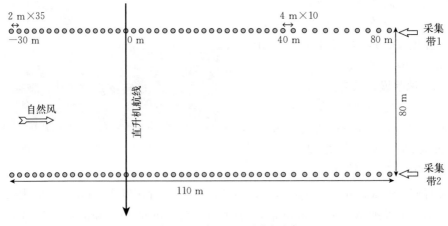

图 5-2　处理 1~6 测试示意

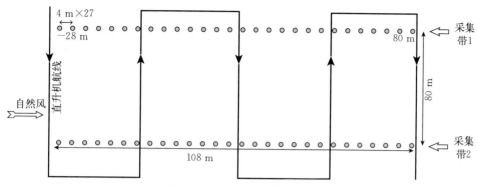

图 5-3　处理 7～8 测试示意

3. 飞行参数采集结果

图 5-4 a～f 分别为处理 1～6 直升机作业有效飞行轨迹。

如图 5-4 所示，所有航迹均按照设定的轨迹飞行，偏差较小。表 5-2 为搭载在直升机上的北斗定位系统移动站获取的处理 1～6 喷施作业的飞行参数汇总。

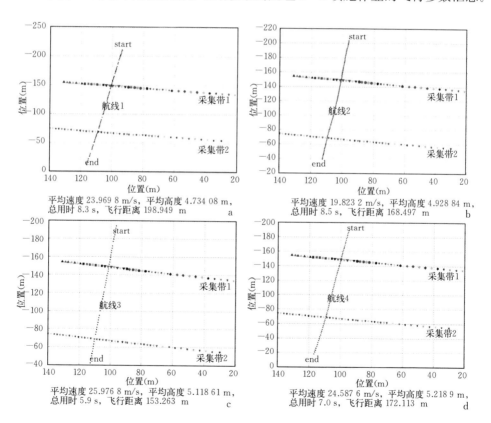

平均速度 23.969 8 m/s，平均高度 4.734 08 m，
总用时 8.3 s，飞行距离 198.949 m
a

平均速度 19.823 2 m/s，平均高度 4.928 84 m，
总用时 8.5 s，飞行距离 168.497 m
b

平均速度 25.976 8 m/s，平均高度 5.118 61 m，
总用时 5.9 s，飞行距离 153.263 m
c

平均速度 24.587 6 m/s，平均高度 5.218 9 m，
总用时 7.0 s，飞行距离 172.113 m
d

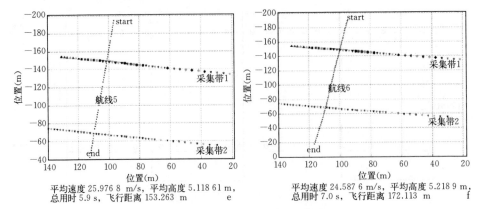

平均速度25.9768 m/s，平均高度5.11861 m，
总用时5.9 s，飞行距离153.263 m　　　　　e

平均速度24.5876 m/s，平均高度5.2189 m，
总用时7.0 s，飞行距离172.113 m　　　　　f

图5-4　处理1~6有效飞行轨迹

a. 处理1　b. 处理2　c. 处理3　d. 处理4　e. 处理5　f. 处理6

表5-2　处理1~6作业飞行参数汇总

作业处理	设定飞行速度（km/h）	平均飞行速度（km/h）	设定飞行高度（m）	平均飞行高度（m）	是否添加航空助剂	每667 m² 喷施量（mL）
1	90.00	86.29	5.00	4.73	否	800
2	60.00	71.36	5.00	4.93	是	800
3	90.00	88.52	5.00	5.21	是	800
4	90.00	93.52	5.00	5.12	是	800
5	90.00	98.68	5.00	5.14	是	800
6	120.00	123.13	5.00	4.87	是	800

处理7和8是多喷幅喷洒，飞行作业轨迹参见图5-5、图5-6。

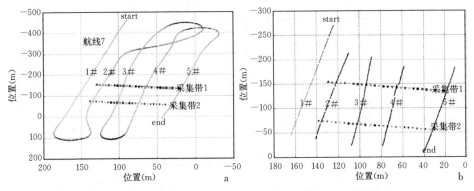

图5-5　处理7全程飞行轨迹（a）和5次有效飞行轨迹（b）

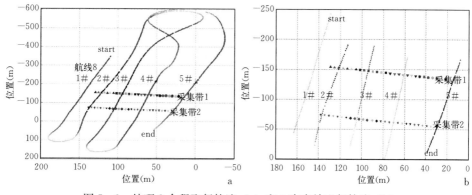

图 5-6　处理 8 全程飞行轨迹（a）和 5 次有效飞行轨迹（b）

　　根据飞行数据进行分析，处理 7 全程有效轨迹平均飞行速度为 92.25 km/h，飞行速度变异系数为 4.53%；处理 8 全程有效轨迹平均飞行速度为 95.06 km/h，飞行速度变异系数为 14.58%；处理 7 的平均飞行高度为 5.08 m，变异系数为 20.63%；处理 8 的平均飞行高度为 5.35 m，变异系数为 14.40%。

4. 雾滴沉积测定结果

（1）部分雾滴采集带直观图。

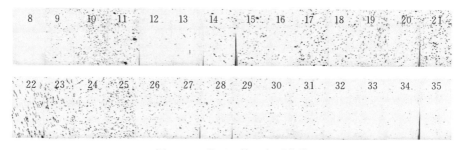

图 5-7　处理 2 第一条采集带

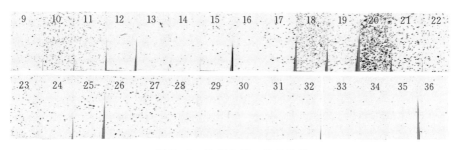

图 5-8　处理 2 第二条采集带

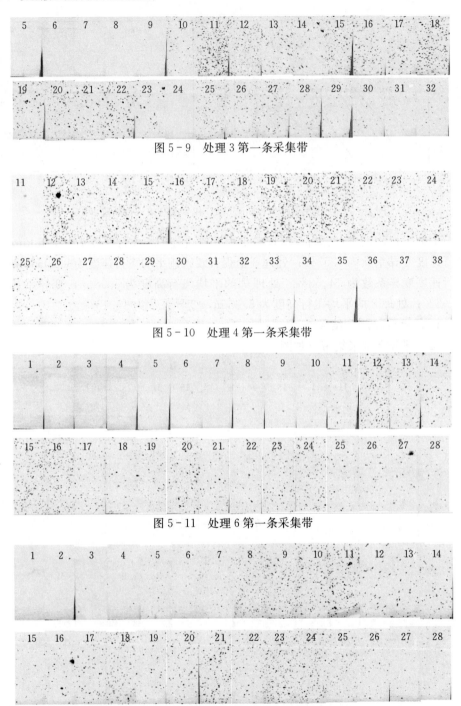

图 5-9　处理 3 第一条采集带

图 5-10　处理 4 第一条采集带

图 5-11　处理 6 第一条采集带

图 5-12　处理 1 无助剂处理第一条采集带

（2）雾滴密度与沉积量试验处理结果。

图 5 - 13 为处理 1～6 雾滴覆盖密度情况，以雾滴数量大于 15 个/cm² 为标准。由图可得，检测点−14 m 和检测点 16 m 符合有 6 条以上（含 6 条）采集带雾滴覆盖密度大于 15 个/cm² 的标准，且两检测点之间波峰较为均匀，则认定此标准下有效喷幅为 30 m。

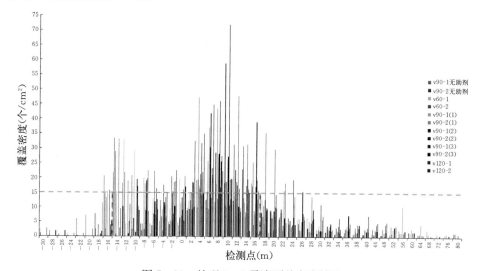

图 5 - 13　处理 1～6 雾滴覆盖密度情况

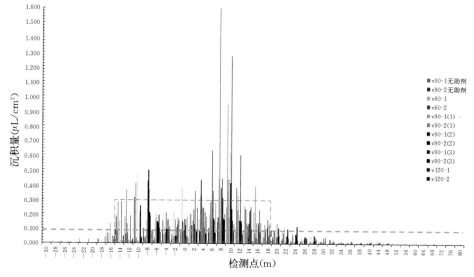

图 5 - 14　处理 1～6 雾滴沉积量情况

图 5-14 为处理 1～6 雾滴沉积量情况，沉积量以大于 0.080 $\mu L/cm^2$ 为标准。虚线围出区域即为有效喷幅区域。由图可得，检测点－14 m 和检测点 18 m 符合有 6 条以上（含 6 条）采集带雾滴沉积量大于 0.080 $\mu L/cm^2$ 的标准，且两检测点之间波峰较为均匀，则认定此标准下有效喷幅为 32 m。

由上可知，以覆盖密度为标准测得有效喷幅区域范围为－14～16 m；以沉积量为标准测得有效喷幅区域范围为－14～18 m。综合上述数据，取覆盖密度和沉积量二者判定有效喷幅的重叠区域为最终的有效喷幅区域，即－14～16 m，直升机航线为检测点 0 m 处，检测点 16 m 处于下风向，有效喷幅区域偏移下风向 2 m，符合实际天气情况，判定此次试验有效喷幅为 30 m。

5. 雾滴沉积结果

处理 7 和 8 为穿梭式喷施，每个处理包含 5 条喷幅，以此验证 AG-NAV 系统的稳定性，以及变量施药的可行性。

试验时设定飞行速度 90 km/h，飞行高度 5 m，设定喷幅 30 m。处理 7 设定喷施流量为每 667 m^2 800 mL（12 L/hm^2），处理 8 设定喷施流量为每 667 m^2 400 mL（6 L/hm^2）。

（1）雾滴分布直观图。

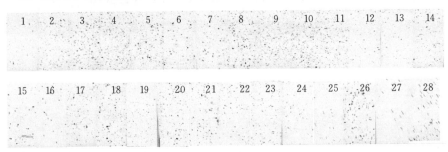

图 5-15 多喷幅处理＋施药量为 400 mL 处理，第一条采集带（每个采集带 4 m 间隔）

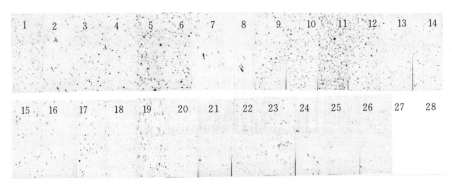

图 5-16 多喷幅处理＋施药量为 800 mL 处理，第一条采集带（每个采集带 4 m 间隔）

（2）雾滴沉积分布情况。

表 5-3 处理 7 和 8 各采集带分布模型测定区域所有数据信息统计

数据类型	处理 7			处理 8			倍数关系（处理 7/处理 8）
	采集带 1	采集带 2	平均值	采集带 1	采集带 2	平均值	
每 667 m^2 设置喷施量（mL）	800		/	400		/	2.00
飞行高度（m）	5.33		5.33	5.63		5.63	/
飞行速度（m/s）	90.64		90.64	103.19		103.19	/
测定区域长度（m）	56	60	58	60	68	64	/
雾滴粒径 DV_{10}（μm）	263.80	213.38	237.77	232.63	190.00	210.06	1.13
雾滴粒径 DV_{50}（μm）	468.60	388.06	427.03	398.75	338.50	366.85	1.16
雾滴粒径 DV_{90}（μm）	704.07	611.75	656.42	602.38	519.56	558.53	1.18
雾滴覆盖密度（个/cm^2）	18.99	19.21	19.10	17.53	12.89	15.07	1.27
覆盖率（%）	3.47	2.88	3.16	2.80	1.70	2.22	1.43
沉积量（$\mu L/cm^2$）	0.261	0.206	0.233	0.184	0.110	0.145	1.61
变异系数 CV（%）	84.17	77.52	80.84	50.69	99.71	75.20	/

雾滴粒径分布结果：每 667 m^2 喷量 800 mL 架次测得的 DV_{10}、DV_{50}、DV_{90} 平均值分别为 237.77 μm、427.03 μm、656.42 μm；每 667 m^2 喷量 400 mL 架次的 DV_{10}、DV_{50}、DV_{90} 平均值分别为 210.06 μm、366.85 μm、558.53 μm；每 667 m^2 喷量 800 mL 架次的雾滴粒径值略大于喷量 400 mL 架次的雾滴粒径值，其 DV_{10}、DV_{50}、DV_{90} 粒径大小分别是喷量 400 mL 架次对应值的 1.13 倍、1.16 倍、1.18 倍。

雾滴密度：每 667 m^2 喷量 800 mL 架次测得的雾滴平均覆盖密度为 19.10 个/cm^2，每 667 m^2 喷量 400 mL 架次测得的雾滴平均覆盖密度为 15.07 个/cm^2，前者是后者的 1.27 倍。

雾滴覆盖率：每 667 m^2 喷量 800 mL 架次测得的雾滴平均覆盖率为 3.16%，每 667 m^2 喷量 400 mL 架次测得的雾滴平均覆盖率为 2.22%，前者是后者的 1.43 倍。

平均沉积量：每 667 m^2 喷量 800 mL 架次测得的雾滴平均沉积量为 0.233$\mu L/cm^2$，每 667 m^2 喷量 400 mL 架次测得的雾滴平均沉积量为 0.145$\mu L/cm^2$，前者是后者的 1.61 倍。

变异系数：每 667 m^2 喷量 800 mL 架次的变异系数为 80.84%，每 667 m^2 喷量 400 mL 架次的变异系数为 75.20%，每 667 m^2 喷量 400 mL 架次沉积均匀性好于 800 mL 架次。

6. 本案例小结

（1）通过北斗定位系统采集直升机的飞行参数，并对数据进行了处理分析，发现各架次飞行参数数值基本与初始设定值相近，这一结果为有人直升机的作业提供了准确的科学数据参考。

（2）从处理 1～6 整体有效喷幅测定角度出发，通过计算雾滴在检测区域内的覆盖密度和沉积量来测定有效喷幅。覆盖密度以雾滴数量大于 15 个/cm² 为标准；排除过大异常值，沉积量以大于 0.080 μL/cm² 为标准，初步得出有效喷幅区域为 -14～16 m，有效喷幅区域偏移下风向 2 m，符合实际天气情况，判定此次试验有效喷幅为 30 m。

（3）从助剂的使用效果看，通过对比 V90 架次是否添加助剂的沉积均匀性，初步可以看出添加助剂后均匀性好于未添加助剂，说明添加助剂对于促进雾滴均匀分布有促进作用，但是对于有效喷幅的影响不大。

（4）对不同飞行速度进行分析：60 km/h、90 km/h、120 km/h 三种速度喷施效果对比，有效喷幅区域内，虽然不同飞行速度对应的雾滴粒径大小、覆盖密度、沉积量值略有不同，但数据相差不大，变异系数较小，均低于 35%，沉积均匀性变异系数小于 60%。表明在 AG - NAV 变量喷施系统控制下，基本可以在速度变化的情况下调整喷洒量以达到区域内喷洒质量均匀的目的。

（5）对不同喷量喷施分布均匀性测定，飞机在 AG - NAV 变量喷施系统控制下分别以每 667 m² 喷量 800 mL 和 400 mL 进行喷洒，采用第二条和第四条喷幅中心线之间区域的数据。通过不同喷量喷雾质量测定可以发现，两种情况下雾滴大小相差较小，前者仅为后者的 1.1～1.2 倍，说明喷施过程中系统对喷头喷施粒径调控较为精准；而前者的平均雾滴覆盖密度约为后者的 1.27 倍，前者的平均雾滴覆盖率约为后者的 1.43 倍，前者的平均雾滴沉积量约为后者的 1.61 倍。从沉积量结果可以看出，虽然试验结果与理论设想 2 倍的关系存在一定出入，但从试验数据还是可以看出 AG - NAV 变量喷施系统是有作用的，可以达到调整喷洒量以达到区域内喷洒质量均匀的效果。

设施智能化、农业装备精准化水平是农业科技发展水平的重要标志，智能化、精准化程度越高表明农业科技发展水平越高。AG - NAV 变量喷施系统是一款优良的实时导航喷施系统，它使得飞防作业更加智能、精准，在很大程度上提高了飞防作业的效率。

（二）恩斯特龙 480B 直升机水稻田喷洒质量测定试验

2017 年 7 月 9 日，在吉林省松原市平凤乡开展了恩斯特龙 480B 直升机水稻田喷雾质量测定试验。

1. 试验设备材料

恩斯特龙 480B 直升机（昆丰通航公司，图 5-17，参数见表 5-4）、风速仪（北京中西远大科技有限公司）、温湿度仪（深圳市华图电气有限公司）、测试架、夹子、扫描仪（上海中晶科技有限公司）、Kromekote 纸卡（中国农业科学院植物保护研究所）、农药喷雾指示剂诱惑红（浙江吉高德色素科技有限公司）、UV 2100 型紫外—可见分光光度计（莱伯泰科有限公司）、Mylar 卡等。

图 5-17 恩斯特龙 480B 直升机

表 5-4 恩斯特龙 480B 直升机参数

项目	参数
喷杆长度（m）	8.5
作业高度（m）	3～7
喷雾压力（MPa）	0.18～0.2
载药量（kg）	400
飞行速度（km/h）	120～140
喷洒幅宽（m）	35
喷头类型	扇形雾喷头（HYPRO：F110-02）
喷头个数	47
每个喷头流量（L/min）	1.21

试验田块位于吉林省松原市平风乡（图 5-18），试验时气象条件：温度

29～31 ℃，湿度 31.2％～36.5％，风速 3～5 m/s，风向西南风。

图 5-18 试验田块

药剂：20％氯虫苯甲酰胺悬浮剂（杜邦公司）；助剂：迈飞（广源益农有限公司），属植物油类喷雾助剂；防治对象：水稻二化螟（图 5-19）。

图 5-19 二化螟危害状以及防治药剂

2. 试验设计与方法

试验前在药箱中添加诱惑红作为染色示踪剂，诱惑红的添加量为 15 g/L。试验共设计 3 个不同飞行高度处理，分别为 3 m、5 m、7 m，以分析不同飞行高度下的雾滴沉积情况。为提高试验效率以及试验的精准性，本次试验在 1 个飞行架次内完成 3 个试验处理，试验处理间间隔 150 m，以便于飞行员及时操作飞机爬高飞行高度。试验以红旗为标志，标注不同的飞行作业处理。

试验进行单喷幅喷洒，以取得直升机在单喷幅内的雾滴沉积以及飘移状况。试验时在水稻田中布置两条间隔为 60 m 的采样带，每条采样带设置直升机飞行靶区以及在靶区的右侧设置非靶区，其中根据直升机的有效喷雾宽度，预设靶区的宽度为 40 m，每点间隔为 4 m，共 11 个测试点，非靶区宽度为 30 m，每点间隔为 6 m，如图 5-20 所示。

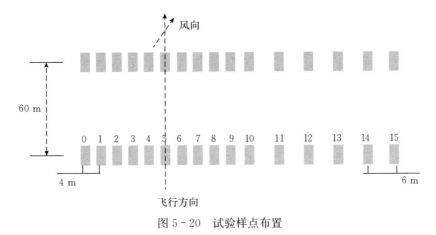

图 5-20　试验样点布置

根据以上布点方法，每条采集带有 16 个雾滴采集点，从航线左侧至右侧分别编号为 0~15，试验区域共有 30 个采样点，在每处采样点在水稻植株的穗部高度布置 Keromekote 纸卡（3 cm×8 cm）以及 Mylar 卡（5 cm×8 cm）以收集喷洒雾滴情况，如图 5-21 所示。

图 5-21　试验田采样点布置情况

（1）喷雾沉积参数的测定。喷雾试验结束后，将 Kromekote 纸卡以及 Mylar 卡分别进行收集并放置于自封袋中，其中 Kromekote 纸卡用扫描仪进行扫描，并用 Depositscan 软件测定 Kromekote 纸卡上的雾滴覆盖密度以及雾滴粒径情况。雾滴累计分布为 50% 的雾滴直径为 DV_{50}，即小于此雾滴直径的雾粒体积占全部雾粒体积的 50%，也称为体积中径（volume median diameter，简称 VMD）。雾滴累计分布为 10% 的雾滴直径为 DV_{10}，即小于此雾滴直径的雾粒体积占全部雾粒体积的 10%。雾滴累计分布为 90% 的雾滴直径为 DV_{90}，即小于此雾滴直径的雾粒体积占全部雾粒体积的 90%。

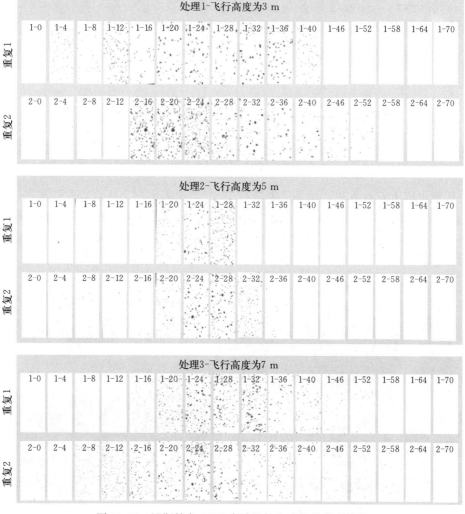

图 5-22　恩斯特龙 480B 直升机航空喷施的直观结果

将 Mylar 卡带回实验室进行测定，分析沉积量。向每个装有 Mylar 卡的自封袋中加入去离子水，洗脱纸卡上的诱惑红，用紫外分光光度计分别测定每一张 Mylar 卡上的荧光值，并根据诱惑红标样的"浓度-荧光值"标准曲线计算洗脱液中诱惑红的沉积量。根据采样 Mylar 卡的面积计算单位面积上诱惑红的沉积量。

（2）雾滴沉积直观图。图 5-22 是喷施诱惑红后 Kromekote 纸卡的直观结果。处理 1 飞行高度为 3 m 时，药液主要沉积在 4～40（重复 1）和 20～52（重复 2）之间，沉积范围为 32～36 m；处理 2 飞行高度为 5 m 时，药液的沉积较少，主要沉积范围在 16～36 m（重复 1）和 20～36 m（重复 2）处，药液的主要沉积范围在 20 m 左右；处理 3 飞行高度为 7 m 时，药液的主要沉积在 16～46 m（重复 1）和 8～46 m（重复 2），沉积范围在 30～38 m。

试验时受到风向以及风速的影响，喷洒的航线以及喷洒幅宽会有一定的波动。总体来说，雾滴沉积的范围在 30～35 m 左右。

（3）雾滴粒径测定。图 5-23、图 5-24 分别为飞行高度为 3 m、5 m、7 m 时的雾滴粒径以及雾滴沉积覆盖密度情况。

由于沉积区域的雾滴粒径与飘移区域的雾滴粒径差别较大，因此计算雾滴粒径时，首先划定雾滴的主要沉积区域。当飞行高度为 3 m 时，雾滴的主要沉积区域在 4～40 m 以及 20～52 m，分析此区域的雾滴体积中径 DV_{50} 为 496.3 μm，考虑到雾滴在纸卡上的铺展，铺展系数大约为 2.2，校正后的雾滴粒径为 225.6 μm；当飞行高度为 5 m 时，雾滴的主要沉积区域在 16～36 m 以及 20～36 m，分析此区域的雾滴体积中径 DV_{50} 为 404.1.6 μm，考虑到雾滴在纸卡上的铺展，校正后的雾滴粒径为 183.7 μm；当飞行高度为 7 m 时，雾滴的主要沉积区域在 16～46 m 以及 8～46 m，分析此区域的雾滴体积中径 DV_{50} 为 416.8 μm，考虑到雾滴在纸卡上的铺展，校正后的雾滴粒径为 208.4 μm。

3 次试验结果表明雾滴体积中径为 183.7～225.6 μm，满足国家对航空低容量喷洒杀虫剂雾滴粒径的要求。

由试验结果可以看出，雾滴粒径与雾滴覆盖密度有正相关关系，分析原因主要是细雾滴容易飘失而偏移航线中心，绝大多数较大的雾滴容易沉积到航线中心。

（4）有效喷幅的判断。

① 雾滴密度判定法：根据《中华人民共和国民用航空行业标准》中《农业航空喷洒作业质量技术指标》规定：在飞机进行超低容量的农业喷洒作业时，作业对象的雾滴覆盖密度达到 15 个/cm² 以上就达到有效喷幅。

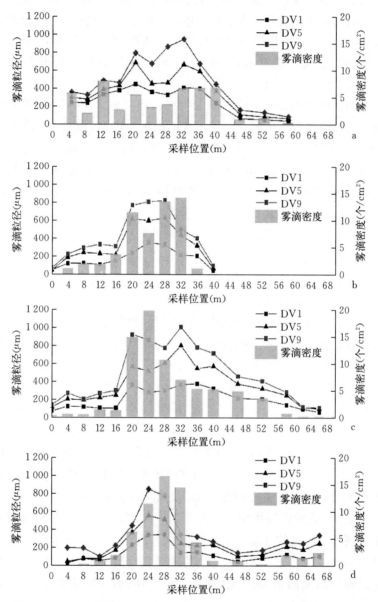

图 5-23 飞行高度为 3 m（a、b）和 5 m（c、d）时的雾滴沉积情况

② 50%有效沉积量判定法：根据《中华人民共和国民用航空行业标准》中《航空喷施设备的喷施率和分布模式测定》规定：以沉积率为纵坐标，以航空设备飞行路线两侧的采样点为横坐标绘制分布曲线，曲线两侧各有一点的沉积率为

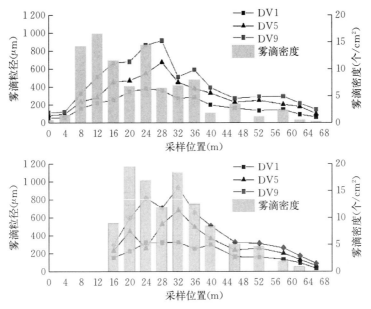

图 5 - 24　飞行高度为 7 m 时的雾滴沉积情况

最大沉积率的一半,这两点之间的距离可作为有效喷幅宽度(ASAE 标准 S341.3)。

③ 最小变异系数判定法:单个喷幅以不同的有效喷幅间距模拟计算 3 个喷幅叠加的药液沉积情况,并对中间第 2 个喷幅中的叠加沉积量计算平均值与 CV 值,通过计算得到最小的沉积量变异系数时的喷幅即为有效喷幅(ASAE 标准 S341.3)。

根据判定方法①,由于本次试验中喷施沉积的雾滴覆盖密度平均值小于 10 个/cm²,所以采用此方法判断显然不合理。

根据图 5 - 25 以及判定方法②,可知飞行高度为 3 m 时,两次飞行的有效喷幅分别为 28 m 和 12 m;飞行高度为 5 m 时,两次飞行的有效喷幅分别为 4 m 和 8 m;飞行高度为 7 m 时,两次飞行的有效喷幅分别为 16 m 和 16 m。显然此种判断方法与实际作业中喷洒幅宽大约在 35 m 及以上不相符。

采用判定方法③进行拟合时,需要将飘移量叠加到沉积带区域,但是由于外界风向以及风速的变化,拟合数据极为不稳定。综合来说有效喷幅的测定方法还需要进一步探讨。由于飞机的流量(Q/T)、飞行速度以及单位面积的喷洒量同时约束喷幅宽度,所以喷幅宽度也可以根据公式计算出来,通过已知相关参数以及下列公式计算得到喷洒幅宽为 37.9~32.5 m,因此作业时设计的 35 m 的作业

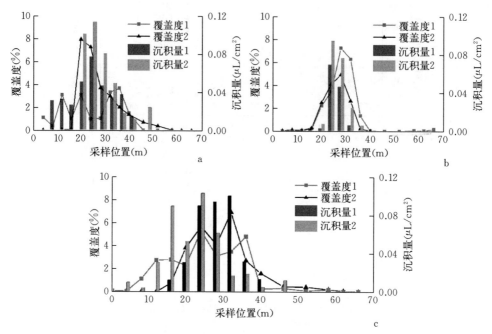

图 5 - 25　不同飞行高度情况下的雾滴覆盖度及沉积量情况

a. 飞行高度 3 m　b. 飞行高度 5 m　c. 飞行高度 7 m

喷幅宽度是合理的。喷幅宽度内雾滴覆盖密度较少的主要原因是喷洒量 7.5 L/hm² 较低引起的，喷洒量为 7.5 L/hm² 情况下，很难实现国标中的平均雾滴覆盖密度为 25～35 个/cm²。

$$q = \frac{Q}{T \times V \times D} \times 10^4$$

式中，q 为喷洒量（L/hm²）；Q 为装液量（L）；T 为喷洒时间（s）；V 为飞行速度（m/s）；D 为喷幅宽度（m）。本次试验 q 为 7.5 L/hm²；Q/T 为 0.948 L/s，V 为 33.3～38.9 m/s。

（5）雾滴覆盖密度测定。按照喷洒幅宽为 35 m 计算各个处理的雾滴覆盖密度情况，可以得到表 5 - 5，由试验结果可以看出，单位面积的雾滴覆盖密度在 5～10 个/cm²，显著低于国标中对于低容量喷施内吸性杀虫剂所要求的雾滴覆盖密度。分析原因是当喷洒量为 7.5 L/hm²，雾滴体积中径为 183.7～225.6 μm 时，很难达到国标中对于雾滴覆盖密度的要求，解决方法为增加单位面积的喷洒量或者在环境条件允许的情况下适当降低雾滴粒径。

表 5-5   不同作业高度下的雾滴沉积密度情况

飞行高度（m）	平均雾滴覆盖密度（个/cm²）		国家标准
	条带 1	条带 2	
3	5.2	7.7	低容量（5～30 L/hm²）喷
5	6.4	5.7	洒内吸性杀虫剂为 25～35
7	11.8	8.94	个/cm²

（6）沉积量及覆盖度测定。单喷幅内的雾滴覆盖度与沉积量呈现正相关关系，按照作业幅宽为 35 m，飞行高度为 3 m 时，平均雾滴覆盖度为 1.93% 和 2.94%，作业高度为 5 m 时，平均雾滴覆盖度为 2.32% 和 1.50%，作业高度为 7 m 时，平均雾滴覆盖度为 2.94% 和 2.79%。雾滴覆盖度对于喷洒触杀型或者保护性药剂具有重要作用。

（7）雾滴分布均匀性测定。雾滴分布均匀性以雾滴覆盖密度的变异系数表示，由各个采样点的雾滴覆盖密度计算得出。变异系数愈小，雾滴分布愈均匀。计算方法为变异系数＝标准差/雾滴平均覆盖密度×100%。

按照作业幅宽为 35 m，选择沉积量最大的 35 m 作为沉积区，计算此 35 m 内的雾滴沉积均匀性可知，当飞行高度为 3 m 时，雾滴覆盖密度的变异系数分别为 40.2% 和 80.2%；当飞行高度为 5 m 时，雾滴覆盖密度的变异系数分别为 95.8% 和 96.9%；当飞行高度为 7 m 时，雾滴覆盖密度的变异系数分别为 46.5% 和 55.0%。与国家标准对比，喷洒杀虫剂要求雾滴分布均匀度低于 60%，基本能满足国家标准的要求。

3. 试验结果

本次试验测定直升机喷雾质量情况，试验结果表明，航空喷雾雾滴沉积量以及沉积密度受到多种因素的影响，本次参与航化作业的大型直升机是由昆丰通航公司生产的恩斯特龙 480B 直升机，直升机本身性能较好，喷雾作业效率高，为低容量喷雾，每 667 m² 施药液量为 0.5 L，田间检测到的雾滴覆盖密度为 5～10 个/cm²，雾滴密度较低，但是考虑到氯虫苯甲酰胺的内吸性较强，因此药剂的喷洒基本满足病虫害防治的需求。

通过测试，我们认为该直升机喷雾作业尚有需要改进的地方，具体建议如下：

（1）进一步改进喷雾系统的喷头设计，提高雾滴雾化程度，降低雾滴粒径，尤其是提高雾滴粒径的均匀性。

（2）单位面积的喷液量与单位面积的雾滴覆盖密度呈正相关关系，提高喷液量可以显著提高单位面积的雾滴覆盖密度，本次试验喷液量为 7.5 L/hm²，是导致沉积密度较低的一个原因，因此建议适当提高喷液量，提高沉降到靶标上的雾滴覆盖密度，以保证防效。

（三）画眉鸟固定翼飞机大豆田喷洒试验

2016 年 8 月 25～28 日，在黑龙江佳木斯市宝泉岭开展农用飞机画眉鸟510G 在大豆田雾滴沉积分布、穿透性能以及在 Satloc G4 喷洒系统自动规划航迹条件下的重喷率、漏喷率及作业效率测试试验。

1. 试验设备材料

（1）农用飞机画眉鸟 510G，如图 5 - 26，参数见表 5 - 6。

图 5 - 26　画眉鸟 510G

表 5 - 6　画眉鸟 510G 喷雾系统性能参数

参数	画眉鸟 510G
喷头类型	转笼式
喷头个数	10
每公顷施药量	17 L
正常作业喷幅	40 m
喷杆长度	12.56 m
流量	255 L/min

（2）Satloc G4 喷洒系统，如图 5 - 27，Satloc G4 喷洒系统可根据地块大小、喷幅自动设置飞行路径及高度。

（3）其他：水敏纸、固定水敏纸夹及橡胶手套、高精度北斗定位系统、气象站等。

图 5 - 27　Satloc G4 喷洒系统

2. 试验设计与方法

（1）雾滴沉积分布情况的测定。采样带总长度 60 m，两条采样带之间的距离为 30 m。相邻采样点的距离为 2 m，图中▪部分为雾滴穿透性的测试区域，分为上、下两层，穿透性测试区的总长度为 40 m，飞机飞行航线与采样带垂直（图 5 - 28）。设定飞行高度为 5 m，速度为 225 km/h。飞机喷洒试验后，静置 2 min 采集水敏纸。将水敏纸放置在密封袋内，排出密封袋内的空气密封保存。在最短时间内用扫描仪扫描并存储水敏纸数据。测试飞机重喷率、漏喷率的轨迹数据实时存入电脑中等待处理。根据《中华人民共和国民用航空行业标准》中《农业航空喷洒作业质量技术指标》规定：飞机在进行超低量喷洒作业时，作业对象上的雾滴沉积量大于等于 15 个/cm² 时，为喷洒有效区域。

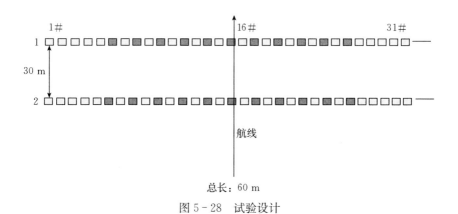

图 5 - 28　试验设计

（2）飞行轨迹以及自动规划航迹条件下的重喷率、漏喷率及作业效率测定。选取合适的地块，用 Satloc G4 系统规划作业区域，将北斗定位系统的移动端固定在飞机外舱，采集飞机的飞行参数，包括飞行高度、飞行速度及轨迹。飞行高度为 5 m，速度为 225 km/h。

3. 试验结果

（1）雾滴粒径测定结果。飞行时采样点为 30 m 处，即采样带的中点位置为飞机航线经过点。从图 5-29、图 5-30 和图 5-31 中可以看出，因存在侧风，画眉鸟 510G 为固定翼型飞机，雾滴受外界环境影响较大，水敏纸从 24 m 处开始采集到雾滴数据。采样带 1 中 30 m 附近采样点各雾滴粒径分布较为稳定，40~46 m 区域各雾滴粒径增加，48~60 m 区域雾滴粒径降低，40 m、42 m 和 46 m 三处采样点的各雾滴粒径为整个采样带中的较高点。采样带 2 中 30 m 处各雾滴粒径为附近采样点的最小值，24 m、36 m、38 m 和 42 m 是整个采样带中的较高点。两个采样带中 42 m 处的采样点均为各雾滴粒径分布最大值。

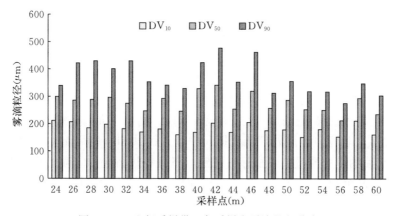

图 5-29 飞行采样带 1 各采样点雾滴粒径分布

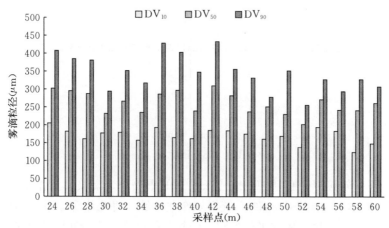

图 5-30 飞行采样带 2 各采样点雾滴粒径分布

注：DV_{10}、DV_{50}、DV_{90} 分别表示将所有雾滴按照大小排序，占总体积 10%、50%、90% 的雾滴粒径。

图 5-31 雾滴沉积情况

（2）雾滴沉积分布规律。从图 5-32 可以看出，两条采样带呈现出相同的变化趋势，采样带 1 在 34 m 采样点到达谷底，采样带 2 在 32 m 采样点到达谷底，均在 30 m 附近，此种现象可能是侧风的存在致使雾滴中线偏移。随着采样点向下风向的推移，雾滴密度均逐渐降低，采样带 1 在 48 m 处达到雾滴密度临界点 15 个/cm²，有效沉积区域为 26～48 m，有效喷幅为 22 m。采样带 2 在 46 m 处达到雾滴密度临界点 15 个/cm²，有效沉积区域为 24～46 m，有效喷幅为 22 m。

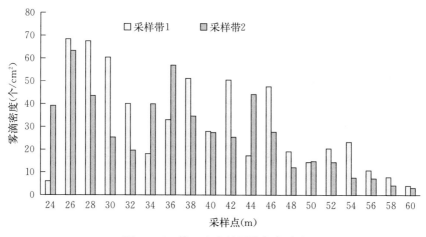

图 5-32 第一次飞行雾滴密度对比

从图 5-33 中也可以看出雾滴中线的位置分布。两条采样带中的沉积量数据均有异常高的值，采样带 1 中，在 26 m、28 m、30 m、42 m 和 46 m 处雾滴沉积量突增；采样带 2 中，36 m 和 44 m 两个采样点数值突增。随着采样点的向右推移，沉积量减小。

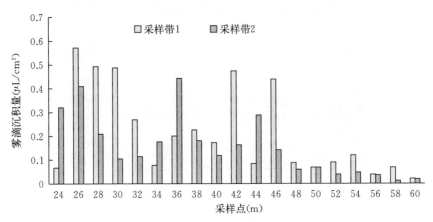

图 5-33　第一次飞行雾滴沉积量对比

从图 5-34 中可以看出，两条采样带雾滴覆盖率分布不均匀。采样带 1 中覆盖率值在 28 m、30 m、42 m 和 46 m 采样点数值较采样带 2 中对应数值异常高，在 34 m、44 m 处覆盖率突减；采样带 2 在 36 m 和 44 m 处覆盖率值较采样带 1 对应数值异常高，从 48 m 采样点起覆盖率值较小且逐渐减小。

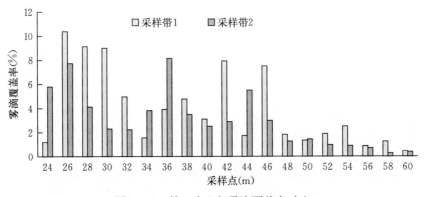

图 5-34　第一次飞行雾滴覆盖率对比

（3）雾滴穿透性分布规律。雾滴穿透性的好坏是农业防治效果的重要指标之一。8 月为大豆结荚期，此时大豆食心虫为主要的害虫，豆荚主要生长在植株的中上部，基于此，对冠层以下水敏纸雾滴数据进行分析，水敏纸布置上、中两层。在试验区随机选取 1.2 m² 的样地，对样地内的植株生长情况进行调查，表 5-7 是植株的生长参数。

表 5-7 大豆植株样方调查参数

参数	数值	平均值
调查面积（m²）	1.2（1 m×1.2 m）	1.2
植株个数（个）（每行）	13、10、10、13、15	12.2
密度（个/m²）	50.83	50.83
叶片数（个/株）（7 株）	20、30、21、22、21、22、24	22.9
植株高度（cm）	90、80、85、96、80、91	87

3 次飞行试验中，测试穿透性的水敏纸在 10～50 m 间每隔 4 m 进行布置，表 5-8 中为飞行试验采样带 1 中雾滴在植株上、中层的分布参数，包括雾滴密度、雾滴沉积量和雾滴覆盖率。

表 5-8 飞行采样带 1 的雾滴穿透性参数

位置（m）	雾滴密度（个/cm²）上	雾滴密度（个/cm²）中	沉积量（μL/cm²）上	沉积量（μL/cm²）中	覆盖率（%）上	覆盖率（%）中
26	68.5	35.3	0.572	0.221	10.38	4.28
30	60.5	23.1	0.488	0.15	9	3.03
34	18.1	3.6	0.077	0.025	1.56	0.45
38	51.2	35.3	0.226	0.162	4.78	3.42
42	50.5	2.3	0.474	0.02	7.94	0.37
46	47.6	14	0.439	0.109	7.51	2.05
50	14.4	13.8	0.068	0.081	1.35	1.41

表 5-8 中的 3 种雾滴参数分布情况一致。除了在采样点 50 m 处上层和中层的数值接近相同外，其余采样点上层的数值均远大于中层的数值。在 34 m 采样点处上、中层的雾滴参数均骤减。42 m 处采样点上层的雾滴参数值较高，而中层雾滴参数值很低，接近 0，可能由于此处植株生长较密。

（4）飞机重喷率、漏喷率测定。飞机在实际作业时，由于飞行高度高、速度大等特点，容易偏离航线飞行，造成重喷、漏喷等现象。Satloc G4 系统具有根据地块大小、喷幅自动规划航迹的功能，飞行员在作业时可沿航迹飞行，减小了重喷、漏喷面积。本次试验搭载华南农业大学自制的高精度北斗定位系统对飞机正常作业时的飞行参数进行了测定（飞行参数包括飞行高度、飞行速度和飞行轨迹），旨在检测 Satloc G4 喷洒系统导航作用下的作业效果。

北斗定位系统为航空用北斗系统 UB351，具有 RTK 差分定位功能，平面精度达 1 cm，高程精度达 2 cm。画眉鸟 510G 飞机上搭载北斗定位系统的移动站以绘制飞机的飞行轨迹。

图 5-35 a、b 为 2 次飞行试验的航迹图。试验地块面积为 160 000 m²（1 000 m×

160 m），即 16 hm²。

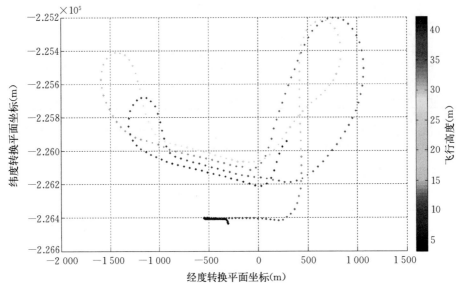

平均速度 42.200 6m/s，平均高度 18.812 2m，总用时 336s，飞行距离 14 179.4m

a

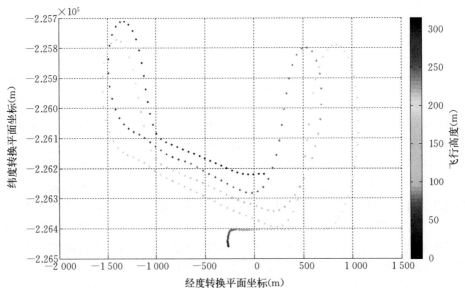

平均速度 38.254m/s，平均高度 23.202 8 m，总用时 315s，飞行距离 120 50m

b

图 5-35　两次飞行试验的航迹

a. 第一次飞行试验轨迹　b. 第二次飞行试验轨迹

a图中平均高度为 23.2 m，平均飞行速度为 38.3 m/s，飞行距离为 12 050 m。因飞机在拐弯处掉头，高度大幅增加，速度降低，故平均高度加大，平均速度降低。b图中平均高度为 18.8 m，平均飞行速度为 42.2 m/s，飞行距离为 14 179.4 m。从图中可以看出，飞机在作业区的飞行路线笔直。

由于在转弯与正常作业时差异很大，所以删除转弯时的数据，取得在作业区的作业数据，图 5 - 36 为第一次飞行时在作业区的作业参数，包括飞机飞行的平均速度、平均高度、总用时和飞行距离，飞机在飞临田地边界时，由于飞机要掉头，飞行员调整飞机姿态，因此在田地边界飞机会偏离航线和改变飞机飞行高度，造成一定程度的重喷、漏喷。飞机作业了 4 个喷幅，表 5 - 9 和表 5 - 10 为飞行参数列表。

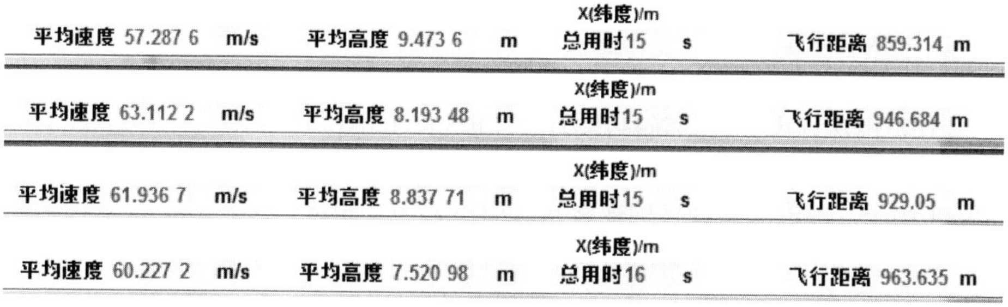

平均速度 57.287 6	m/s	平均高度 9.473 6	m	X(纬度)/m 总用时15	s	飞行距离 859.314 m
平均速度 63.112 2	m/s	平均高度 8.193 48	m	X(纬度)/m 总用时15	s	飞行距离 946.684 m
平均速度 61.936 7	m/s	平均高度 8.837 71	m	X(纬度)/m 总用时15	s	飞行距离 929.05　m
平均速度 60.227 2	m/s	平均高度 7.520 98	m	X(纬度)/m 总用时16	s	飞行距离 963.635 m

图 5 - 36　第一次飞行试验采集参数

表 5 - 9　第一次飞行参数

	平均速度（m/s）	平均高度（m）	飞行距离（m）	总用时（s）
第一个喷幅	57.3	9.5	859.3	15
第二个喷幅	63.1	8.2	946.7	15
第三个喷幅	61.9	8.8	929.1	15
第四个喷幅	60.2	7.5	963.6	16
平均值	60.6	8.5	总计：3 698.7	总计：61

表 5 - 10　第二次飞行参数

	平均速度（m/s）	平均高度（m）	飞行距离（m）	总用时（s）
第一个喷幅	56.3	8.9	844.7	15
第二个喷幅	62.4	11.3	872.9	14
第三个喷幅	61.2	8.1	917.7	15
第四个喷幅	62.9	7.2	881.3	14
平均值	60.7	8.9	总计：3 516.6	总计：58

二、植保无人飞机田间作业实例

（一）小麦田植保作业实例

1. 小麦赤霉病防治田间作业效果

2019 年 4 月 20 日，在江苏省盐城市建湖县庆丰镇开展植保无人机施药防治小麦赤霉病田间沉积作业效果评价试验。通过植保无人机喷施药剂和助剂，调查验证不同配方航空植保专用药剂、助剂对小麦赤霉病的田间防治效果，以筛选出合适的植保无人机施药参数和有效的药剂/助剂配方，为小麦病虫害的防治提供技术支持。

（1）试验设备材料。

① 参试植保无人机：

自由鹰 1S，由安阳全丰航空植保科技股份有限公司生产提供；

T16，由深圳市大疆创新科技有限公司生产提供；

M8A20A，由北方天途航空技术发展（北京）有限公司生产提供；

ALPAS，由昆山龙智翔智能科技有限公司生产提供；

3WWDZ - 10B，由苏州极目机器人科技有限公司生产提供。

参试植保无人机参数见表 5 - 11。

表 5 - 11　参试植保无人机参数

型号	动力	旋翼	喷头数量	喷头型号	喷头类型	喷幅（m）
自由鹰 1S	电动	四轴四旋翼	4	LU - 015	压力式	3.5
M8A20A	电动	八轴八旋翼	6	0.67 圆锥	压力式	4.5
T16	电动	六轴六旋翼	8	XR11001VS	压力式	5
ALPAS	电动	单轴双旋翼	4	XR8002VS	压力式	5
3WWDZ - 10B	电动	四轴四旋翼	4	EACF - 100	离心式	3

② 试验药剂：

阿立卡（22%噻虫·高氯氟微囊悬浮-悬浮剂）、扬彩（18.7%丙环·嘧菌酯悬浮剂）、麦甜（200 g/L 氟唑菌酰羟胺·苯醚悬浮剂），由先正达（中国）投资有限公司提供；

又胜（32.5%苯甲·嘧菌酯悬浮剂）、施悦（35%吡虫啉悬浮剂）、已足（45%戊唑·咪鲜胺水乳剂），由江苏克胜集团股份有限公司提供；

龙灯福连（30％戊唑·多菌灵悬浮剂）、龙灯福朗（12％联苯·吡虫啉悬浮剂）、龙灯麦丽（17％唑醚·氟环唑悬浮剂）、宝秀（大量元素水溶肥水剂），由江苏龙灯化学有限公司提供；

稳腾（30％肟菌·戊唑醇悬浮剂）、艾美乐（70％吡虫啉水分散粒剂），由拜耳作物科学（中国）投资有限公司提供；

金处方（30％戊唑醇悬浮剂和45％咪鲜胺水乳剂）、重典（600 g/L 吡虫啉悬浮剂）、烈豹（4.5％高效氯氰菊酯乳油）、增冠（5％调环酸钙泡腾粒剂），由安阳全丰生物科技有限公司提供；

麦稳欧（20％氯虫苯甲酰胺悬浮剂），由巴斯夫（中国）有限公司提供。

③ 试验助剂：

全丰飞防专用助剂，由安阳全丰生物科技有限公司提供；

双俭，由河北明顺农业科技有限公司提供；

GY－F1500，由北京广源益农化学有限责任公司提供；

蜻蜓飞来，由江苏克胜集团股份有限公司提供；

拜耳飞防专用助剂，由拜耳作物科学（中国）投资有限公司提供。

（2）试验设计与方法。

① 雾滴沉积测定处理安排：在小麦冠层布置雾滴测试卡，用不同的植保无人机分别喷施清水和添加助剂的水溶液，测试不同机型的雾滴沉积（雾滴密度、雾滴覆盖率及雾滴有效沉积率）情况，雾滴沉积测试处理见表 5－12，小区内布置 3 排雾滴测试卡，测试时各植保无人机飞行高度在 1.5～2 m 之间，飞行速度在 3～5 m/s 之间（图 5－37）。

表 5－12　雾滴沉积测试处理

处理	植保无人机	每 667 m² 喷洒溶液（1 L）
1		清水
2	全丰自由鹰 1S	1％ 双俭水溶液
3		GY－F1500 水溶液 10 mL
4		1％ 全丰飞防专用助剂水溶液
5		清水
6	龙智翔 ALPAS	1％ 双俭水溶液
7		GY－F1500 水溶液 10 mL
8		蜻蜓飞来水溶液 10 g

（续）

处理	植保无人机	每 667 m² 喷洒溶液（1 L）
9		清水
10	极目 3WWDZ‒10B	1% 双俭水溶液
11		GY‒F1500 水溶液 10 mL
12		1% 拜耳飞防专用助剂水溶液
13		清水
14	天途 M8A20A	1% 全丰飞防专用助剂水溶液
15		蜻蜓飞来水溶液 10 g
16		1% 拜耳飞防专用助剂水溶液
17		清水
18	大疆 T16	1% 全丰飞防专用助剂水溶液
19		蜻蜓飞来水溶液 10 g
20		1% 拜耳飞防专用助剂水溶液

② 雾滴密度及覆盖率的测定：利用测试架和 Kromekote 纸测量雾滴在受试作物植株冠层的雾滴密度情况。喷雾时，在药液中添加诱惑红作为指示剂。待喷雾结束后，收集 Kromekote 纸，并用 DepositScan 软件与扫描仪联用测定雾滴密度及雾滴覆盖率，每处理重复 3 次。

③ 雾滴有效沉积率的测定：本次测试采用流失法间接测定不同处理条件下药液在小麦苗上的沉积率。试验开始前，将定量的诱惑红指示剂配成母液，母液浓度为 5%。利用测试杆和万向夹将滤纸片水平固定于距地面约 10 cm 处，用以测定药液在地面的流失情况。

在田间小区试验结束 10 min 后，收集各点的滤纸于自封袋内，于实验室内对滤纸进行洗涤并利用 Flexstation3 多功能酶标仪测定洗涤液在波长为 514 nm 处的吸光度值（A）。

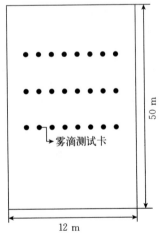

图 5‒37 雾滴测试卡布点示意

根据预先测定的诱惑红的质量浓度与吸光值的标准曲线，计算洗涤液中诱惑红的质量浓度，继而计算每点的诱惑红总沉积量以及单位面积内诱惑红的沉积量，通过计算单位面积的施药液量乘以试验小区面积即可得到试验小区的药液理论流失量，进而计算出小麦田喷雾雾滴的流失率，最终计算出药液的沉积率（在不考虑其他因素的条件下）。

④ 试验处理方案：试验共设 37 个处理，36 个无人机药剂处理，1 个空白对照，分别于 2019 年 4 月 20 日、4 月 27 日共施药 2 次。每个药剂处理小区面积约为 3 335 m^2，不设重复，空白对照不施药。试验处理设计见表 5 - 13 和表 5 - 14。施药时各植保无人机飞行高度在 1.5～2 m 之间，飞行速度在 3～5 m/s 之间，第一次施药时每 667 m^2 喷液量为 1.0 L，第二次施药时每 667 m^2 喷液量为 1.5 L。

表 5 - 13　第一次施药处理方案

处理	植保无人机	第一次用药方案（4 月 20 日）
对照	/	/
1		麦稳欧 75 mL
2		麦稳欧 75 mL＋双俭 1%
3	龙智翔	金处方 25 g＋重典 8 g＋烈豹 70 mL＋增冠 20 g
4	ALPAS	金处方 25 g＋重典 8 g＋烈豹 70 mL＋增冠 20 g＋全丰飞防专用助剂 1%
5		龙灯福连 75 mL＋龙灯福朗 30 mL＋宝秀 20 mL＋麦丽 50 mL
6		龙灯福连 75 mL＋龙灯福朗 30 mL＋宝秀 20 mL＋麦丽 50 mL＋双俭 1%
7		己足 50 g＋又胜 20 g＋施悦 15 g
8		己足 50 g＋又胜 20 g＋施悦 15 g＋蜻蜓飞来 10 g
9	天途	扬彩 70 mL＋阿立卡 7 mL
10	M8A20A	扬彩 70 mL＋阿立卡 7 mL＋GY - F1500 10 mL
11		稳腾 50 mL＋艾美乐 3 g
12		稳腾 50 mL＋艾美乐 3 g＋拜耳飞防专用助剂 1%
13		麦稳欧 75 mL
14		麦稳欧 75 mL＋双俭 1%
15	大疆 T16	金处方 25 g＋重典 8 g＋烈豹 70 mL＋增冠 20 g
16		金处方 25 g＋重典 8 g＋烈豹 70 mL＋增冠 20 g＋全丰飞防专用助剂 1%
17		龙灯福连 75 mL＋龙灯福朗 30 mL＋宝秀 20 mL＋麦丽 50 mL
18		龙灯福连 75 mL＋龙灯福朗 30 mL＋宝秀 20 mL＋麦丽 50 mL＋双俭 1%

（续）

处理	植保无人机	第一次用药方案（4 月 20 日）
19		己足 50 g＋又胜 20 g＋施悦 15 g
20		己足 50 g＋又胜 20 g＋施悦 15 g＋蜻蜓飞来 10 g
21	极目	扬彩 70 mL＋阿立卡 7 mL
22	3WWDZ－10B	扬彩 70 mL＋阿立卡 7 mL＋GY－F1500 10 mL
23		稳腾 50 mL＋艾美乐 3 g
24		稳腾 50 mL＋艾美乐 3 g＋拜耳飞防专用助剂 1％
25		己足 50 g＋又胜 20 g＋施悦 15 g
26		己足 50 g＋又胜 20 g＋施悦 15 g＋蜻蜓飞来 10 g
27	全丰	扬彩 70 mL＋阿立卡 7 mL
28	自由鹰 1S	扬彩 70 mL＋阿立卡 7 mL＋GY－F1500 10 mL
29		稳腾 50 mL＋艾美乐 3 g
30		稳腾 50 mL＋艾美乐 3 g＋拜耳飞防专用助剂 1％

表 5-14 第二次施药处理方案

处理	植保无人机	第二次用药方案（4 月 27 日）
对照	/	/
1		麦稳欧 75 mL
2		麦稳欧 75 mL＋双俭 1％
3	龙智翔	金处方 25 g＋重典 8 g＋烈豹 70 mL＋增冠 20 g
4	ALPAS	金处方 25 g＋重典 8 g＋烈豹 70 mL＋增冠 20 g＋全丰飞防专用助剂 1％
5		龙灯福连 75 mL＋龙灯福朗 30 mL＋宝秀 20 mL＋麦丽 50 mL
6		龙灯福连 75 mL＋龙灯福朗 30 mL＋宝秀 20 mL＋麦丽 50 mL＋双俭 1％
7		己足 50 g＋又胜 20 g＋施悦 15 g
8		己足 50 g＋又胜 20 g＋施悦 15 g＋蜻蜓飞来 10 g
9	天途	麦甜 50 mL＋阿立卡 10 mL
10	M8A20A	麦甜 50 mL＋阿立卡 10 mL＋GY－F1500 10 mL
11		稳腾 50 mL＋艾美乐 3 g
12		稳腾 50 mL＋艾美乐 3 g＋拜耳飞防专用助剂 1％

（续）

处理	植保无人机	第二次用药方案（4月27日）
13		麦稳欧 75 mL
14		麦稳欧 75 mL＋双俭 1%
15	大疆 T16	金处方 25 g＋重典 8 g＋烈豹 70 mL＋增冠 20 g
16		金处方 25 g＋重典 8 g＋烈豹 70 mL＋增冠 20 g＋全丰飞防专用助剂 1%
17		龙灯福连 75 mL＋龙灯福朗 30 mL＋宝秀 20 mL＋麦丽 50 mL
18		龙灯福连 75 mL＋龙灯福朗 30 mL＋宝秀 20 mL＋麦丽 50 mL＋双俭 1%
19		己足 50 g＋又胜 20 g＋施悦 15 g
20		己足 50 g＋又胜 20 g＋施悦 15 g＋蜻蜓飞来 10 g
21	极目	麦甜 50 mL＋阿立卡 10 mL
22	3WWDZ－10B	麦甜 50 mL＋阿立卡 10 mL＋GY－F1500 10 mL
23		稳腾 50 mL＋艾美乐 3 g
24		稳腾 50 mL＋艾美乐 3 g＋拜耳飞防专用助剂 1%
25		己足 50 g＋又胜 20 g＋施悦 15 g
26		己足 50 g＋又胜 20 g＋施悦 15 g＋蜻蜓飞来 10 g
27	全丰	麦甜 50 mL＋阿立卡 10 mL
28	自由鹰 1S	麦甜 50 mL＋阿立卡 10 mL＋GY－F1500 10 mL
29		稳腾 50 mL＋艾美乐 3 g
30		稳腾 50 mL＋艾美乐 3 g＋拜耳飞防专用助剂 1%

⑤ 小麦赤霉病防效调查：每小区对角线固定 5 点取样，每点查 10 丛，调查病穗率，根据病穗率对小麦赤霉病进行分级，始穗期进行调查。

赤霉病的分级方法：

0 级：病穗率为 0；

1 级：病穗率在 0.1%～10% 之间；

3 级：病穗率在 11%～20% 之间；

5 级：病穗率在 21%～30% 之间；

7 级：病穗率在 31%～40% 之间；

9 级：病穗率在 41% 以上。

药效计算方法如下：

$$病情指数 = \frac{\sum(各级病叶数 \times 相同级数值)}{调查总数 \times 9} \times 100$$

$$防治效果=\left(1-\frac{空白对照区病情指数\times 处理区药后病情指数}{空白对照区药后病情指数\times 处理区药前病情指数}\right)\times 100\%$$

观察药剂对作物有无药害，记录药害的类型和程度。此外，也要记录对作物有益的影响（如加速成熟、增加活力等）。

（3）试验结果。本试验中，所测得的结果受植保无人机种类、喷头类型、助剂类型、环境因素及试验操作等多种因素的影响，结果见表 5-15。

表 5-15 雾滴沉积测试结果

植保无人机	助剂	雾滴密度（个/cm²）	覆盖率（%）	沉积率（%）
极目 3WWDZ-10B	清水	32.3	0.8	66.1
	GY-F1500	48.5	1.4	74.5
	拜耳飞防专用助剂	32.9	1.3	67.7
	双俭	33.8	1.1	76.8
大疆 T16	清水	15.0	1.3	80.8
	全丰飞防专用助剂	8.4	1.3	64.4
	拜耳飞防专用助剂	26.7	2.8	45.8
	蜻蜓飞来	17.3	1.5	67.3
天途 M8A20A	清水	18.6	0.7	67.6
	蜻蜓飞来	26.7	1.9	32.4
	拜耳飞防专用助剂	36.3	2.5	55.6
	全丰飞防专用助剂	28.4	1.7	62.5
全丰自由鹰 1S	清水	8.9	2.3	47.3
	全丰飞防专用助剂	15.7	2.7	48.5
	双俭	26.9	3.0	44.3
	GY-F1500	18.8	3.6	32.9
龙智翔 ALPAS	清水	7.9	2.5	51.6
	蜻蜓飞来	9.9	2.8	67.6
	双俭	6.7	2.1	48.2
	GY-F1500	6.0	1.9	47.8

① 雾滴密度测试结果：图 5-38、图 5-39 为不同处理条件下雾滴在小麦冠层沉积密度情况。

对于 GY-F1500 助剂，应用极目 3WWDZ-10B、全丰自由鹰 1S 和龙智翔 ALPAS 植保无人机分别喷施清水和 GY-F1500 助剂水溶液，3 种机型喷雾后，

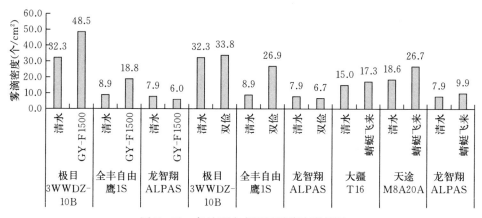

图 5-38 各处理小麦冠层雾滴密度情况

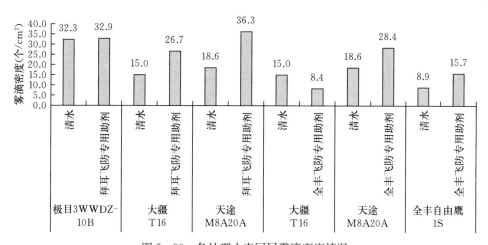

图 5-39 各处理小麦冠层雾滴密度情况

雾滴在小麦冠层的密度分别为 32.3 个/cm²、48.5 个/cm²，8.9 个/cm²、18.8 个/cm² 和 7.9 个/cm²、6.0 个/cm²；对于双俭助剂，应用极目 3WWDZ-10B、全丰自由鹰 1S 和龙智翔 ALPAS 植保无人机分别喷施清水和双俭助剂水溶液，3 种机型喷雾后，雾滴在小麦冠层的密度分别为 32.3 个/cm²、33.8 个/cm²，8.9 个/cm²、26.9 个/cm² 和 7.9 个/cm²、6.7 个/cm²；对于蜻蜓飞来助剂，应用大疆 T16、天途 M8A20A 和龙智翔 ALPAS 植保无人机分别喷施清水和蜻蜓飞来助剂水溶液，3 种机型喷雾后，雾滴在小麦冠层的密度分别为 15.0 个/cm²、17.3 个/cm²、18.6 个/cm²、26.7 个/cm² 和 7.9 个/cm²、9.9 个/cm²；对于拜耳飞防专用助剂，应用极目 3WWDZ-10B、大疆 T16 和天途 M8A20A 植保无人机分别喷施清水和拜耳飞防专用助剂水溶液，3 种机型喷雾后，雾滴在小麦冠层的密度分别为 32.3 个/cm²、32.9 个/cm²，15.0 个/cm² 和 26.7 个/cm² 和 18.6 个/cm²、36.3 个/cm²；对于全丰飞防专用助剂，应用大疆 T16、天途 M8A20A 和全丰自由鹰 1S 植保无人机分别喷施清水和全丰飞防专用助剂水溶液，3 种机型喷雾后，雾滴在小麦冠层的密度分别为 15.0 个/cm²、8.4 个/cm²，18.6 个/cm²、28.4 个/cm² 和 8.9 个/cm²、15.7 个/cm²。

以上结果显示，使用以上 5 种植保无人飞机进行低空低容量作业时，在药液中添加喷雾助剂蜻蜓飞来和拜耳飞防专用助剂提高了小麦植株冠层的雾滴密度，添加 GY-F1500、双俭和全丰飞防专用助剂，不同无人机喷雾处理，雾滴在小麦植株冠层的密度结果表现不一。

②雾滴覆盖率测试结果：图 5-40、图 5-41 为不同处理条件下雾滴在小麦冠层沉积覆盖率情况。

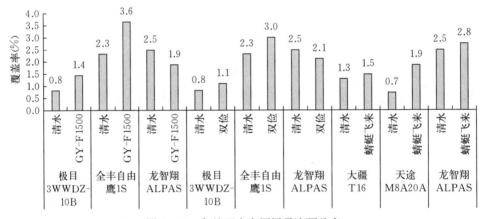

图 5-40 各处理小麦冠层雾滴覆盖率

对于 GY-F1500 助剂，应用极目 3WWDZ-10B、全丰自由鹰 1S 和龙智翔 ALPAS 植保无人机分别喷施清水和 GY-F1500 助剂水溶液，3 种机型喷雾后，雾滴在小麦冠层的覆盖率分别为 0.8%、1.4%，2.3%、3.6% 和 2.5%、1.9%；对于双俭助剂，应用极目 3WWDZ-10B、全丰自由鹰 1S 和龙智翔 ALPAS 植保无人机分别喷施清水和双俭助剂水溶液，3 种机型喷雾后，雾滴在小麦冠层的覆盖率分别为 0.8%、1.1%，2.3%、3.0% 和 2.5%、2.1%；对于蜻蜓飞来助剂，应用大疆 T16、天途 M8A20A 和龙智翔 ALPAS 植保无人机分别喷施清水和蜻蜓飞来助剂水溶液，3 种机型喷雾后，雾滴在小麦冠层的覆盖率分别为 1.3%、1.5%，0.7%、1.9% 和 2.5%、2.8%；对于拜耳飞防专用助剂，应用极目 3WWDZ-10B、大疆 T16 和天途 M8A20A 植保无人机分别喷施清水和拜耳飞防

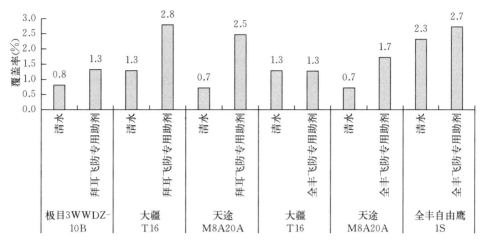

图 5 - 41　各处理小麦冠层雾滴覆盖率

专用助剂水溶液，3 种机型喷雾后，雾滴在小麦冠层的覆盖率分别为 0.8%、1.3%，1.3%、2.8% 和 0.7%、2.5%；对于全丰飞防专用助剂，应用大疆 T16、天途 M8A20A 和全丰自由鹰 1S 植保无人机分别喷施清水和全丰飞防专用助剂水溶液，3 种机型喷雾后，雾滴在小麦冠层的覆盖率分别为 1.3%、1.3%，0.7%、1.7% 和 2.3%、2.7%。

　　以上结果显示，使用以上 5 种植保无人飞机进行低空低容量作业时，在药液中添加喷雾助剂蜻蜓飞来、拜耳飞防专用助剂和全丰飞防专用助剂提高了小麦植株冠层的雾滴覆盖率，添加 GY - F1500 和双俭，不同无人机喷雾处理，雾滴在小麦植株冠层的覆盖率结果表现不一。

　　③ 雾滴有效沉积率测试结果：图 5 - 42、图 5 - 43 为不同处理条件下雾滴在小麦冠层的沉积率。

　　对于 GY - F1500 助剂，应用极目 3WWDZ - 10B、全丰自由鹰 1S 和龙智翔 ALPAS 植保无人机分别喷施清水和 GY - F1500 助剂水溶液，3 种机型喷雾后，雾滴在小麦冠层的沉积率分别为 66.1%、74.5%，47.3%、32.9 % 和 51.6%、47.8%；对于双俭助剂，应用极目 3WWDZ - 10B、全丰自由鹰 1S 和龙智翔 AL-PAS 植保无人机分别喷施清水和双俭助剂水溶液，3 种机型喷雾后，雾滴在小麦冠层的沉积率分别为 66.1%、76.8%，47.3%、44.3% 和 51.6%、48.2%；对于蜻蜓飞来助剂，应用大疆 T16、天途 M8A20A 和龙智翔 ALPAS 植保无人机分别喷施清水和蜻蜓飞来助剂水溶液，3 种机型喷雾后，雾滴在小麦冠层的沉积率分别为 80.8%、67.3%，67.6%、32.4% 和 51.6%、67.6%；对于拜耳飞防

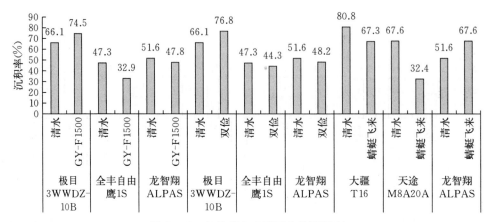

图 5 - 42 各处理小麦冠层有效沉积率

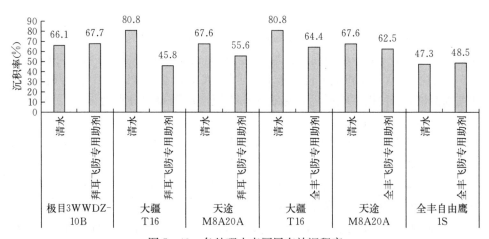

图 5 - 43 各处理小麦冠层有效沉积率

专用助剂，应用极目 3WWDZ - 10B、大疆 T16 和天途 M8A20A 植保无人机分别喷施清水和拜耳飞防专用助剂水溶液，3 种机型喷雾后，雾滴在小麦冠层的沉积率分别为 66.1％、67.7％、80.8％、45.8％和 67.6％、55.6％；对于全丰飞防专用助剂，应用大疆 T16、天途 M8A20A 和全丰自由鹰 1S 植保无人机分别喷施清水和全丰飞防专用助剂水溶液，3 种机型喷雾后，雾滴在小麦冠层的沉积率分别为 80.8％、64.4％，67.6％、62.5％和 47.3％、48.5％。

以上结果显示，使用以上 5 种植保无人飞机进行低空低容量作业时，在药液中添加喷雾助剂 GY - F1500、双佥、蜻蜓飞来、拜耳飞防专用助剂和全丰飞防专用助剂不同无人机喷雾处理，雾滴在小麦植株冠层的雾滴沉积率结果表现不一。

④ 小麦赤霉病防效调查结果：试验期间，除小麦赤霉病轻度发生外，各试验处理小麦赤霉病防治效果见表5-16。

表5-16　各试验处理小麦赤霉病的防治效果

处理	病情指数	防治效果（%）	处理	病情指数	防治效果（%）
对照	2.17	/	16	0.57	73.73
1	0.30	86.18	17	0	100.00
2	0.21	90.32	18	0.20	90.78
3	0.44	79.72	19	0.29	86.64
4	0.32	85.25	20	0.37	82.95
5	0.39	82.03	21	0.17	92.17
6	0.33	84.79	22	0.31	85.71
7	0.51	76.50	23	0.40	81.57
8	0.06	97.24	24	0.29	86.64
9	0	100.00	25	0.14	93.55
10	0.11	94.93	26	0.17	92.17
11	0.03	98.62	27	0.34	84.33
12	0	100.00	28	0.37	82.95
13	0.49	77.42	29	0.49	77.42
14	0.53	75.58	30	0.31	85.71
15	0.62	71.43			

由表5-16可以看出，空白对照区小麦赤霉病轻度发生，病情指数为2.17，各药剂处理区病情指数最大为0.62，最小为0，小麦赤霉病防治效果在71.43%～100.00%之间，各药剂处理区两次施药对小麦赤霉病起到了良好的防控作用，基本达到了防控指标。第一次施药后至小麦收获，各试验小区均无药害发生。

（4）小结。使用以上5种植保无人飞机进行低空低容量作业时，在雾滴密度方面，在药液中添加喷雾助剂蜻蜓飞来和拜耳飞防专用助剂提高了小麦植株冠层的雾滴密度，添加GY-F1500、双偸和全丰飞防专用助剂，不同无人机喷雾处理，雾滴在小麦植株冠层的密度结果表现不一；在雾滴覆盖率方面，在药液中添加喷雾助剂蜻蜓飞来、拜耳飞防专用助剂和全丰飞防专用助剂提高了小麦植株冠层的雾滴覆盖率，添加 GY - F1500 和双俭，不同无人机喷雾处理，雾滴在小麦植株冠层的覆盖率结果表现不一；在沉积率方面，在药液中添加喷雾助剂 GY - F1500、双俭、蜻蜓飞来、拜耳飞防专用助剂和全丰飞防专用助剂，不同无人机喷雾处理，雾滴在小麦植株冠层的沉积率结果表现不一。

本次试验田块，除小麦赤霉病轻度发生之外，其他小麦病虫害（蚜虫、白粉病等）均未发生。空白对照区小麦赤霉病病情指数为 2.17，各药剂处理区小麦赤霉病防治效果在 71.43%～100.00%之间，基本达到了防控指标。试验区小麦赤霉病的防治效果与多种因素有关：植保无人机类型、风场、喷雾系统、药剂、喷雾助剂、环境因素等，不同组合处理会产生不同的影响。飞防施药对小麦病虫害的防治及产量有何影响，添加飞防助剂能否提高对小麦病虫害的防治效果及产量等还需进一步研究。

（二）水稻田植保作业实例

1. 稻飞虱田间作业效果

2019 年 5 月 10 日，在广东省江门市台山市冲蒌镇竹洛村开展植保无人机水稻田间作业效果评价试验。通过航空植保无人飞机喷施飞防药剂和助剂，验证不同配方航空植保专用药剂、助剂对水稻病虫害的田间防治效果，以筛选出合适的植保无人机施药参数和有效的药剂、助剂配方，为水稻病虫害的防治提供技术支持。

（1）试验设备材料。

① 参试植保无人机：

自由鹰 1S，由安阳全丰航空植保科技股份有限公司生产提供；

M45，由深圳高科新农技术有限公司生产提供；

3WWDZ - 10B，由苏州极目机器人科技有限公司生产提供。

参试植保无人机参数见表 5 - 17。

表 5 - 17　植保无人机参数

型号	动力	旋翼类型	喷头个数	喷头型号	喷头类型	喷幅（m）
自由鹰 1S	电动	四轴四旋翼	4	LU - 015	压力式	3.5
M45	电动	三轴六旋翼	4	110015VS	压力式	6
3WWDZ - 10B	电动	四轴四旋翼	4	EACF - 100	离心式	3

② 试验药剂：

爱苗（30%苯醚甲环唑·丙环唑乳油）、顶峰（50%吡蚜酮水分散粒剂）、福戈（40%氯虫·噻虫嗪水分散粒剂），由先正达（中国）投资有限公司提供；

20％呋虫胺悬浮剂、325 g/L 苯甲·嘧菌酯悬浮剂、80％烯啶·吡蚜酮水分散粒剂、5％阿维菌素乳油，由全丰生物科技有限公司提供；

康宽（20％氯虫苯甲酰胺悬浮剂）、爽美（40％咪铜·氟环唑悬浮剂）、佰靓珑（10％三氟苯嘧啶悬浮剂）、金点子（70％吡虫啉水分散粒剂），由富美实（中国）投资有限公司提供；

沃多农（10％溴氰虫酰胺悬乳剂）、颖润（40％嘧菌·戊唑醇悬浮剂）、加收米（2％春雷霉素水剂）、彩隆（2％春雷霉素水剂），由江门市植保有限公司提供。

③ 试验助剂：全丰飞防专用助剂，由安阳全丰生物科技有限公司提供。

（2）试验设计与方法。

① 雾滴沉积测定处理设计：试验水稻品种为金香油，试验地点在广东省江门市台山市冲蒌镇竹洛村，地块平坦，田间土壤一致，水稻长势均匀，土壤肥力、栽培及施肥管理水平一致，符合当地的农业生产实际。在水稻冠层布置雾滴测试卡，用不同的植保无人机分别喷施清水和添加助剂的水溶液，测试不同机型的雾滴沉积情况，雾滴沉积测试处理见表 5-18，小区内雾滴测试卡布 3 排，测试时各植保无人机飞行高度在 1.5～2 m 之间，飞行速度在 3～5 m/s 之间。

表 5-18　雾滴沉积测试处理

处理	植保无人机	每 667 m² 喷洒溶液（1.5 L）
1	高科 M45	清水
2		1％ 全丰飞防专用助剂水溶液
3	全丰自由鹰 1S	清水
4		1％ 全丰飞防专用助剂水溶液
5	极目 3WWDZ-10B	清水
6		1％ 全丰飞防专用助剂水溶液

② 雾滴密度及覆盖率的测定：利用测试架和 Kromekote 纸测量雾滴在水稻冠层的密度和覆盖率情况。喷雾时，在药液中添加诱惑红作为指示剂。待喷雾结束后，收集 Kromekote 纸，并用 DepositScan 软件与扫描仪联用测定雾滴密度、雾滴覆盖率，每处理重复 3 次。

③ 试验处理方案：试验共设 16 个处理，15 个无人机药剂处理，1 个空白对照。每个药剂处理小区面积约为 3 335 m²，不设重复，空白对照不施药。施药时各植保无人机飞行高度在 1.5～2 m 之间，飞行速度在 3～5 m/s 之间，第一次施药时每 667 m² 喷液量为 1 L，第二次施药时每 667 m² 喷液量为 1.5 L。试验处理

设计及用药方案见表 5-19 和表 5-20。试验分别于 2019 年 5 月 10 日、6 月 10 日施药两次。

表 5-19　第一次施药处理方案

处理	植保无人机	第一次用药方案（5 月 10 日）
对照	/	/
1		呋虫胺 30 g＋苯甲·嘧菌酯 40 g
2		呋虫胺 30 g＋苯甲·嘧菌酯 40 g＋全丰飞防专用助剂 1%
3	高科 M45	爱苗 20 mL＋顶峰 10 g＋福戈 8 g
4		康宽 10 mL＋爽美 100 mL＋佰靓珑 16 mL
5		沃多农 60 mL＋颖润 20 g＋加收米 80 g
6		呋虫胺 30 g＋苯甲·嘧菌酯 40 g
7		呋虫胺 30 g＋苯甲·嘧菌酯 40 g＋全丰飞防专用助剂 1%
8	全丰自由鹰 1S	爱苗 20 mL＋顶峰 10 g＋福戈 8 g
9		康宽 10 mL＋爽美 100 mL＋佰靓珑 16 mL
10		沃多农 60 mL＋颖润 20 g＋加收米 80 g
11		呋虫胺 30 g＋苯甲·嘧菌酯 40 g
12		呋虫胺 30 g＋苯甲·嘧菌酯 40 g＋全丰飞防专用助剂 1%
13	极目 3WWDZ-10B	爱苗 20 mL＋顶峰 10 g＋福戈 8 g
14		康宽 10 mL＋爽美 100 mL＋佰靓珑 16 mL
15		沃多农 60 mL＋颖润 20 g＋加收米 80 g

④ 稻飞虱调查：每小区调查 5 点，每点 4 丛，摇动或拍打稻丛，统计稻丛间水面漂浮的飞虱数。两次施药前均调查虫口基数，第一次药后 1 d、7 d 和第二次药后 7 d 调查结果，计算减退率。

$$虫口减退率 = \frac{药前虫数 - 药后虫数}{药前虫数} \times 100\%$$

$$防治效果 = \left(1 - \frac{空白对照区药前活虫数 \times 处理区药后活虫数}{空白对照区药后活虫数 \times 处理区药前活虫数}\right) \times 100\%$$

在调查时还需作水稻安全性调查，即观察药剂对作物有无药害，记录药害的类型和程度。此外，也要记录对作物有益的影响（如加速成熟、增加活力等）。

⑤ 水稻产量调查：在试验小区内随机选取 5 点，每点取 1 m² 的水稻测量湿谷重量，计算出亩产湿谷重量，然后按照 80% 水分折成干谷重量。

（3）试验结果。

① 雾滴密度及覆盖率测定结果：水稻冠层雾滴密度及覆盖率情况见表 5-21。

表 5-20 第二次施药处理方案

处理	植保无人机	第二次用药方案（6 月 10 日）
对照	/	/
1		烯啶·吡蚜酮 10 g＋苯甲·嘧菌酯 50 mL＋阿维菌素 100 mL
2		烯啶·吡蚜酮 10 g＋苯甲·嘧菌酯 50 mL＋阿维菌素 100 mL＋全丰飞防专用助剂 1%
3	高科 M45	爱苗 20 mL＋顶峰 10 g＋福戈 8 g
4		康宽 10 mL＋爽美 100 mL＋金点子 17 g
5		沃多农 60 mL＋颖润 40 mL＋彩隆 100 mL
6		烯啶·吡蚜酮 10 g＋苯甲·嘧菌酯 50 mL＋阿维菌素 100 mL
7		烯啶·吡蚜酮 10 g＋苯甲·嘧菌酯 50 mL＋阿维菌素 100 mL＋全丰飞防专用助剂 1%
8	全丰自由鹰 1S	爱苗 20 mL＋顶峰 10 g＋福戈 8 g
9		康宽 10 mL＋爽美 100 mL＋金点子 17 g
10		沃多农 60 mL＋颖润 40 mL＋彩隆 100 mL
11		烯啶·吡蚜酮 10 g＋苯甲·嘧菌酯 50 mL＋阿维菌素 100 mL
12		烯啶·吡蚜酮 10 g＋苯甲·嘧菌酯 50 mL＋阿维菌素 100 mL＋全丰飞防专用助剂 1%
13	极目 3WWDZ-10B	爱苗 20 mL＋顶峰 10 g＋福戈 8 g
14		康宽 10 mL＋爽美 100 mL＋金点子 17 g
15		沃多农 60 mL＋颖润 40 mL＋彩隆 100 mL

表 5-21 水稻冠层雾滴沉积结果

植保无人机	助剂	覆盖率（%）	雾滴密度（个/cm²）
高科 M45	清水	3.14	27.24
	全丰飞防专用助剂	4.36	23.26
全丰自由鹰 1S	清水	4.31	31.44
	全丰飞防专用助剂	4.86	24.27
极目 3WWDZ-10B	清水	8.20	195.87
	全丰飞防专用助剂	9.86	179.56

高科 M45 植保无人机在同一飞行参数条件下喷施清水、全丰飞防专用助剂水溶液在水稻冠层的雾滴密度分别为 27.24 个/cm²、23.26 个/cm²，覆盖率分别为 3.14%、4.36%；全丰自由鹰 1S 植保无人机在同一飞行参数条件下喷施清水、全丰飞防专用助剂水溶液在水稻冠层的雾滴密度分别为 31.44 个/cm²、24.27 个/cm²，覆盖率分别为 4.31%、4.86%；极目 3WWDZ-10B 植保无人机

在同一飞行参数条件下喷施清水、全丰飞防专用助剂水溶液在水稻冠层的雾滴密度分别为 195.87 个/cm²、179.56 个/cm²，覆盖率分别为 8.20%、9.86%。

以上 3 种植保无人机喷施添加全丰飞防专用助剂的水溶液较喷施清水的雾滴密度低，覆盖率高，这是因为添加全丰飞防专用助剂可以促进雾滴沉降，提高了雾滴覆盖率，而雾滴快速润湿铺展开，使得多个较小的雾滴连成一个大雾滴，导致得到的雾滴密度数值偏低。

② 稻飞虱防效及水稻产量调查结果：第一次药后 1 d 和 7 d 各试验处理稻飞虱的防治效果见表 5 - 22，第二次药后 7 d 各试验处理稻飞虱防治效果及收获时的产量见表 5 - 23。

表 5 - 22　第一次药后 1 d 和 7 d 各试验处理稻飞虱防治效果

处理	药前虫口基数	第一次药后 1 d		第一次药后 7 d	
		虫口减退率（%）	防效（%）	虫口减退率（%）	防效（%）
对照	697	63.56	/	70.54	/
1	326	81.00	47.86	97.49	91.87
2	271	80.81	47.35	97.18	90.85
3	274	83.68	55.23	98.78	96.06
4	356	82.04	50.71	98.13	93.93
5	434	92.40	79.15	95.86	86.57
6	469	92.32	78.94	99.00	96.77
7	489	93.24	81.46	99.55	98.53
8	563	94.50	84.91	99.54	98.51
9	412	96.29	89.82	97.65	92.38
10	551	93.69	82.70	97.28	91.18
11	436	95.97	88.95	99.31	97.77
12	443	96.23	89.67	100.00	100.00
13	337	94.22	84.15	100.00	100.00
14	475	95.57	87.85	99.70	99.03
15	442	95.59	87.89	97.89	93.15

由表 5 - 22 和表 5 - 23 可以看出，第一次施药时，稻飞虱严重发生，药后 1 d，处理 1~4 稻飞虱防治效果不明显，处理 5~15 稻飞虱防效基本在 80% 以上；第一次药后 7 d，除处理 5 防效稍低，为 86.57% 之外，其他各药剂处理区稻飞虱防效均在 90%~100% 之间；第二次施药时，稻飞虱轻度发生，药后 7 d，各药剂处理区稻飞虱防效均在 80% 以上。两次施药对稻飞虱的防治均达到了防

治指标。

表 5 - 23　第二次药后 7 d 各试验处理稻飞虱防治效果及水稻产量

处理	第二次药前虫口基数	第二次药后 7 d		每 667 m² 干谷产量（kg）	增产率（%）
		虫口减退率（%）	防效（%）		
对照	149	−43.19	/	252	/
1	37	78.62	85.04	327	29.81
2	113	71.76	80.25	298	18.39
3	73	80.75	86.53	270	6.97
4	13	84.38	89.07	287	13.82
5	71	85.98	90.19	292	15.72
6	84	79.69	85.79	297	18.01
7	80	80.00	86.01	260	3.16
8	70	91.47	94.04	282	11.92
9	53	88.57	92.01	301	19.53
10	46	89.13	92.40	277	10.01
11	38	76.18	83.33	265	5.06
12	42	73.85	81.71	272	8.11
13	28	71.43	80.01	264	4.68
14	32	93.75	95.63	259	2.78
15	37	83.85	88.70	307	21.81

　　水稻收获时，各药剂处理区均表现出了不同程度的增产，增产率在 2.78%～29.81%之间。作物安全性调查结果显示，从第一次施药后至水稻收获，各试验小区均无药害发生。

　　（4）小结。使用以上 3 种植保无人飞机进行低空低容量作业时，在药液中添加全丰飞防专用助剂降低了雾滴在水稻植株冠层的雾滴密度，提高了雾滴覆盖率。本试验中，雾滴在水稻冠层的雾滴密度、覆盖率受植保无人机种类、喷头类型、助剂类型、环境因素及试验操作等多种因素的影响，是多种因素相互作用的结果。

　　本次水稻飞防试验，第一次施药时，稻飞虱严重发生，药后 7 d，各药剂处理区稻飞虱防效基本在 90%～100%之间；第二次施药时，稻飞虱轻度发生，药后 7 d，各药剂处理区稻飞虱防效均在 80%以上。两次施药对稻飞虱的防治均达到了较好的防治指标，且收获时各药剂处理区均表现出了不同程度的增产，增产率在 2.78%～29.81%之间。整个试验过程中各处理区未见水稻药害现象发生。

2. 水稻纹枯病及稻瘟病田间作业效果

2019 年 7 月 3 日和 8 月 5 日，在吉林省德惠市朝阳乡朝阳村开展植保无人机水稻田间作业效果评价试验。通过航空植保无人机喷施飞防药剂、助剂，验证不同配方航空植保专用药剂、助剂对水稻病虫害的田间防治效果，以筛选出合适的植保无人机施药参数和有效的药剂、助剂配方，为水稻病虫害的防治提供技术支持。试验水稻品种为通育 306，施药用以防治水稻纹枯病、穗颈瘟。

（1）试验设备材料。

① 参试植保无人机：

自由鹰 1S，由安阳全丰航空植保科技股份有限公司生产提供；

金星二号，由无锡汉和航空技术有限公司生产提供。

参试植保无人机基本参数见表 5 - 24。

表 5 - 24　植保无人机参数

型号	动力	旋翼类型	喷头个数	喷头型号	喷头类型	喷幅（m）
自由鹰 1S	电动	四轴四旋翼	4	LU - 015	压力式	3.5
金星二号	电动	四轴四旋翼	4	XR110025	压力式	5

② 试验药剂：

禾媄（250 g/L 嘧菌酯悬浮剂）、护净（20％噻虫胺悬浮剂）、锐奇（15％甲维·茚虫威悬浮剂）、炼绝（5％阿维菌素乳油），由河北威远生物化工有限公司提供；

加收米（2％春雷霉素水剂）、颖润（40％嘧菌·戊唑醇悬浮剂）、沃多农（10％溴氰虫酰胺悬浮剂），由江门市植保有限公司提供；

稳腾（30％肟菌·戊唑醇悬浮剂）、优福宽（35％氯虫苯甲酰胺水分散粒剂），由拜耳作物科学（中国）投资有限公司提供；

稻清（9％吡唑醚菌酯微囊悬浮剂），由巴斯夫（中国）有限公司提供。

③ 试验助剂：全丰飞防专用助剂，由安阳全丰生物科技有限公司提供。

（2）试验设计与方法。

① 雾滴沉积测试处理设计：在水稻冠层布置雾滴测试卡，用不同的植保无人机分别喷施清水和添加助剂的水溶液，测试不同机型的雾滴沉积情况，雾滴沉积测试处理见表 5 - 25，小区内雾滴测试卡布 3 排，测试时各植保无人机飞行高度在 1.5～2 m 之间，飞行速度在 3～5 m/s 之间。

② 雾滴密度的测定：利用测试架和 Kromekote 纸测量雾滴在受试作物植株冠层的雾滴密度情况。喷雾时，在药液中添加诱惑红作为指示剂。待喷雾结束后，收集 Kromekote 纸，并用 DepositScan 软件与扫描仪联用测定雾滴密度及雾

滴粒径,每处理重复 2 次。

表 5 - 25　雾滴沉积测试处理

处理	植保无人机	7 月 3 日,每 667 m² 喷洒 1.5 L	8 月 5 日,每 667 m² 喷洒 2 L
1	全丰自由鹰 1S	清水	清水
2		全丰飞防专用助剂水溶液 5 g	全丰飞防专用助剂水溶液 5 g
3	汉和金星二号	清水	清水
4		全丰飞防专用助剂水溶液 5 g	全丰飞防专用助剂水溶液 5 g

③ 雾滴有效沉积率测定:本次测试采用流失法间接测定不同处理条件下药液在水稻苗上的沉积率。试验开始前,将定量的诱惑红指示剂配成母液,母液浓度为 5%。利用测试杆和万向夹将滤纸片水平固定于距水面约 10 cm 处,用以测定药液在地面的流失情况。

在田间小区试验结束 10 min 后,收集各点的滤纸于自封袋内,于实验室内对滤纸进行洗涤并利用 Flexstation3 多功能酶标仪测定洗涤液在波长为 514 nm 处的吸光度值(A)。

根据预先测定的诱惑红的质量浓度与吸光值的标准曲线,计算洗涤液中诱惑红的质量浓度,继而计算每点的诱惑红总沉积量以及单位面积内诱惑红的沉积量,通过计算单位面积的施药液量乘以试验小区面积即可得到试验小区的药液理论流失量,进而计算出水稻田喷雾雾滴的流失率,最终计算出药液的沉积率(在不考虑其他因素条件下)。

④ 试验处理方案:试验分别于 2019 年 7 月 3 日、8 月 5 日共施药 2 次。试验共设 9 个处理,8 个无人机药剂处理,1 个空白对照。每个药剂处理小区面积约为 3 335 m²,不设重复,空白对照不施药。试验处理设计见表 5 - 26 和表 5 - 27。

表 5 - 26　第一次施药处理方案

处理	植保无人机	第一次用药方案(7 月 3 日)
对照	/	/
1	汉和金星二号	沃多农 20 mL+禾媄 30 mL+全丰飞防专用助剂 5 g
2		稳腾 50 mL+优福宽 6 g+全丰飞防专用助剂 5 g
3		炼绝 30 mL+禾媄 30 mL+护净 30 mL+锐奇 30 mL+全丰飞防专用助剂 5 g
4		稻清 60 mL+优福宽 6 g+全丰飞防专用助剂 5 g
5	全丰自由鹰 1S	沃多农 20 mL+禾媄 30 mL+全丰飞防专用助剂 5 g
6		稳腾 50 mL+优福宽 6 g+全丰飞防专用助剂 5 g
7		炼绝 30 mL+禾媄 30 mL+护净 30 mL+锐奇 30 mL+全丰飞防专用助剂 5 g
8		稻清 60 mL+优福宽 6 g+全丰飞防专用助剂 5 g

施药时各植保无人机飞行高度在 1.5～2 m 之间，飞行速度在 3～5 m/s 之间，第一次施药时每 667 m² 喷液量为 1.5 L，第二次施药时每 667 m² 喷液量为 2 L。

表 5 - 27　第二次施药处理方案

处理	植保无人机	第二次用药方案（8月5日）
对照	/	/
1		沃多农 20 mL＋加收米 100 mL＋颖润 20 mL＋全丰飞防专用助剂 5 g
2	汉和	稳腾 50 mL＋优福宽 6 g＋全丰飞防专用助剂 5 g
3	金星二号	炼绝 30 mL＋禾媄 30 mL＋护净 30 mL＋锐奇 30 mL＋全丰飞防专用助剂 5 g
4		稻清 60 mL＋全丰飞防专用助剂 5 g
5		沃多农 20 mL＋加收米 100 mL＋颖润 20 mL＋全丰飞防专用助剂 5 g
6	全丰	稳腾 50 mL＋优福宽 6 g＋全丰飞防专用助剂 5 g
7	自由鹰 1S	炼绝 30 mL＋禾媄 30 mL＋护净 30 mL＋锐奇 30 mL＋全丰飞防专用助剂 5 g
8		稻清 60 mL＋全丰飞防专用助剂 5 g

⑤ 水稻纹枯病调查：根据水稻叶鞘和叶片症状程度分级，以株为单位，每小区 3 点取样，每点调查相连 10 丛，共 30 丛，记录总株数、病株数和病级数。调查时间为 8 月 30 日。

0 级：全株无病；

1 级：第四叶片及其以下各叶鞘、叶片发病（剑叶为第一片叶）；

3 级：第三叶片及其以下各叶鞘、叶片发病；

5 级：第二叶片及其以下各叶鞘、叶片发病；

7 级：剑叶叶片及其以下各叶鞘、叶片发病；

9 级：全株发病，提早枯死。

$$病情指数 = \frac{\sum（各级病叶数 \times 相同级数值）}{调查总数 \times 9} \times 100$$

$$防治效果 = \frac{空白对照区病情指数 - 处理区病情指数}{空白对照区病情指数} \times 100\%$$

⑥ 稻瘟病调查：每小区 3 点取样，每点取 10 株，每株调查旗叶及旗叶以下两片叶。调查时间为 8 月 30 日。

0 级：无病；

1 级：每穗损失 5% 以下（个别枝梗发病）；

3 级：每穗损失 6%～20%（1/3 左右枝梗发病）；

5 级：每穗损失 21%～50%（穗颈或主轴发病，谷粒半瘪）；

7 级：每穗损失 51％～70％（穗颈发病，大部分瘪谷）；

9 级：每穗损失 71％～100％（穗颈发病，造成白穗）。

$$病情指数 = \frac{\sum（各级病叶数 \times 相同级数值）}{调查总数 \times 9} \times 100$$

$$防治效果 = \frac{空白对照区病情指数 - 处理区病情指数}{空白对照区病情指数} \times 100\%$$

⑦ 水稻产量调查：每小区 3 点调查，调查每点每平方米水稻穴数及每穴有效穗数，另每点取两穴水稻，数出两穴水稻穗数，并带回室内考种称量。通过以下公式计算出理论亩产量：

$$理论亩产（kg） = \frac{水稻总粒重}{水稻总穗数 \times 每平方米穴数 \times 每穴有效穗数 \times 666.67} \times 1\,000$$

（3）试验结果。

① 雾滴密度测定结果：图 5－44 为不同处理条件下雾滴在水稻冠层沉积密度情况。

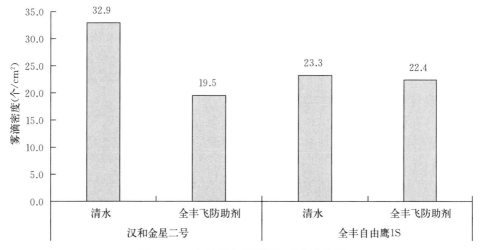

图 5－44　各处理水稻冠层雾滴密度情况

汉和金星二号植保无人机在同一飞行参数条件下喷施清水、全丰飞防专用助剂水溶液在水稻冠层的雾滴密度分别为 32.9 个/cm²、19.5 个/cm²；全丰自由鹰 1S 植保无人机在同一飞行参数条件下喷施清水、全丰飞防专用助剂水溶液在水稻冠层的雾滴密度分别为 23.3 个/cm²、22.4 个/cm²。

以上结果显示，使用汉和金星二号和全丰自由鹰 1S 植保无人机进行低空低容量作业时，在药液中添加全丰飞防专用助剂可降低水稻植株冠层的雾滴密度。

② 雾滴覆盖率测定结果：图 5 - 45 为不同处理条件下雾滴在水稻冠层沉积覆盖率情况。

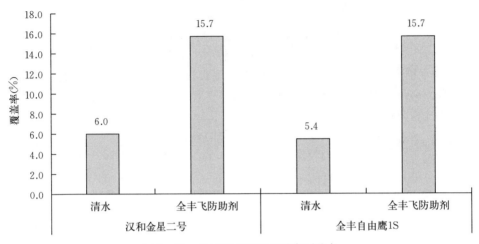

图 5 - 45   各处理水稻冠层雾滴覆盖率

汉和金星二号植保无人机在同一飞行参数条件下喷施清水、全丰飞防专用助剂水溶液在水稻冠层的雾滴覆盖率分别为 6.0%、15.7%；全丰自由鹰 1S 植保无人机在同一飞行参数条件下喷施清水、全丰飞防专用助剂水溶液在水稻冠层的雾滴覆盖率分别为 5.4%、15.7%。

以上结果显示，使用汉和金星二号和全丰自由鹰 1S 植保无人机进行低空低容量作业时，在药液中添加全丰飞防专用助剂可显著提高雾滴在水稻植株冠层的覆盖率。

③ 雾滴有效沉积率测定结果：图 5 - 46 为不同处理条件下雾滴在水稻冠层的沉积率。

汉和金星二号植保无人机在同一飞行参数条件下喷施清水、全丰飞防专用助剂水溶液在水稻冠层的雾滴沉积率分别为 64.8%、63.4%；全丰自由鹰 1S 植保无人机在同一飞行参数条件下喷施清水、全丰飞防专用助剂水溶液在水稻冠层的雾滴沉积率分别为 67.9%、42.1%。

以上结果显示，使用汉和金星二号和全丰自由鹰 1S 植保无人机进行低空低容量作业时，在药液中添加全丰飞防专用助剂降低了雾滴在水稻植株冠层的沉积率。

④ 防效调查结果：第二次药后 25 d，各试验处理水稻纹枯病的防治效果及产量结果见表 5 - 28。

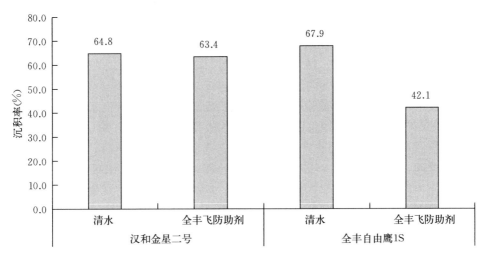

图 5 - 46　各处理水稻冠层有效沉积率

表 5 - 28　各试验处理水稻病虫害的防治效果及产量

处理	纹枯病		穗颈瘟		每 667 m² 产量（kg）	增产率（%）
	病指	防效（%）	病指	防效（%）		
对照	10.08	/	1.36	/	570	/
1	0.90	91.12	0.11	92.20	619	8.61
2	2.01	80.03	0.16	88.41	580	1.73
3	1.52	84.94	0.22	83.86	596	4.60
4	0.90	91.12	0.10	92.68	618	8.48
5	0.97	90.41	0.12	91.15	620	8.77
6	1.39	86.24	0.21	84.70	581	1.89
7	1.01	89.99	0.26	80.93	610	6.95
8	0.82	91.85	0.08	94.01	621	8.97

　　由表 5 - 28 可以看出，第二次药后 25 d，空白对照区水稻纹枯病发生严重，病情指数为 10.08，各药剂处理区防治效果在 80.03%～91.85% 之间；空白对照区穗颈瘟轻度发生，病情指数为 1.36，各药剂处理区防治效果在 80.93%～94.01% 之间；收获时，空白对照区每 667 m² 产量为 570 kg，药剂处理区每 667 m² 产量在 580～621 kg 之间，增产率高达 8.97%。各药剂处理区两次施药对水稻病虫害起到了良好的防控作用，且增产明显。第一次施药后至水稻收获，各试验小区均无药害发生。

（4）小结。使用以上 2 种植保无人机进行低空低容量作业时，在药液中添加全丰飞防专用助剂降低了雾滴在水稻植株冠层的雾滴密度和沉积率，提高了雾滴覆盖率。本试验中，雾滴在水稻冠层的密度、覆盖率、沉积率受植保无人机种类、喷头类型、助剂类型、环境因素及试验操作等多种因素的影响，是多种因素相互作用的结果。

本次水稻病虫害飞防试验，第二次药后 25 d，各药剂处理区水稻纹枯病防治效果在 80.03%～91.85%之间，穗颈瘟防治效果在 80.93%～94.01%之间。收获时，空白对照区每 667 m² 产量为 570 kg，药剂处理区每 667 m² 产量在 580～621 kg 之间，增产率高达 8.97%。各药剂处理区两次施药对水稻病虫害起到了良好的防控作用，增产明显，且在整个试验过程中未出现药害现象。

3. 水稻二化螟田间作业效果

2019 年 7 月 24 日，在黑龙江省绥化市北林区开展植保无人机水稻田间作业效果评价试验。通过航空植保无人机喷施飞防药剂、助剂，调查验证不同配方航空植保专用药剂、助剂对水稻二化螟的田间防治效果，以筛选出合适的植保无人机施药参数和有效的药剂、助剂配方，为水稻病虫害的防治提供技术支持。试验水稻品种为绥粳 18。

（1）试验设备材料。

① 参试植保无人机：

自由鹰 1S，由安阳全丰航空植保科技股份有限公司生产提供；

JR20，由北京韦加无人机科技股份有限公司生产提供；

EA-10M，由苏州极目机器人科技有限公司生产提供；

ALPAS 3WWDZ-10A，由昆山龙智翔智能科技有限公司生产提供。

参试植保无人机参数见表 5-29。

表 5-29　植保无人机参数

型号	动力	旋翼类型	喷头个数	喷头型号	喷头类型	喷幅（m）
自由鹰 1S	电动	四轴四旋翼	4	LU-015	压力式	3.5
ALPAS 3WWDZ-10A	电动	单轴双旋翼	4	XR8002VS	压力式	5
JR20	电动	四轴八旋翼	5	010	压力式	6
EA-10M	电动	四轴四旋翼	4	EACF-100	离心式	3

② 试验药剂：

益来妥（30%苯甲·丙环唑悬浮剂）、安锦翠（30%三环·己唑醇乳油）、谷菲扬（30%三环·己唑醇悬浮剂）、益施帮（含氨基酸水溶肥料），由先正达（中国）投资有限公司提供；

加收米（2％春雷霉素水剂）、颖润（40％嘧菌·戊唑醇悬浮剂）、沃多农（10％溴氰虫酰胺悬浮剂）、好施得（含氨基酸水溶肥料），由江门市植保有限公司提供；

多彩（325 g/L 苯甲·嘧菌酯悬浮剂）、禾媄（250 g/L 嘧菌酯悬浮剂）、扫酰（20％呋虫胺可溶粒剂）、晶彩（430 g/L 戊唑醇悬浮剂）、0.01％芸苔素内酯，由河北威远生物化工有限公司提供；

稳腾（30％肟菌·戊唑醇悬浮剂）、优福宽（35％氯虫苯甲酰胺水分散粒剂），由拜耳作物科学（中国）投资有限公司提供；

龙灯福连（30％戊唑·多菌灵悬浮剂）、稻津（70％甲硫·三环唑可湿性粉剂）、龙灯福朗（12％联苯·吡虫啉悬浮剂）、宝秀（叶面肥），由江苏龙灯化学有限公司提供。

③ 试验助剂：全丰飞防专用助剂，由安阳全丰生物科技有限公司提供。

（2）试验设计与方法。

① 雾滴沉积测试处理设计：在水稻冠层布置雾滴测试卡，用不同的植保无人机分别喷施清水和添加助剂的水溶液，测试不同机型的雾滴沉积情况，雾滴沉积测试处理见表 5 - 30，小区内共布雾滴测试卡两排，测试时各植保无人机飞行高度在 1.5～2 m 之间，飞行速度在 3～5 m/s 之间。

表 5 - 30　雾滴沉积测试处理

处理	植保无人机	每 667 m^2 喷洒溶液（1.5 L）
1	韦加 JR20	清水
2		全丰飞防专用助剂水溶液 5 g
3	极目 EA - 10M	清水
4		全丰飞防专用助剂水溶液 5 g
5	全丰自由鹰 1S	清水
6		全丰飞防专用助剂水溶液 5 g
7	龙智翔 ALPAS 3WWDZ - 10A	清水
8		全丰飞防专用助剂水溶液 5 g

② 雾滴密度测定：利用测试架和 Kromekote 纸测量雾滴在受试作物植株冠层的雾滴密度情况。喷雾时，在药液中添加诱惑红作为指示剂。待喷雾结束后，收集 Kromekote 纸，并用 DepositScan 软件与扫描仪联用测定雾滴密度及雾滴粒径，每处理重复 2 次。

③ 雾滴有效沉积率测定：本次测试采用流失法间接测定不同处理条件下药

液在水稻苗上的沉积率。试验开始前，将定量的诱惑红指示剂配成母液，母液浓度为5％。利用测试杆和万向夹将滤纸片水平固定于距水面约10 cm处，用以测定药液在地面的流失情况。

在田间小区试验结束10 min后，收集各点的滤纸于自封袋内，于实验室内对滤纸进行洗涤并利用Flexstation3多功能酶标仪测定洗涤液在波长为514 nm处的吸光度值（A）。

根据预先测定的诱惑红的质量浓度与吸光值的标准曲线，计算洗涤液中诱惑红的质量浓度，继而计算每点的诱惑红总沉积量以及单位面积内诱惑红的沉积量，通过计算单位面积的施药液量乘以试验小区面积即可得到试验小区的药液理论流失量，进而计算出水稻田喷雾雾滴的流失率，最终计算出药液的沉积率（在不考虑其他因素的条件下）。

④ 试验处理方案：试验共设21个处理，20个无人机药剂处理，1个空白对照。每个药剂处理小区面积约为3 335 m²，不设重复，空白对照不施药。试验处理设计见表5－31和表5－32。施药时各植保无人机飞行高度在1.5～2 m之间，飞行速度在3～5 m/s之间，第一次施药时每667 m²喷液量为1.5 L，第二次施药时每667 m²喷液量为2 L，全丰自由鹰1S、极目EA－10M、韦加JR20、龙智翔ALPAS 3WWDZ－10A的喷幅分别为3.5 m、3 m、4.5 m、5 m。试验分别于2019年7月24日、8月6日施药2次。

表5－31　第一次施药处理方案

处理	植保无人机	第一次用药方案（7月24日）
对照	/	/
1		多彩40 mL＋扫醋30 g＋芸苔素内酯10 mL
2		多彩40 mL＋扫醋30 g＋芸苔素内酯10 mL＋全丰飞防专用助剂5 g
3	龙智翔ALPAS	谷菲扬60 mL＋益施帮40 mL
4	3WWDZ－10A	谷菲扬60 mL＋益施帮40 mL＋全丰飞防专用助剂5 g
5		龙灯福连75 mL＋稻津40 g＋宝秀30 mL＋龙灯福朗30 mL
6		龙灯福连75 mL＋稻津40 g＋宝秀30 mL＋龙灯福朗30 mL＋全丰飞防专用助剂5 g
7		多彩40 mL＋扫醋30 g＋芸苔素内酯10 mL
8		多彩40 mL＋扫醋30 g＋芸苔素内酯10 mL＋全丰飞防专用助剂5 g
9	自由鹰1S	谷菲扬60 mL＋益施帮40 mL
10		谷菲扬60 mL＋益施帮40 mL＋全丰飞防专用助剂5 g
11		龙灯福连75 mL＋稻津40 g＋宝秀30 mL＋龙灯福朗30 mL
12		龙灯福连75 mL＋稻津40 g＋宝秀30 mL＋龙灯福朗30 mL＋全丰飞防专用助剂5 g

（续）

处理	植保无人机	第一次用药方案（7月24日）
13		加收米80 mL＋颖润20 mL＋沃多农40 mL＋好施得40 mL
14	极目EA-10M	加收米80 mL＋颖润20 mL＋沃多农40 mL＋好施得40 mL＋全丰飞防专用助剂5 g
15		稳腾50 mL＋优福宽6 g
16		稳腾50 mL＋优福宽6 g＋全丰飞防专用助剂5 g
17		加收米80 mL＋颖润20 mL＋沃多农40 mL＋好施得40 mL
18	韦加JR20	加收米80 mL＋颖润20 mL＋沃多农40 mL＋好施得40 mL＋全丰飞防专用助剂5 g
19		稳腾50 mL＋优福宽6 g
20		稳腾50 mL＋优福宽6 g＋全丰飞防专用助剂5 g

表5-32　第二次施药处理方案

处理	植保无人机	第二次用药方案（8月6日）
对照	/	/
1		禾媄40 mL＋晶彩30 mL＋扫醋30 g＋芸苔素内酯10 mL
2		禾媄40 mL＋晶彩30 mL＋扫醋30 g＋芸苔素内酯10 mL＋全丰飞防专用助剂5 g
3	龙智翔ALPAS	益来采20 mL＋安锦翠67 mL
4	3WWDZ-10A	益来采20 mL＋安锦翠67 mL＋全丰飞防专用助剂5 g
5		龙灯福连75 mL＋稻津40 g＋龙灯福朗30 mL＋宝秀30 g
6		龙灯福连75 mL＋稻津40 g＋龙灯福朗30 mL＋宝秀30 g＋全丰飞防专用助剂5 g
7		禾媄40 mL＋晶彩30 mL＋扫醋30 g＋芸苔素内酯10 mL
8		禾媄40 mL＋晶彩30 mL＋扫醋30 g＋芸苔素内酯10 mL＋全丰飞防专用助剂5 g
9	自由鹰1S	益来采20 mL＋安锦翠67 mL
10		益来采20 mL＋安锦翠67 mL＋全丰飞防专用助剂5 g
11		龙灯福连75 mL＋稻津40 g＋龙灯福朗30 mL＋宝秀30 g
12		龙灯福连75 mL＋稻津40 g＋龙灯福朗30 mL＋宝秀30 g＋全丰飞防专用助剂5 g
13		颖润20 mL＋加收米100 mL＋沃多农40 mL＋好施得40 mL
14	极目EA-10M	颖润20 mL＋加收米100 mL＋沃多农40 mL＋好施得40 mL＋全丰飞防专用助剂5 g
15		稳腾50 mL＋优福宽6 g
16		稳腾50 mL＋优福宽6 g＋全丰飞防专用助剂5 g
17		颖润20 mL＋加收米100 mL＋沃多农40 mL＋好施得40 mL
18	韦加JR20	颖润20 mL＋加收米100 mL＋沃多农40 mL＋好施得40 mL＋全丰飞防专用助剂5 g
19		稳腾50 mL＋优福宽6 g
20		稳腾50 mL＋优福宽6 g＋全丰飞防专用助剂5 g

⑤ 水稻二化螟调查：每小区 5 点取样，每点调查 25 丛，调查总株数及被害株数，计算被害率及防效。调查时间为 9 月 18 日。

⑥ 水稻产量调查：每小区随机取样 3 个点，每点取 1 m² 水稻，考种干燥称量 1 m² 穗粒数的质量，从而算出水稻理论亩产量。测产取样时间为 9 月 27 日。

（3）试验结果。

① 雾滴密度测定结果：图 5 - 47 为不同处理条件下雾滴在水稻冠层沉积密度情况。全丰自由鹰 1S 植保无人机在同一飞行参数条件下喷施清水、全丰飞防专用助剂水溶液在水稻冠层的雾滴密度分别为 45.0 个/cm²、9.0 个/cm²；龙智翔 ALPAS 3WWDZ - 10A 植保无人机在同一飞行参数条件下喷施清水、全丰飞防专用助剂水溶液在水稻冠层的雾滴密度分别为 18.0 个/cm²、6.3 个/cm²；极目 EA - 10M 植保无人机在同一飞行参数条件下喷施清水、全丰飞防专用助剂水溶液在水稻冠层的雾滴密度分别为 170.3 个/cm²、132.4 个/cm²；韦加 JF - 20R 植保无人机在同一飞行参数条件下喷施清水、全丰飞防专用助剂水溶液在水稻冠层的雾滴密度分别为 54.1 个/cm²、46.8 个/cm²。

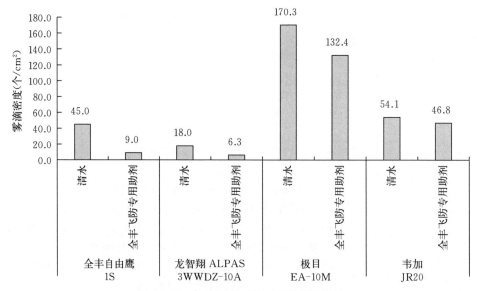

图 5 - 47　各处理水稻冠层雾滴密度情况

以上结果显示，使用以上 4 种植保无人机进行低空低容量作业时，在药液中添加全丰飞防专用助剂可显著降低水稻植株冠层的雾滴密度。

② 雾滴覆盖率测定结果：图 5 - 48 为不同处理条件下雾滴在水稻冠层沉积覆盖率情况。全丰自由鹰 1S 植保无人机在同一飞行参数条件下喷施清水、全丰

飞防专用助剂水溶液在水稻冠层的雾滴覆盖率分别为 6.1%、50.4%；龙智翔 ALPAS 3WWDZ-10A 植保无人机在同一飞行参数条件下喷施清水、全丰飞防专用助剂水溶液在水稻冠层的雾滴覆盖率分别为 4.8%、45.1%；极目 EA-10M 植保无人机在同一飞行参数条件下喷施清水、全丰飞防专用助剂水溶液在水稻冠层的雾滴覆盖率分别为 3.1%、20.0%；韦加 JF-20R 植保无人机在同一飞行参数条件下喷施清水、全丰飞防专用助剂水溶液在水稻冠层的雾滴覆盖率分别为 16.2%、37.0%。

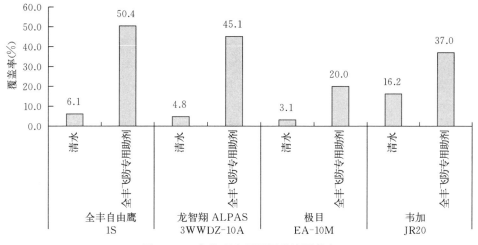

图 5-48　各处理水稻冠层雾滴覆盖率

　　以上结果显示，使用以上 4 种植保无人机进行低空低容量作业时，在药液中添加全丰飞防专用助剂可显著提高雾滴在水稻植株冠层的覆盖率。

　　③ 雾滴有效沉积率测定结果：图 5-49 为不同处理条件下雾滴在水稻冠层的沉积率。全丰自由鹰 1S 植保无人机在同一飞行参数条件下喷施清水、全丰飞防专用助剂水溶液在水稻冠层的雾滴沉积率分别为 42.5%、37.7%；龙智翔 ALPAS 3WWDZ-10A 植保无人机在同一飞行参数条件下喷施清水、全丰飞防专用助剂水溶液在水稻冠层的雾滴沉积率分别为 48.3%、47.3%；极目 EA-10M 植保无人机在同一飞行参数条件下喷施清水、全丰飞防专用助剂水溶液在水稻冠层的雾滴沉积率分别为 57.4%、44.5%；韦加 JF-20R 植保无人机在同一飞行参数条件下喷施清水、全丰飞防专用助剂水溶液在水稻冠层的雾滴沉积率分别为 54.0%、50.8%。

　　④ 二化螟防效及水稻产量：第二次药后 42 d，各试验处理水稻二化螟的防治效果及收获时的产量结果见表 5-33。

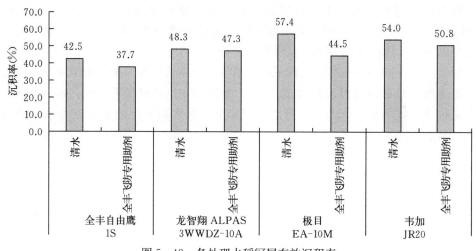

图 5-49 各处理水稻冠层有效沉积率

表 5-33 各试验处理水稻病虫害的防治效果及产量

处理	二化螟		每 667 m² 产量（kg）	增产率（%）
	被害率（%）	防效（%）		
对照	0.29	/	398	/
1	0.04	85.64	418	5.10
2	0.00	100.00	446	12.11
3	0.04	85.73	447	12.39
4	0.04	85.77	457	14.78
5	0.00	100.00	451	13.45
6	0.00	100.00	460	15.68
7	0.04	85.54	417	4.88
8	0.00	100.00	449	12.74
9	0.04	85.88	432	8.62
10	0.04	85.80	457	14.93
11	0.00	100.00	448	12.54
12	0.00	100.00	471	18.45
13	0.04	85.79	418	5.15
14	0.04	85.83	434	9.05
15	0.00	100.00	447	12.26
16	0.00	100.00	473	18.82
17	0.04	85.56	453	13.95
18	0.00	100.00	474	19.10
19	0.00	100.00	464	16.64
20	0.00	100.00	480	20.51

由表 5 - 33 可以看出：第二次药后 42 d，空白对照区二化螟较轻发生，各药剂处理区防治效果在 85.54%～100.00% 之间；收获时，空白对照区每 667 m² 产量为 398 kg，各药剂处理区每 667 m² 产量在 417～480 kg 之间，相比对照区均表现出了不同程度的增产，增产率高达 20.51%。各药剂处理区两次施药对水稻病虫害起到了良好的防控作用，且增产明显。

添加全丰飞防专用助剂处理区（偶数处理区）水稻二化螟防效总体高于或相当于未添加助剂处理区（奇数处理区）的防效，但处理区的产量明显高于未添加助剂处理区（奇数处理区）。

（4）小结。使用以上 4 种植保无人机进行低空低容量作业时，在药液中添加全丰飞防专用助剂可显著降低雾滴在水稻植株冠层的雾滴密度，提高雾滴覆盖率，降低雾滴沉积率。本试验中，雾滴在水稻冠层的雾滴密度、覆盖率、沉积率受植保无人机种类、喷头类型、助剂类型、环境因素及试验操作等多种因素的影响，是多种因素相互作用的结果。

本次水稻飞防试验，第二次药后 42 d，空白对照区二化螟较轻发生，空白对照区植株被害率为 0.29%，各药剂处理区防治效果在 85.54%～100.00% 之间；收获时，空白对照区每 667 m² 产量为 398 kg，各药剂处理区每 667 m² 产量在 417～480 kg 之间，增产率高达 20.51%。

添加全丰飞防专用助剂处理区（偶数处理区）水稻二化螟防效总体高于或相当于未添加助剂处理区（奇数处理区），但处理区的产量明显高于未添加助剂处理区（奇数处理区）。各药剂处理区两次施药对水稻病虫害起到了良好的防控作用，增产明显，且整个试验过程中各处理区未见水稻药害现象发生。

4. 稻纵卷叶螟田间作业效果

2019 年 8 月 17 日，在江西省信丰县古陂镇黎明村开展植保无人机水稻田间作业效果评价试验。通过航空植保无人机喷施飞防药剂、助剂，调查验证不同配方航空植保专用药剂、助剂对水稻稻纵卷叶螟田间防治效果，以筛选出合适的植保无人机施药参数和有效的药剂、助剂配方，为水稻病虫害的防治提供技术支持。试验水稻品种为美香占，防治对象为稻纵卷叶螟。

（1）试验设备材料。

① 参试植保无人机：

自由鹰 1S，由安阳全丰航空植保科技股份有限公司生产提供；

3WWDZ - 10B，由苏州极目机器人科技有限公司生产提供。

参试植保无人机具体参数见表 5 - 34。

表 5 - 34　植保无人机参数

型号	动力	旋翼类型	喷头个数	喷头型号	喷头类型	喷幅（m）
自由鹰 1S	电动	四轴四旋翼	4	LU - 015	压力式	3.5
3WWDZ - 10B	电动	四轴四旋翼	4	EACF - 100	离心式	3

② 试验药剂：炼绝（5％阿维菌素乳油）、禾媄（25％嘧菌酯悬浮剂）、护净（20％噻虫胺悬浮剂）、多彩（325 g/L 苯甲·嘧菌酯悬浮剂）、25％吡蚜酮悬浮剂、5％氯虫苯甲酰胺悬浮剂，由河北威远生物化工有限公司提供。

③ 试验助剂：全丰飞防专用助剂，由安阳全丰生物科技有限公司提供。

（2）试验设计与方法。

① 雾滴沉积测试处理设计：在水稻冠层布置雾滴测试卡，用不同的植保无人机分别喷施清水和添加助剂的水溶液，测试不同机型的雾滴沉积情况，雾滴沉积测试处理见表 5 - 35，测试时各植保无人机飞行高度在 1.5～2 m 之间，飞行速度在 3～5 m/s 之间。

表 5 - 35　雾滴沉积测试处理

处理	植保无人机	每 667 m² 喷洒溶液（2 L）
1	全丰自由鹰 1S	清水
2		全丰飞防专用助剂水溶液 5 g
3	极目 3WWDZ - 10B	清水
4		全丰飞防专用助剂水溶液 5 g

② 雾滴密度的测定：利用测试架和 Kromekote 纸测量雾滴在受试作物植株冠层的雾滴密度情况。喷雾时，在药液中添加诱惑红作为指示剂。待喷雾结束后，收集 Kromekote 纸，并用 DepositScan 软件与扫描仪联用测定雾滴密度及雾滴粒径，每处理重复 2 次。

③ 雾滴有效沉积率测定：本次测试采用流失法间接测定不同处理条件下药液在水稻苗上的沉积率。试验开始前，将定量的诱惑红指示剂配成母液，母液浓度为 5％。利用测试杆和万向夹将滤纸片水平固定于距水面约 10 cm 处，用以测定药液在地面的流失情况。

在田间小区试验结束 10 min 后，收集各点的滤纸于自封袋内，于实验室内对滤纸进行洗涤并利用 Flexstation3 多功能酶标仪测定洗涤液在波长为 514 nm 处的吸光度值（A）。

根据预先测定的诱惑红的质量浓度与吸光值的标准曲线，计算洗涤液中诱惑红的质量浓度，继而计算每点的诱惑红总沉积量以及单位面积内诱惑红的沉积量，通过计算单位面积的施药液量乘以试验小区面积即可得到试验小区的药液理论流失量，进而计算出水稻田喷雾雾滴的流失率，最终计算出药液的沉积率（在不考虑其他因素的条件下）。

④ 试验处理方案：试验共设 5 个处理，4 个无人机药剂处理，1 个空白对照。每个药剂处理小区面积约为 3 335 m²，不设重复，第一次施药时，所有处理（包含空白对照）进行了统一的施药，第二次施药时，未对空白对照施药。试验处理设计及用药方案见表 5 - 36 和表 5 - 37。施药时各植保无人机飞行高度在1.5～2 m 之间，飞行速度在 3～5 m/s 之间，第一次施药时每 667 m² 喷液量为1 L，第二次施药时每 667 m² 喷液量为 2 L，全丰自由鹰 1S、极目 3WWDZ - 10B 的喷幅分别为 3.5 m、3 m。试验分别于 2019 年 7 月 25 日和 8 月 17 日进行，共施药 2 次。

表 5 - 36　第一次施药处理方案

处理	植保无人机	第一次用药方案（7 月 25 日）
对照	/	炼绝 150 mL＋禾媄 30 mL＋护净 40 mL＋全丰飞防专用助剂 15 mL
1	全丰自由鹰 1S	炼绝 150 mL＋禾媄 30 mL＋护净 40 mL＋全丰飞防专用助剂 15 mL
2		炼绝 150 mL＋禾媄 30 mL＋护净 40 mL＋全丰飞防专用助剂 15 mL
3	极目 3WWDZ - 10B	炼绝 150 mL＋禾媄 30 mL＋护净 40 mL＋全丰飞防专用助剂 15 mL
4		炼绝 150 mL＋禾媄 30 mL＋护净 40 mL＋全丰飞防专用助剂 15 mL

表 5 - 37　第二次施药处理方案

处理	植保无人机	第二次用药方案（8 月 17 日）
对照	/	/
1	极目 3WWDZ - 10B	炼绝 200 mL＋5％氯虫苯甲酰胺 20 mL＋禾媄 50 mL＋25％吡蚜酮 40 mL＋全丰飞防专用助剂 15 mL
2		炼绝 200 mL＋5％氯虫苯甲酰胺 20 mL＋禾媄 50 mL＋25％吡蚜酮 40 mL＋全丰飞防专用助剂 15 mL
3	全丰自由鹰 1S	炼绝 200 mL＋5％氯虫苯甲酰胺 20 mL＋禾媄 50 mL＋25％吡蚜酮 40 mL＋全丰飞防专用助剂 15 mL
4		炼绝 200 mL＋5％氯虫苯甲酰胺 20 mL＋禾媄 50 mL＋25％吡蚜酮 40 mL＋全丰飞防专用助剂 15 mL

⑤ 稻纵卷叶螟调查：每小区 5 点取样，共查 25 丛稻，统计卷叶率，与对照区卷叶率比较，计算相对防效，同时调查卷叶内有虫率。第二次施药前调查虫口

基数，第二次药后 2 d、5 d、7 d 和 10 d 进行药效调查。

$$卷叶率 = \frac{调查卷叶数}{调查总叶数} \times 100\%$$

$$防治效果 = \frac{空白对照区药后卷叶率 - 药剂处理区药后卷叶率}{空白对照区药后卷叶率} \times 100\%$$

⑥ 水稻产量调查：在试验小区内随机选取一定面积的地块进行实收，计算出每 667 m² 湿谷重量，然后按照 80% 水分折成干谷重量。

（3）试验结果。

① 雾滴沉积测定结果：由于极目 3WWDZ-10B 植保无人机在测试时出现了故障，因而未采集到试验数据。全丰自由鹰 1S 植保无人机喷施清水和全丰飞防专用助剂水溶液在水稻冠层的雾滴沉积情况见表 5-38。

表 5-38　雾滴沉积测试结果

植保无人机	助剂	雾滴密度（个/cm²）	覆盖率（%）	利用率（%）
全丰自由鹰 1S	清水	40.0	6.2	76.1
	全丰飞防专用助剂	16.6	18.7	64.0

由表 5-38 可以看出，应用全丰自由鹰 1S 植保无人机分别喷施清水和全丰飞防专用助剂水溶液，在水稻冠层的雾滴密度分别为 40.0 个/cm²、16.6 个/cm²；雾滴覆盖率分别为 6.2%、18.7%；农药利用率分别为 76.1%、64.0%。在药液中添加全丰飞防专用助剂降低了雾滴在水稻冠层的密度，提高了雾滴覆盖率，降低了药液的利用率。

② 稻纵卷叶螟防治效果及水稻产量：第二次药前及药后 2 d、5 d、7 d 和 10 d，各试验处理稻纵卷叶螟的防治效果和收获时的水稻产量分别见表 5-39。

表 5-39　各试验处理稻纵卷叶螟防效/病株率及产量

处理	稻纵卷叶螟病株率（%）					每 667 m² 产量（kg）	增产率（%）
	药前	药后 2 d	药后 5 d	药后 7 d	药后 10 d		
对照	0.00	1.03	0.00	0.00	0.00	254	/
1	0.00	0.00	0.00	0.00	0.00	343	35.18
2	0.00	0.00	0.00	0.00	0.00	307	20.84
3	0.00	0.42	0.00	0.00	0.00	320	25.91
4	0.00	0.00	0.00	0.00	0.00	420	65.37

由表 5-39 可以看出，试验期间各试验处理稻纵卷叶螟均表现为极轻度发生，两次施药对稻纵卷叶螟起到了较好的防控效果。由表可以看出，收获时，对

照区每 667 m² 产量为 254 kg，处理 1～4 每 667 m² 产量在 307～420 kg 之间，处理 2 增产率最低，为 20.84％，处理 4 增产率最高，为 65.37％。第一次施药后至水稻收获各试验小区均无药害发生。

（4）小结。应用全丰自由鹰 1S 植保无人机分别喷施清水和全丰飞防专用助剂水溶液，在水稻冠层的雾滴密度分别为 40.0 个/cm²、16.6 个/cm²；雾滴覆盖率分别为 6.2％、18.7％；农药有效利用率分别为 76.1％、64.0％。在药液中添加全丰飞防专用助剂降低了雾滴在水稻冠层的密度，提高了雾滴覆盖率，降低了药液的有效利用率。这主要是因为添加全丰飞防专用助剂可以促进雾滴沉降，提高了雾滴覆盖率，而雾滴快速润湿铺展开，使得多个较小的雾滴连成一个大雾滴，导致得到的雾滴密度数值偏低。

第一次和第二次施药后，各试验处理对稻纵卷叶螟均起到了较好的防控作用，各处理虫害均表现出极轻度的发生；收获时，对照区每 667 m² 产量为254 kg，处理 1～4 每 667 m² 产量在 307～420 kg 之间，增产率在 20.84％～65.37％之间。

（三）玉米田植保作业实例
玉米病虫害田间作业效果

2019 年 7 月 9 日，在中国农业科学院新乡试验基地开展植保无人机玉米田间作业效果评价试验。通过航空植保无人机喷施飞防药剂、助剂，调查验证不同配方航空植保专用药剂、助剂对玉米病虫害的田间防治效果，以筛选出合适的植保无人机施药参数和有效的药剂、助剂配方，为玉米病虫害的防治提供技术支持。试验玉米品种为农大 372，防治对象为玉米黏虫、大斑病、小斑病。试验地地势平坦，田间土壤一致，玉米长势均匀，土壤肥力、栽培及施肥管理水平一致，符合当地的农业生产实际。

（1）试验设备材料。

① 参试植保无人机：

自由鹰 1S，由安阳全丰航空植保科技股份有限公司生产提供；

T16，由深圳市大疆创新科技有限公司生产提供；

金星二号，由无锡汉和航空技术有限公司生产提供；

M6EG200，由北方天途航空技术发展（北京）有限公司生产提供；

3WWDZ-10B，由苏州极目机器人科技有限公司生产提供。

各参试植保无人机参数见表 5-40。

② 试验药剂：

福戈（40％氯虫·噻虫嗪水分散粒剂）、扬彩（18.7％丙环·嘧菌酯悬浮剂）、谷菲扬（30％三环·己唑醇悬浮剂），由先正达（中国）投资有限公司提供；

表 5 - 40　植保无人机参数

型号	动力	旋翼类型	喷头个数	喷头型号	喷头类型	喷幅（m）
自由鹰 1S	电动	四轴四旋翼	4	LU - 015	压力式	3.5
M6EG200	电动	六轴六旋翼			压力式	4.5
T16	电动	六轴六旋翼	8	XR11001VS	压力式	5
金星二号	电动	四轴四旋翼	4	XR110025	压力式	5
3WWDZ - 10B	电动	四轴四旋翼	4	EACF - 100	离心式	3

龙灯福先安（10%氟苯虫酰胺悬浮剂）、龙灯麦丽（17%唑醚·氟环唑悬乳剂）、宝秀（叶面肥），由江苏龙灯化学有限公司提供；

康宽（200 g/L氯虫苯甲酰胺悬浮剂），由富美实（中国）投资有限公司提供。

③ 试验助剂：

全丰飞防专用助剂，由安阳全丰生物科技有限公司提供；

易滴滴，由迈图高新材料集团提供；

GY - F1500，由北京广源益农化学有限责任公司提供；

一满除，由重庆岭石农业科技有限公司提供。

（2）试验设计与方法。

① 雾滴沉积测试处理设计：在玉米冠层布置雾滴测试卡，用不同的植保无人机分别喷施清水和添加助剂的水溶液，测试不同机型的雾滴沉积情况，雾滴沉积测试处理见表 5 - 41，小区内雾滴测试卡布置 3 排，测试时各植保无人机飞行高度在 1.5～2 m 之间，飞行速度在 3～5 m/s 之间。

② 雾滴密度的测定：利用测试架和 Kromekote 纸测量雾滴在受试作物植株冠层的雾滴密度情况。喷雾时，在药液中添加诱惑红作为指示剂。待喷雾结束后，收集 Kromekote 纸，并用 DepositScan 软件与扫描仪联用测定雾滴密度及雾滴粒径，每处理重复 2 次。

③ 雾滴有效沉积率测定：本次测试采用流失法间接测定不同处理条件下药液在玉米苗上的沉积率。试验开始前，将定量的诱惑红指示剂配成母液，母液浓度为 5%。利用测试杆和万向夹将滤纸片水平固定于距地面约 10 cm 处，用以测定药液在地面的流失情况。

在田间小区试验结束 10 min 后，收集各点的滤纸于自封袋内，于实验室内对滤纸进行洗涤并利用 Flexstation3 多功能酶标仪测定洗涤液在波长为 514 nm 处的吸光度值（A）。

根据预先测定的诱惑红的质量浓度与吸光值的标准曲线，计算洗涤液中诱惑红的质量浓度，继而计算每点的诱惑红总沉积量以及单位面积内诱惑红的沉积量，通过计算单位面积的施药液量乘以试验小区面积即可得到试验小区的药液理论流失量，进而计算出玉米田喷雾雾滴的流失率，最终计算出药液的沉积率（在不考虑其他因素的条件下）。

表 5-41　雾滴沉积测试处理

处理	植保无人机	每 667 m² 喷洒溶液（1.2 L）
1		清水
2	汉和金星二号	1% GY-F1500 水溶液
3		1% 一满除水溶液
4		清水
5	天途 M6EG200	易滴滴水溶液 10 mL
6		1% 一满除水溶液
7		清水
8	大疆 T16	1% GY-F1500 水溶液
9		易滴滴水溶液 10 mL
10		清水
11	极目 3WWDZ-10B	易滴滴水溶液 10 mL
12		1% 全丰飞防专用助剂水溶液
13		清水
14	全丰自由鹰 1S	1% GY-F1500 水溶液
15		1% 全丰飞防专用助剂水溶液

④ 试验处理方案：试验共设 28 个处理，27 个无人机药剂处理，1 个空白对照。每个药剂处理小区面积约为 2 000 m²，不设重复，空白对照不施药。试验处理设计及用药方案见表 5-42。施药时各植保无人机飞行高度在 1.5～2 m 之间，飞行速度在 3～5 m/s 之间，施药时每 667 m² 喷液量为 1.2 L，全丰自由鹰 1S、极目 3WWDZ-10B、大疆 T16、汉和金星二号、天途 M6EG200 的喷幅分别为 3.5 m、3 m、5 m、5 m、4 m。试验于 2019 年 7 月 9 日施药 1 次。

⑤ 玉米大斑病、小斑病防治效果调查：每小区随机 5 点调查，每点取 5 株，调查全部叶片，按照以下分级方法，以叶片为单位进行调查。通常大斑病在喷药后两周调查，小斑病在喷药后 7～10 d 调查。玉米大斑病、小斑病的分级方法：

0 级：无病；

1 级：病斑面积占叶片面积的 5% 以下；

表 5-42　施药处理方案

处理	植保无人机	用药方案（7月9日）
对照	/	/
1		福戈 8 g＋扬彩 70 mL＋益施帮 50 mL
2	汉和金星二号	福戈 8 g＋扬彩 70 mL＋益施帮 50 mL＋GY-F1500 1%
3		福戈 8 g＋扬彩 70 mL＋益施帮 50 mL＋易滴滴 10 mL
4		福戈 8 g＋扬彩 70 mL＋益施帮 50 mL
5	大疆 T16	福戈 8 g＋扬彩 70 mL＋益施帮 50 mL＋GY-F1500 1%
6		福戈 8 g＋扬彩 70 mL＋益施帮 50 mL＋易滴滴 10 mL
7		福戈 8 g＋扬彩 70 mL＋益施帮 50 mL
8	全丰自由鹰 1S	福戈 8 g＋扬彩 70 mL＋益施帮 50 mL＋GY-F1500 1%
9		福戈 8 g＋扬彩 70 mL＋益施帮 50 mL＋易滴滴 10 mL
10		龙灯福先安 30 mL＋龙灯麦丽 50 mL＋宝秀 30 mL
11	天途 M6EG200	龙灯福先安 30 mL＋龙灯麦丽 50 mL＋宝秀 30 mL＋易滴滴 10 mL
12		龙灯福先安 30 mL＋龙灯麦丽 50 mL＋宝秀 30 mL＋全丰飞防专用助剂 1%
13		龙灯福先安 30 mL＋龙灯麦丽 50 mL＋宝秀 30 mL
14	极目 3WWDZ-10B	龙灯福先安 30 mL＋龙灯麦丽 50 mL＋宝秀 30 mL＋易滴滴 10 mL
15		龙灯福先安 30 mL＋龙灯麦丽 50 mL＋宝秀 30 mL＋全丰飞防专用助剂 1%
16		龙灯福先安 30 mL＋龙灯麦丽 50 mL＋宝秀 30 mL
17	全丰自由鹰 1S	龙灯福先安 30 mL＋龙灯麦丽 50 mL＋宝秀 30 mL＋易滴滴 10 mL
18		龙灯福先安 30 mL＋龙灯麦丽 50 mL＋宝秀 30 mL＋全丰飞防专用助剂 1%
19		康宽 10 mL
20	汉和金星二号	康宽 10 mL＋GY-F1500 1%
21		康宽 10 mL＋一满除 1%
22		康宽 10 mL
23	大疆 T16	康宽 10 mL＋GY-F1500 1%
24		康宽 10 mL＋一满除 1%
25		康宽 10 mL
26	天途 M6EG200	康宽 10 mL＋GY-F1500 1%
27		康宽 10 mL＋一满除 1%

　　3 级：病斑面积占叶片面积的 6%～10%；

　　5 级：病斑面积占叶片面积的 11%～25%；

7 级：病斑面积占叶片面积的 $26\%\sim50\%$；

9 级：病斑面积占叶片面积的 50% 以上。

药效计算方法：

$$病情指数 = \frac{\sum（各级病叶数 \times 相同级数值）}{调查总数 \times 9} \times 100$$

$$防治效果 = \frac{空白对照区病情指数 - 药剂处理区病情指数}{空白对照区病情指数} \times 100\%$$

⑥ 玉米黏虫防治效果调查：施药前调查虫口基数，施药后 1 d、3 d、7 d，调查黏虫幼虫数量。每小区 5 点取样，每点取 $1\,m^2$，调查活虫数。

$$虫口减退率 = \frac{药前虫数 - 药后虫数}{药前虫数} \times 100\%$$

$$防治效果 = \left(1 - \frac{空白对照区药前虫数 \times 处理区药后虫数}{空白对照区药后虫数 \times 处理区药前虫数}\right) \times 100\%$$

⑦ 玉米安全性及产量调查：观察药剂对作物有无药害，记录药害的类型和程度。此外，也要记录对作物有益的影响（如加速成熟、增加活力等）。试验小区随机 3 点取样，每个样点量 10 个行距，在 10 行之中选取有代表性的 20 m 双行，计算株数和穗数，并计算每 $667\,m^2$ 穗数；在每个测定样段内每隔 5 穗收取 1 穗，共收获 20 穗作为样本测定穗粒数。样本点玉米脱粒，计算玉米百粒重。玉米理论产量计算公式如下：

每 $667\,m^2$ 理论产量（kg）= 每 $667\,m^2$ 穗数 × 穗粒数（粒）× 百粒重（g）× 0.85

（3）试验结果。雾滴沉积测试结果见表 5 - 43。

表 5 - 43　雾滴沉积测试结果

植保无人机	助剂	雾滴密度（个/cm²）	覆盖率（%）	沉积率（%）
全丰自由鹰 1S	清水	15.4	2.2	54.9
	GY - F1500	12.8	2.5	51.8
	全丰飞防专用助剂	16.0	2.7	57.6
极目 3WWDZ - 10B	清水	197.3	3.5	70.4
	易滴滴	142.6	3.0	70.3
	全丰飞防专用助剂	209.1	3.9	74.7
大疆 T16	清水	26.2	1.8	73.4
	易滴滴	33.8	3.7	67.5
	GY - F1500	23.2	2.6	75.0

（续）

植保无人机	助剂	雾滴密度（个/cm²）	覆盖率（%）	沉积率（%）
汉和金星二号	清水	8.6	1.9	84.5
	一满除	6.3	1.9	66.1
	GY-F1500	8.0	2.4	67.2
天途 M6EG200	清水	43.8	3.8	59.7
	易滴滴	39.1	2.9	77.1
	一满除	21.0	2.9	72.4

本试验中，所测得的结果受植保无人机种类、喷头类型、助剂类型、环境因素及试验操作等多种因素的影响，是多种因素相互作用的结果。

① 雾滴密度情况：图 5-50 为不同处理条件下雾滴在玉米冠层的沉积密度情况。

对于 GY-F1500 助剂，应用全丰自由鹰 1S、大疆 T16 和汉和金星二号植保无人机分别喷施清水和 GY-F1500 助剂水溶液，3 种机型喷雾后，雾滴在玉米冠层的密度分别为 15.4 个/cm²、12.8 个/cm²，26.2 个/cm²、23.2 个/cm² 和 8.6 个/cm²、8.0 个/cm²；对于全丰飞防专用助剂，应用全丰自由鹰 1S 和极目 3WWDZ-10B 植保无人机分别喷施清水和全丰飞防专用助剂水溶液，2 种机型喷雾后，雾滴在玉米冠层的密度分别为 15.4 个/cm²、16.0 个/cm² 和 197.3 个/cm²、209.1 个/cm²；对于易滴滴助剂，应用极目 3WWDZ-10B、大疆 T16 和天途 M6EG200 植保无人机分别喷施清水和易滴滴助剂水溶液，3 种机型喷雾后，雾滴在玉米冠层的密度分别为 197.3 个/cm²、142.6 个/cm²，26.2 个/cm²、33.8 个/cm² 和 43.8 个/cm²、39.1 个/cm²；对于一满除助剂，应用汉和金星二号和天途 M6EG200 植保无人机分别喷施清水和一满除助剂水溶液，2 种机型喷雾后，雾滴在玉米冠层的密度分别为 8.6 个/cm²、6.3 个/cm² 和 43.8 个/cm²、21.0 个/cm²。

以上结果显示，使用以上 5 种植保无人机进行低空低容量作业时，在药液中添加喷雾助剂 GY-F1500 和一满除降低了玉米植株冠层的雾滴密度，添加全丰飞防专用助剂提高了在玉米植株冠层的雾滴密度，添加喷雾助剂易滴滴，不同无人机喷雾处理，雾滴在玉米植株冠层的雾滴密度结果表现不一。

② 雾滴覆盖率测定结果：图 5-51 为不同处理条件下雾滴在玉米冠层的沉积覆盖率情况。

对于 GY-F1500 助剂，应用全丰自由鹰 1S、大疆 T16 和汉和金星二号植保无人机分别喷施清水和 GY-F1500 助剂水溶液，3 种机型喷雾后，雾滴在玉米

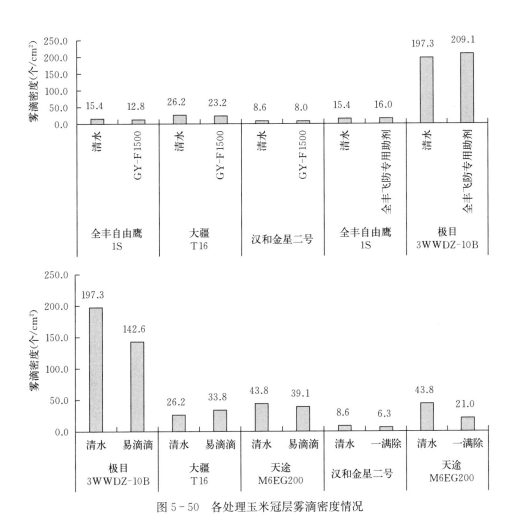

图 5-50 各处理玉米冠层雾滴密度情况

冠层的覆盖率分别为 2.2％、2.5％，1.8％、2.6％和 1.9％、2.4％；对于全丰飞防专用助剂，应用全丰自由鹰 1S 和极目 3WWDZ-10B 植保无人机分别喷施清水和全丰飞防专用助剂水溶液，2 种机型喷雾后，雾滴在玉米冠层的覆盖率分别为 2.2％、2.7％和 3.5％、3.9％；对于易滴滴助剂，应用极目 3WWDZ-10B、大疆 T16 和天途 M6EG200 植保无人机分别喷施清水和易滴滴助剂水溶液，3 种机型喷雾后，雾滴在玉米冠层的覆盖率分别为 3.5％、3.0％，1.8％、3.7％和 3.8％、2.9％；对于一满除助剂，应用汉和金星二号和天途 M6EG200 植保无人机分别喷施清水和一满除助剂水溶液，2 种机型喷雾后，雾滴在玉米冠层的覆盖率分别为 1.9％、1.9％和 3.8％、2.9％。

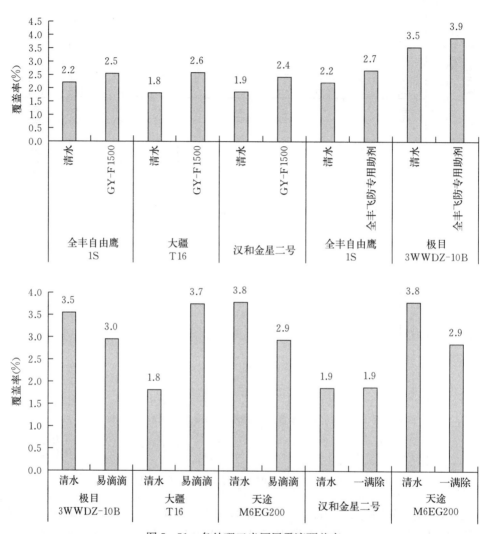

图 5-51 各处理玉米冠层雾滴覆盖率

以上结果显示，使用以上 5 种植保无人机进行低空低容量作业时，在药液中添加喷雾助剂 GY-F1500 和全丰飞防专用助剂提高了雾滴在玉米植株冠层的覆盖率，添加喷雾助剂一满除和易滴滴，不同无人机喷雾处理，雾滴在玉米植株冠层的覆盖率结果表现不一。

③ 雾滴有效沉积率测定结果：图 5-52 为不同处理条件下雾滴在玉米冠层的沉积率。

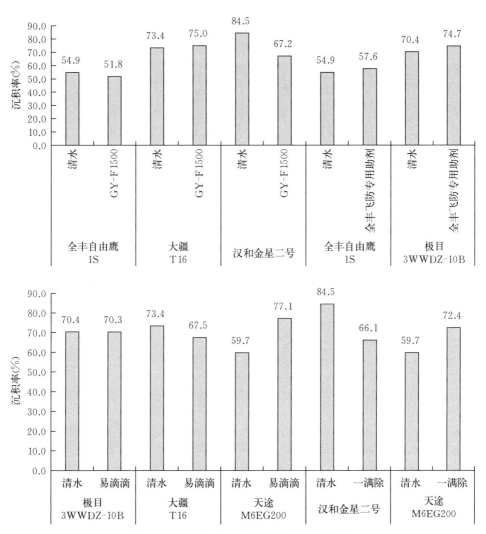

图 5-52　各处理玉米冠层雾滴有效沉积率

对于 GY-F1500 助剂，应用全丰自由鹰 1S、大疆 T16 和汉和金星二号植保无人机分别喷施清水和 GY-F1500 助剂水溶液，3 种机型喷雾后，雾滴在玉米冠层的沉积率分别为 54.9%、51.8%，73.4%、75.0% 和 84.5%、67.2%；对于全丰飞防专用助剂，应用全丰自由鹰 1S 和极目 3WWDZ-10B 植保无人机分别喷施清水和全丰飞防专用助剂水溶液，2 种机型喷雾后，雾滴在玉米冠层的沉积率分别为 54.9%、57.6% 和 70.4%、74.7%；对于易滴滴助剂，应用极目 3WWDZ-10B、大疆 T16 和天途 M6EG200 植保无人机分别喷施清水和易滴滴助剂水溶液，3 种机型喷雾后，雾滴在玉米冠层的沉积率分别为 70.4%、70.3%，73.4%、67.5% 和 59.7%、77.1%；对于一满除助剂，应用汉和金星二号和天途 M6EG200 植保无人机分别喷施清水和一满除助剂水溶液，2 种机型喷雾后，雾滴在玉米冠层的沉积率分别为 84.5%、66.1% 和 59.7%、72.4%。

以上结果显示，使用以上 5 种植保无人机进行低空低容量作业时，在药液中添加喷雾助剂全丰飞防专用助剂提高了雾滴在玉米植株冠层的沉积率，添加喷雾助剂 GY-F1500、一满除和易滴滴，不同无人机喷雾处理，雾滴在玉米植株冠层的沉积率结果表现不一。

④ 防效调查结果：试验期间，由于试验基地田间管理比较严格，加之前期天气干旱，故试验期间未发生病虫害（黏虫、大斑病、小斑病），未能测得药剂对玉米病虫害的防治效果。试验处理玉米产量结果见表 5-44。

表 5-44　各试验处理玉米产量

处理	每 667 m² 产量 (kg)	增产率 (%)	处理	每 667 m² 产量 (kg)	增产率 (%)
对照	686	/	14	615	−10.41
1	660	−3.85	15	730	6.46
2	648	−5.60	16	708	3.19
3	630	−8.19	17	810	18.08
4	750	9.31	18	738	7.55
5	726	5.77	19	782	13.98
6	658	−4.11	20	673	−1.85
7	625	−8.95	21	708	3.13
8	793	15.57	22	655	−4.49
9	717	4.53	23	735	7.16
10	737	7.38	24	725	5.61
11	751	9.50	25	638	−7.01
12	717	4.45	26	754	9.90
13	793	15.54	27	651	−5.04

由表 5-44 可知，各试验处理玉米每 667 m² 产量相差明显。空白对照区玉米每 667 m² 产量为 686 kg，各药剂处理区的玉米每 667 m² 产量最低为 615 kg，比空白对照区低 10.41%，最高为 810 kg，比空白对照区高出 18.08%。本次试验，无人机类型、药剂、助剂及环境等影响因素均对玉米的产量有影响，玉米产量是几种因素相互作用的结果。施药后至玉米收获，各试验小区均无药害发生。

（4）小结。使用以上 5 种植保无人机进行低空低容量作业时，在雾滴密度方面，在药液中添加喷雾助剂 GY-F1500 和一满除降低了玉米植株冠层的雾滴密度，添加全丰飞防专用助剂提高了玉米植株冠层的雾滴密度，添加喷雾助剂易滴滴，不同无人机喷雾处理，雾滴在玉米植株冠层的雾滴密度结果表现不一；在雾滴覆盖率方面，在药液中添加喷雾助剂 GY-F1500 和全丰飞防专用助剂提高了雾滴在玉米植株冠层的覆盖率，添加喷雾助剂一满除和易滴滴，不同无人机喷雾处理，雾滴在玉米植株冠层的覆盖率结果表现不一；在沉积率方面，在药液中添加喷雾助剂全丰飞防专用助剂提高了雾滴在玉米植株冠层的沉积率，添加喷雾助剂 GY-F1500、一满除和易滴滴，不同无人机喷雾处理，雾滴在玉米植株冠层的沉积率结果表现不一。

本次试验期间未发生病虫害（黏虫、大斑病、小斑病），未能测得药剂对玉米病虫害的防治效果。空白对照处理区，玉米每 667 m^2 产量为 686 kg，各药剂处理区每 667 m^2 产量在 615～810 kg 之间。试验区玉米产量高低与多种因素有关：植保无人机类型、风场、喷雾系统、药剂、助剂及环境因素等，不同组合处理对结果会产生不同的影响。飞防施药对玉米病虫害的防治及产量有何影响，添加飞防助剂能否提高对玉米病虫害的防治效果及产量等还需进一步研究。

（四）花生田植保作业实例

花生病虫害田间作业效果

2019 年 7 月 16 日、8 月 8 日在河南省驻马店正阳县熊寨镇王楼村开展植保无人机花生田间作业效果评价试验。通过航空植保无人机喷施飞防药剂、助剂，调查验证不同配方航空植保专用药剂、助剂对花生病虫害的田间防治效果，以筛选出合适的植保无人机施药参数和有效的药剂、助剂配方，为花生病虫害的防治提供技术支持。试验花生品种为豫花 37，防治对象有叶斑病、锈病、棉铃虫、甜菜夜蛾，控旺防早衰等。

（1）试验设备材料。

① 参试植保无人机：

自由鹰 1S，由安阳全丰航空植保科技股份有限公司生产提供；

M45，由深圳高科新农技术有限公司生产提供；

金星二号，由无锡汉和航空技术有限公司生产提供；

3WWDZ-10B，由苏州极目机器人科技有限公司生产提供；

M6E-X，由北方天途航空技术发展（北京）有限公司生产提供；

P30，由广州极飞科技有限公司生产提供；

T16，由深圳市大疆创新科技有限公司生产提供。

各参试植保无人机参数见表 5-45。

② 试验药剂：

爱苗（30%苯甲·丙环唑乳油）、福戈（40%氯虫·噻虫嗪水分散粒剂）、美甜（200 g/L 氟唑菌酰羟胺·苯醚甲环唑悬浮剂）、益施帮（含氨基酸水溶肥料），由先正达（中国）投资有限公司提供；

5%甲氨基阿维菌素苯甲酸盐水分散粒剂（简称甲维盐）、325 g/L 苯甲·嘧菌酯悬浮剂，由安阳全丰生物科技有限公司提供。

表 5 - 45　植保无人机参数

型号	动力	旋翼类型	喷头个数	喷头型号	喷头类型	喷幅（m）
自由鹰 1S	电动	四轴四旋翼	4	LU - 015	压力式	3.5
M6E - X	电动	六轴六旋翼			压力式	4.5
T16	电动	六轴六旋翼	8	XR11001 VS	压力式	5
M45	电动	三轴六旋翼	4	110015 VS	压力式	6
P30	电动	四轴四旋翼	4	CN1215	离心式	3
金星二号	电动	四轴四旋翼	4	XR110025	压力式	5
3WWDZ - 10B	电动	四轴四旋翼	4	EACF - 100	离心式	3

③ 试验助剂：

一满除，由重庆岭石农业科技有限公司提供；

倍达通，由河北明顺农业科技有限公司提供；

GY - F1500，由北京广源益农化学有限责任公司提供；

杰效飞，由迈图高新材料集团提供；

全丰飞防专用助剂，由安阳全丰生物科技有限公司提供。

（2）试验设计与方法。

① 雾滴沉积测试处理设计：在花生冠层布置雾滴测试卡，用不同的植保无人机分别喷施清水和添加助剂的水溶液，测试不同机型的雾滴沉积情况，雾滴沉积测试处理见表 5 - 46，小区内雾滴测试卡布置 3 排，测试时各植保无人机飞行高度在 1.5～2 m 之间，飞行速度在 3～5 m/s 之间。

② 雾滴密度的测定：利用测试架和 Kromekote 纸测量雾滴在受试作物植株冠层的雾滴密度情况。喷雾时，在药液中添加诱惑红作为指示剂。待喷雾结束后，收集 Kromekote 纸，并用 DepositScan 软件与扫描仪联用测定雾滴密度及雾滴粒径，每处理重复 2 次。测定不同处理条件下，雾滴有效沉积率的情况。

③ 雾滴有效沉积率测定：本次测试采用流失法间接测定不同处理条件下药液在花生苗上的沉积率。试验开始前，将定量的诱惑红指示剂配成母液，母液浓度为 5%。利用测试杆和万向夹将滤纸片水平固定于距地面约 10 cm 处，用以测定药液在地面的流失情况。

在田间小区试验结束 10 min 后，收集各点的滤纸于自封袋内，于实验室内对滤纸进行洗涤并利用 Flexstation3 多功能酶标仪测定洗涤液在波长为 514 nm 处的吸光度值（A）。

根据预先测定的诱惑红的质量浓度与吸光值的标准曲线，计算洗涤液中诱惑红的质量浓度，继而计算每点的诱惑红总沉积量以及单位面积内诱惑红的沉积量，通过计算单位面积的施药液量乘以试验小区面积即可得到试验小区的药液理论流失量，进而计算出花生田喷雾雾滴的流失率，最终计算出药液的沉积率（在不考虑其他因素的条件下）。

表 5-46　雾滴沉积测试处理

处理	植保无人机	7 月 16 日，每 667 m² 喷 1 L	8 月 8 日，每 667 m² 喷 1.5 L
1		清水	清水
2	极飞 P30	杰效飞水溶液 2.5 mL	0.5% 杰效飞水溶液
3		1% 倍达通水溶液	1% 倍达通水溶液
4		清水	清水
5	大疆 T16	1% 倍达通水溶液	1% 倍达通水溶液
6		1% 一满除水溶液	1% 一满除水溶液
7		清水	清水
8	极目 3WWDZ-10B	杰效飞水溶液 2.5 mL	0.5% 杰效飞水溶液
9		1% 倍达通水溶液	1% 倍达通水溶液
10		清水	/
11	汉和金星二号	杰效飞水溶液 2.5 mL	/
12		1% 一满除水溶液	/
13		清水	清水
14	高科 M45	GY-F1500 水溶液 10 mL	GY-F1500 水溶液 10 mL
15		全丰飞防专用助剂 5 g	全丰飞防专用助剂 5 g
16		清水	/
17	天途 M6E-X	GY-F1500 水溶液 10 mL	/
18		全丰飞防专用助剂 5 g	/
19		清水	清水
20	全丰自由鹰 1S	GY-F1500 水溶液 10 mL	GY-F1500 水溶液 10 mL
21		全丰飞防专用助剂 5 g	全丰飞防专用助剂 5 g

④ 试验处理方案：试验共设 29 个处理，28 个无人机药剂处理，1 个空白对照。每个药剂处理小区面积约为 6 670 m²，不设重复，空白对照不施药。试验处理设计见表 5-47、表 5-48 和表 5-49。施药时各植保无人机飞行高度在 1.5～2 m 之间，飞行速度在 3～5 m/s 之间，第一次施药时每 667 m² 喷液量为 1 L，第

二次施药时每 667 m² 喷液量为 1.5 L，第三次施药时每 667 m² 喷液量为 1.5 L，全丰自由鹰 1S、极目 3WWDZ - 10B、汉和金星二号、天途 M6E - X、极飞 P30、大疆 T16、高科 M45 的喷幅分别为 3.5 m、3 m、5 m、4.5 m、3 m、5 m、6 m。试验分别于 2019 年 7 月 16 日、8 月 8 日和 8 月 29 日共施药 3 次。

表 5 - 47　第一次施药处理方案

处理	植保无人机	第一次用药方案（7 月 16 日）
对照	/	/
1		甲维盐 10 g＋苯甲・嘧菌酯 40 g
2	极目 3WWDZ - 10B	甲维盐 10 g＋苯甲・嘧菌酯 40 g＋倍达通 1%
3		甲维盐 10 g＋苯甲・嘧菌酯 40 g＋杰效飞 2.5 mL
4		甲维盐 10 g＋苯甲・嘧菌酯 40 g＋一满除 1%
5		甲维盐 10 g＋苯甲・嘧菌酯 40 g
6	汉和金星二号	甲维盐 10 g＋苯甲・嘧菌酯 40 g＋倍达通 1%
7		甲维盐 10 g＋苯甲・嘧菌酯 40 g＋杰效飞 2.5 mL
8		甲维盐 10 g＋苯甲・嘧菌酯 40 g＋一满除 1%
9		甲维盐 10 g＋苯甲・嘧菌酯 40 g
10	天途 M6E - X	甲维盐 10 g＋苯甲・嘧菌酯 40 g＋GY - F1500 10 mL
11		甲维盐 10 g＋苯甲・嘧菌酯 40 g＋全丰飞防专用助剂 5 g
12		甲维盐 10 g＋苯甲・嘧菌酯 40 g
13	全丰自由鹰 1S	甲维盐 10 g＋苯甲・嘧菌酯 40 g＋GY - F1500 10 mL
14		甲维盐 10 g＋苯甲・嘧菌酯 40 g＋全丰飞防专用助剂 5 g
15		爱苗 30 mL＋福戈 8 g
16	极飞 P30	爱苗 30 mL＋福戈 8 g＋倍达通 1%
17		爱苗 30 mL＋福戈 8 g＋杰效飞 2.5 mL
18		爱苗 30 mL＋福戈 8 g＋一满除 1%
19		爱苗 30 mL＋福戈 8 g
20	大疆 T16	爱苗 30 mL＋福戈 8 g＋倍达通 1%
21		爱苗 30 mL＋福戈 8 g＋杰效飞 2.5 mL
22		爱苗 30 mL＋福戈 8 g＋一满除 1%
23		爱苗 30 mL＋福戈 8 g
24	高科 M45	爱苗 30 mL＋福戈 8 g＋GY - F1500 10 mL
25		爱苗 30 mL＋福戈 8 g＋全丰飞防专用助剂 5 g
26		爱苗 30 mL＋福戈 8 g
27	全丰自由鹰 1S	爱苗 30 mL＋福戈 8 g＋GY - F1500 10 mL
28		爱苗 30 mL＋福戈 8 g＋全丰飞防专用助剂 5 g

表 5 - 48　第二次施药处理方案

处理	植保无人机	第二次用药方案（8月8日）
对照	/	/
1		甲维盐 10 g＋苯甲·嘧菌酯 40 g
2	极目 3WWDZ - 10B	甲维盐 10 g＋苯甲·嘧菌酯 40 g＋倍达通 1％
3		甲维盐 10 g＋苯甲·嘧菌酯 40 g＋杰效飞 0.5％
4		甲维盐 10 g＋苯甲·嘧菌酯 40 g＋一满除 1％
5		甲维盐 10 g＋苯甲·嘧菌酯 40 g
6	汉和金星二号	甲维盐 10 g＋苯甲·嘧菌酯 40 g＋倍达通 1％
7		甲维盐 10 g＋苯甲·嘧菌酯 40 g＋杰效飞 0.5％
8		甲维盐 10 g＋苯甲·嘧菌酯 40 g＋一满除 1％
9		甲维盐 10 g＋苯甲·嘧菌酯 40 g
10	天途 M6E - X	甲维盐 10 g＋苯甲·嘧菌酯 40 g＋GY - F1500 10 mL
11		甲维盐 10 g＋苯甲·嘧菌酯 40 g＋全丰飞防专用助剂 5 g
12		甲维盐 10 g＋苯甲·嘧菌酯 40 g
13	全丰自由鹰 1S	甲维盐 10 g＋苯甲·嘧菌酯 40 g＋GY - F1500 10 mL
14		甲维盐 10 g＋苯甲·嘧菌酯 40 g＋全丰飞防专用助剂 5 g
15		美甜 40 mL＋福戈 8 g＋益施帮 30 mL
16	极飞 P30	美甜 40 mL＋福戈 8 g＋益施帮 30 mL＋倍达通 1％
17		美甜 40 mL＋福戈 8 g＋益施帮 30 mL＋杰效飞 0.5％
18		美甜 40 mL＋福戈 8 g＋益施帮 30 mL＋一满除 1％
19		美甜 40 mL＋福戈 8 g＋益施帮 30 mL
20	大疆 T16	美甜 40 mL＋福戈 8 g＋益施帮 30 mL＋倍达通 1％
21		美甜 40 mL＋福戈 8 g＋益施帮 30 mL＋杰效飞 0.5％
22		美甜 40 mL＋福戈 8 g＋益施帮 30 mL＋一满除 1％
23		美甜 40 mL＋福戈 8 g＋益施帮 30 mL
24	高科 M45	美甜 40 mL＋福戈 8 g＋益施帮 30 mL＋GY - F1500 10 mL
25		美甜 40 mL＋福戈 8 g＋益施帮 30 mL＋全丰飞防专用助剂 5 g
26		美甜 40 mL＋福戈 8 g＋益施帮 30 mL
27	全丰自由鹰 1S	美甜 40 mL＋福戈 8 g＋益施帮 30 mL＋GY - F1500 10 mL
28		美甜 40 mL＋福戈 8 g＋益施帮 30 mL＋全丰飞防专用助剂 5 g

表 5 - 49   第三次施药处理方案

处理	植保无人机	第三次用药方案（8 月 29 日）
对照	/	/
1		甲维盐 10 g＋苯甲・嘧菌酯 30 g
2	极目 3WWDZ - 10B	甲维盐 10 g＋苯甲・嘧菌酯 30 g＋倍达通 1%
3		甲维盐 10 g＋苯甲・嘧菌酯 30 g＋杰效飞 2.5 mL
4		甲维盐 10 g＋苯甲・嘧菌酯 30 g＋一满除 1%
5		甲维盐 10 g＋苯甲・嘧菌酯 30 g
6	汉和金星二号	甲维盐 10 g＋苯甲・嘧菌酯 30 g＋倍达通 1%
7		甲维盐 10 g＋苯甲・嘧菌酯 30 g＋杰效飞 2.5 mL
8		甲维盐 10 g＋苯甲・嘧菌酯 30 g＋一满除 1%
9		甲维盐 10 g＋苯甲・嘧菌酯 30 g
10	天途 M6E - X	甲维盐 10 g＋苯甲・嘧菌酯 30 g＋GY - F1500 10 mL
11		甲维盐 10 g＋苯甲・嘧菌酯 30 g＋全丰飞防专用助剂 5 g
12		甲维盐 10 g＋苯甲・嘧菌酯 30 g
13	全丰自由鹰 1S	甲维盐 10 g＋苯甲・嘧菌酯 30 g＋GY - F1500 10 mL
14		甲维盐 10 g＋苯甲・嘧菌酯 30 g＋全丰飞防专用助剂 5 g
15		美甜 40 mL＋福戈 6 g＋益施帮 30 mL
16	极飞 P30	美甜 40 mL＋福戈 6 g＋益施帮 30 mL＋倍达通 1%
17		美甜 40 mL＋福戈 6 g＋益施帮 30 mL＋杰效飞 2.5 mL
18		美甜 40 mL＋福戈 6 g＋益施帮 30 mL＋一满除 1%
19		美甜 40 mL＋福戈 6 g＋益施帮 30 mL
20	大疆 T16	美甜 40 mL＋福戈 6 g＋益施帮 30 mL＋倍达通 1%
21		美甜 40 mL＋福戈 6 g＋益施帮 30 mL＋杰效飞 2.5 mL
22		美甜 40 mL＋福戈 6 g＋益施帮 30 mL＋一满除 1%
23		美甜 40 mL＋福戈 6 g＋益施帮 30 mL
24	高科 M45	美甜 40 mL＋福戈 6 g＋益施帮 30 mL＋GY - F1500 10 mL
25		美甜 40 mL＋福戈 6 g＋益施帮 30 mL＋全丰飞防专用助剂 5 g
26		美甜 40 mL＋福戈 6 g＋益施帮 30 mL
27	全丰自由鹰 1S	美甜 40 mL＋福戈 6 g＋益施帮 30 mL＋GY - F1500 10 mL
28		美甜 40 mL＋福戈 6 g＋益施帮 30 mL＋全丰飞防专用助剂 5 g

⑤ 花生叶斑病调查：每小区随机选 5 点或对角线 5 点取样，每点取 4 株，

每株调查主茎全部叶片，记录调查总叶数、各级病叶数，于第三次药后 7 d 调查叶斑病发生情况。

分级方法：

0 级：无病；

1 级：病斑面积占整片叶面积的 5% 以下；

3 级：病斑面积占整片叶面积的 6%～25%；

5 级：病斑面积占整片叶面积的 26%～50%；

7 级：病斑面积占整片叶面积的 51%～75%；

9 级：病斑面积占整片叶面积的 76% 以上。

$$病情指数 = \frac{\sum(各级病叶数 \times 相同级数值)}{调查总数 \times 9} \times 100$$

$$防治效果 = \frac{空白对照区病情指数 - 处理区病情指数}{空白对照区病情指数} \times 100\%$$

⑥ 花生锈病调查：每小区随机选 5 点或对角线 5 点取样，每点取 4 株，每株调查全部叶片，记录调查总叶数、各级病叶数，于第三次药后 7 d 调查锈病发生情况。

分级方法：

0 级：无病；

1 级：病斑面积占整片叶面积的 5% 以下；

3 级：病斑面积占整片叶面积的 6%～25%；

5 级：病斑面积占整片叶面积的 26%～50%；

7 级：病斑面积占整片叶面积的 51%～75%；

9 级：病斑面积占整片叶面积的 76% 以上。

$$病情指数 = \frac{\sum(各级病叶数 \times 相同级数值)}{调查总数 \times 9} \times 100$$

$$防治效果 = \frac{空白对照区病情指数 - 处理区病情指数}{空白对照区病情指数} \times 100\%$$

⑦ 棉铃虫调查：每小区随机选 5 点，每点取 20 株，于第三次药后 3 d、7 d 调查棉铃虫幼虫发生数量。

$$防治效果 = \frac{空白对照区幼虫数 - 处理区幼虫数}{空白对照区幼虫数} \times 100\%$$

⑧ 甜菜夜蛾调查：每小区随机选 5 点，每点取 20 株，于第三次药后 3 d、7 d 调查甜菜夜蛾幼虫发生数量。

$$防治效果 = \frac{空白对照区幼虫数 - 处理区幼虫数}{空白对照区幼虫数} \times 100\%$$

⑨ 花生安全性及产量调查：观察药剂对作物有无药害，记录药害的类型和程度。此外，也要记录对作物有益的影响（如加速成熟、增加活力等）。5 点取样，每点取 1 m² 的全部花生果，称量重量，折合成每 667 m² 产量。

（3）试验结果。两次雾滴沉积测试结果分别见表 5-50、5-51。

表 5-50 第一次测试（每 667 m² 喷液量为 1 L）**雾滴在花生冠层的沉积结果**

植保无人机	助剂	雾滴密度（个/cm²）	覆盖率（%）	沉积率（%）
天途 M6E-X	清水	16.1	1.8	75.7
	GY-F1500	12.1	1.8	70.6
	全丰飞防专用助剂	8.6	2.0	77.5
大疆 T16	清水	7.4	0.6	59.9
	倍达通	15.6	1.7	61.6
	一满除	8.4	1.8	62.3
汉和金星二号	清水	6.9	1.9	73.6
	杰效飞	12.1	2.2	59.5
	一满除	10.9	6.1	60.0
极飞 P30	清水	38.6	1.5	71.0
	杰效飞	30.3	0.9	72.7
	倍达通	31.7	1.2	74.2
高科 M45	清水	6.1	1.1	53.0
	GY-F1500	14.7	2.2	71.4
	全丰飞防专用助剂	19.0	6.0	66.7
全丰自由鹰 1S	清水	6.3	2.4	70.3
	GY-F1500	9.4	3.8	65.7
	全丰飞防专用助剂	4.7	2.4	50.9
极目 3WWDZ-10B	清水	60.5	1.4	70.6
	杰效飞	40.8	1.0	77.5
	倍达通	35.7	0.9	62.2

本试验中，所测得的结果受植保无人机种类、喷头类型、助剂类型、环境因素及试验操作等多种因素的影响，是多种因素相互作用的结果。

① 花生冠层雾滴密度情况：两次雾滴沉积测试，各试验处理在花生冠层的雾滴密度结果分别见图 5-53、图 5-54。

表5-51 第二次测试（每 667 m^2 喷液量为 1.5 L）雾滴在花生冠层的沉积结果

植保无人机	助剂	雾滴密度（个/cm^2）	覆盖率（%）	沉积率（%）
大疆 T16	清水	9.9	0.6	55.7
	一满除	11.7	3.3	74.4
	倍达通	14.3	1.7	75.5
全丰自由鹰 1S	清水	8.9	2.7	50.8
	GY-F1500	5.1	3.2	37.2
	全丰飞防专用助剂	8.1	7.7	49.6
汉和金星二号	清水	16.5	3.5	55.5
	杰效飞	18.6	4.4	55.6
	一满除	11.0	7.6	59.3
极目 3WWDZ-10B	清水	43.5	0.9	62.8
	杰效飞	34.1	0.6	72.2
	倍达通	37.3	1.0	57.9
极飞 P30	清水	33.7	1.4	74.5
	倍达通	34.1	2.4	67.2
	杰效飞	32.1	1.4	64.6

对于 GY-F1500 助剂，第一次测试时，应用天途 M6E-X、高科 M45 和全丰自由鹰 1S 植保无人机分别喷施清水和 GY-F1500 助剂水溶液，3 种机型雾滴在花生冠层的密度分别为 16.1 个/cm^2、12.1 个/cm^2，6.1 个/cm^2、14.7 个/cm^2 和 6.3 个/cm^2、9.4 个/cm^2；第二次测试时，应用全丰自由鹰 1S 植保无人机分别喷施清水和 GY-F1500 助剂水溶液，雾滴在花生冠层的密度分别为 8.9 个/cm^2、5.1 个/cm^2。

对于全丰飞防专用助剂，第一次测试时，应用天途 M6E-X、高科 M45 和全丰自由鹰 1S 植保无人机分别喷施清水和全丰飞防专用助剂水溶液，3 种机型雾滴在花生冠层的密度分别为 16.1 个/cm^2、8.6 个/cm^2，6.1 个/cm^2、19.0 个/cm^2 和 6.3 个/cm^2、4.7 个/cm^2；第二次测试时，应用全丰自由鹰 1S 植保无人机分别喷施清水和全丰飞防专用助剂水溶液，雾滴在花生冠层的密度分别为 8.9 个/cm^2、8.1 个/cm^2。

对于一满除助剂，应用大疆 T16 和汉和金星二号植保无人机分别喷施清水和一满除助剂水溶液，第一次测试时，2 种机型喷雾后，雾滴在花生冠层的密度分别为 7.4 个/cm^2、8.4 个/cm^2 和 6.9 个/cm^2、10.9 个/cm^2；第二次测试时，

2 种机型喷雾后，雾滴在花生冠层的密度分别为 9.9 个/cm²、11.7 个/cm² 和 16.5 个/cm²、11.0 个/cm²。

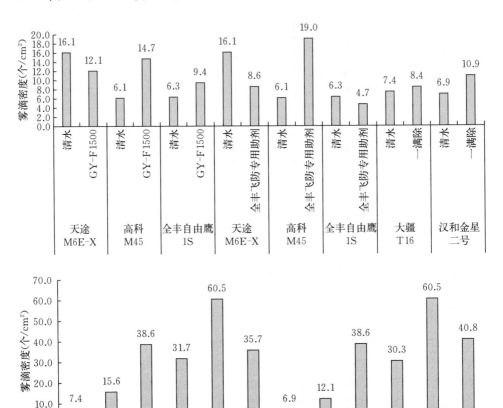

图 5-53　第一次测试花生冠层的雾滴密度情况

对于倍达通助剂，应用大疆 T16、极飞 P30 和极目 3WWDZ-10B 植保无人机分别喷施清水和倍达通助剂水溶液，第一次测试时，3 种机型雾滴在花生冠层的密度分别为 7.4 个/cm²、15.6 个/cm²，38.6 个/cm²、31.7 个/cm² 和 60.5 个/cm²、35.7 个/cm²；第二次测试时，3 种机型雾滴在花生冠层的密度分别为 9.9 个/cm²、14.3 个/cm²，33.7 个/cm²、34.1 个/cm² 和 43.5 个/cm²、37.3 个/cm²。

对于杰效飞助剂，第一次测试时，应用汉和金星二号、极飞 P30 和极目

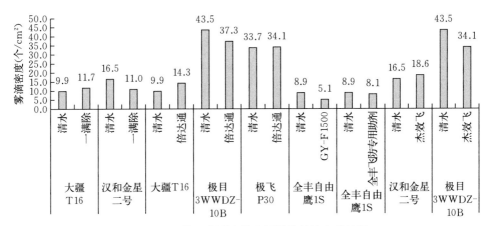

图 5-54　第二次测试花生冠层的雾滴密度情况

3WWDZ-10B 植保无人机分别喷施清水和杰效飞助剂水溶液，3 种机型雾滴在花生冠层的密度分别为 6.9 个/cm²、12.1 个/cm²，38.6 个/cm²、30.3 个/cm² 和 60.5 个/cm²、40.8 个/cm²；第二次测试时，应用汉和金星二号和极目 3WWDZ-10B 植保无人机分别喷施清水和杰效飞助剂水溶液，2 种机型雾滴在花生冠层的密度分别为 16.5 个/cm²、18.6 个/cm² 和 43.5 个/cm²、34.1 个/cm²。

　　以上结果显示，使用植保无人机进行低空低容量作业时，在药液中添加喷雾助剂 GY-F1500、全丰飞防专用助剂、一满除、倍达通和杰效飞，雾滴在花生植株冠层的雾滴密度结果表现不一。

　　② 花生冠层雾滴覆盖率情况：两次雾滴沉积测试，各试验处理在花生冠层的雾滴覆盖率结果分别见图 5-55 和图 5-56。

　　对于 GY-F1500 助剂，第一次测试时，应用天途 M6E-X、高科 M45 和全丰自由鹰 1S 植保无人机分别喷施清水和 GY-F1500 助剂水溶液，3 种机型雾滴在花生冠层的覆盖率分别为 1.8%、1.8%，1.1%、2.2% 和 2.4%、3.8%；第二次测试时，应用全丰自由鹰 1S 植保无人机分别喷施清水和 GY-F1500 助剂水溶液，雾滴在花生冠层的覆盖率分别为 2.7%、3.2%。

　　对于全丰飞防专用助剂，第一次测试时，应用天途 M6E-X、高科 M45 和全丰自由鹰 1S 植保无人机分别喷施清水和全丰飞防专用助剂水溶液，3 种机型雾滴在花生冠层的覆盖率分别为 1.8%、2.0%，1.1%、6.0% 和 2.4%、2.4%；第二次测试时，应用全丰自由鹰 1S 植保无人机分别喷施清水和全丰飞防专用助剂水溶液，雾滴在花生冠层的覆盖率分别为 2.7%、7.7%。

　　对于一满除助剂，应用大疆 T16 和汉和金星二号植保无人机分别喷施清水

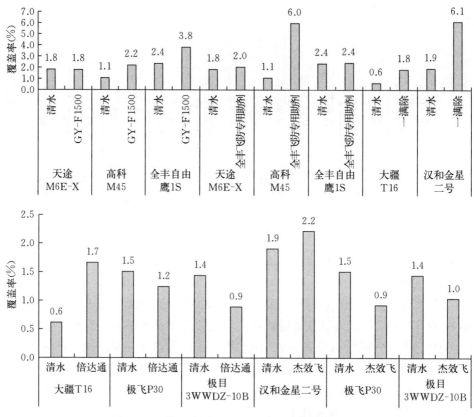

图 5-55 第一次测试花生冠层的雾滴覆盖率情况

和一满除助剂水溶液，第一次测试时，2 种机型雾滴在花生冠层的覆盖率分别为 0.6%、1.8% 和 1.9%、6.1%；第二次测试时，2 种机型雾滴在花生冠层的覆盖率分别为 0.6%、3.3% 和 3.5%、7.6%。

对于倍达通助剂，应用大疆 T16、极飞 P30 和极目 3WWDZ-10B 植保无人机分别喷施清水和倍达通助剂水溶液，第一次测试时，3 种机型雾滴在花生冠层的覆盖率分别为 0.6%、1.7%，1.5%、1.2% 和 1.4%、0.9%；第二次测试时，3 种机型雾滴在花生冠层的覆盖率分别为 0.6%、1.7%，1.4%、2.4% 和 0.9%、1.0%。

对于杰效飞助剂，第一次测试时，应用汉和金星二号、极飞 P30 和极目 3WWDZ-10B 植保无人机分别喷施清水和杰效飞助剂水溶液，3 种机型雾滴在花生冠层的覆盖率分别为 1.9%、2.2%，1.5%、0.9% 和 1.4%、1.0%；第二次测试时，应用汉和金星二号和极目 3WWDZ-10B 植保无人机分别喷施清水和

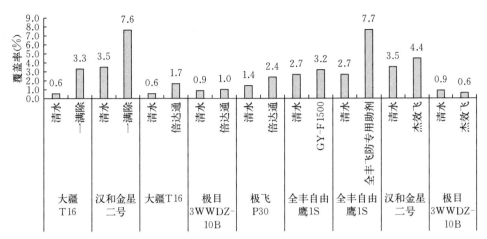

图 5-56　第二次测试花生冠层的雾滴覆盖率情况

杰效飞助剂水溶液，2 种机型雾滴在花生冠层的覆盖率分别为 3.5％、4.4％和 0.9％、0.6％。

以上结果显示，使用植保无人机进行低空低容量作业时，在药液中添加喷雾助剂 GY-F1500、全丰飞防专用助剂和一满除，可提高雾滴在花生植株冠层的雾滴覆盖率，不同植保无人机喷施倍达通和杰效飞雾滴在花生植株冠层的覆盖率受机型影响较大。

③ 雾滴有效沉积率：两次雾滴沉积测试，各试验处理在花生冠层的雾滴沉积率结果分别见图 5-57 和图 5-58。

对于 GY-F1500 助剂，第一次测试时，应用天途 M6E-X、高科 M45 和全丰自由鹰 1S 植保无人机分别喷施清水和 GY-F1500 助剂水溶液，3 种机型雾滴在花生冠层的沉积率分别为 75.7％、70.6％，53.0％、71.4％和 70.3％、65.7％；第二次测试时，应用全丰自由鹰 1S 植保无人机分别喷施清水和 GY-F1500 助剂水溶液，雾滴在花生冠层的沉积率分别为 50.8％、37.2％。

对于全丰飞防专用助剂，第一次测试时，应用天途 M6E-X、高科 M45 和全丰自由鹰 1S 植保无人机分别喷施清水和全丰飞防专用助剂水溶液，3 种机型雾滴在花生冠层的沉积率分别为 75.7％、77.5％，53.0％、66.7％和 70.3％、50.9％；第二次测试时，应用全丰自由鹰 1S 植保无人机分别喷施清水和全丰飞防专用助剂水溶液，雾滴在花生冠层的沉积率分别为 50.8％、49.6％。

对于一满除助剂，应用大疆 T16 和汉和金星二号植保无人机分别喷施清水和一满除助剂水溶液，第一次测试时，2 种机型雾滴在花生冠层的沉积率分别为 59.9％、62.3％和 73.6％、60.0％；第二次测试时，2 种机型雾滴在花生冠层的

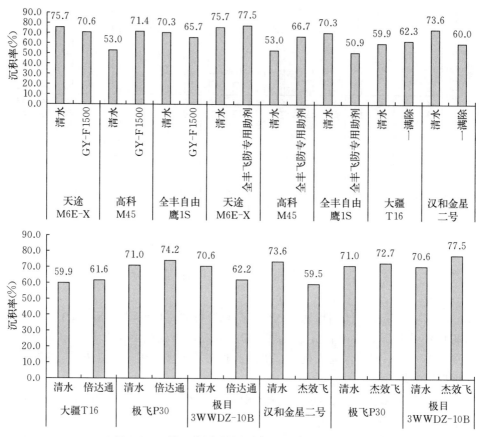

图 5-57 第一次测试花生冠层的雾滴沉积率情况

沉积率分别为 55.7%、74.4%和 55.5%、59.3%。

对于倍达通助剂，应用大疆 T16、极飞 P30 和极目 3WWDZ-10B 植保无人机分别喷施清水和倍达通助剂水溶液，第一次测试时，3 种机型雾滴在花生冠层的沉积率分别为 59.9%、61.6%，71.0%、74.2%和 70.6%、62.2%；第二次测试时，3 种机型雾滴在花生冠层的沉积率分别为 55.7%、75.5%，74.5%、67.2%和 62.8%、57.9%。

对于杰效飞助剂，第一次测试时，应用汉和金星二号、极飞 P30 和极目 3WWDZ-10B 植保无人机分别喷施清水和杰效飞助剂水溶液，3 种机型雾滴在花生冠层的沉积率分别为 73.6%、59.5%，71.0%、72.7%和 70.6%、77.5%；第二次测试时，应用汉和金星二号和极目 3WWDZ-10B 植保无人机分别喷施清水和杰效飞助剂水溶液，2 种机型雾滴在花生冠层的沉积率分别为 55.5%、

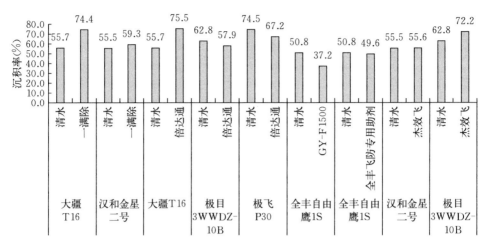

图 5 - 58　第二次测试花生冠层的雾滴沉积率情况

55.6%和62.8%、72.2%。

以上结果显示，使用植保无人机进行低空低容量作业时，在药液中添加喷雾助剂 GY - F1500、全丰飞防专用助剂、一满除、倍达通和杰效飞，雾滴在花生植株冠层的雾滴沉积率结果表现不一。

④ 花生棉铃虫和甜菜夜蛾防治效果：第三次药后 3 d 和 7 d，各试验处理花生棉铃虫和甜菜夜蛾的防治效果见表 5 - 52。由表 5 - 52 可以看出，第三次药后 3 d，各药剂处理区棉铃虫防治效果在 80.33%～95.08%之间，甜菜夜蛾防效在 81.13%～98.11%之间；第三次药后 7 d，各药剂处理区棉铃虫防治效果在 86.15%～98.46%之间，甜菜夜蛾防效在 83.64%～100.00%之间。各药剂处理区 3 次施药对花生棉铃虫和甜菜夜蛾起到了良好的防控作用。

表 5 - 52　各试验处理花生棉铃虫和甜菜夜蛾的防治效果

处理	棉铃虫		甜菜夜蛾	
	药后 3 d 防效（%）	药后 7 d 防效（%）	药后 3 d 防效（%）	药后 7 d 防效（%）
1	86.89	89.23	83.02	89.09
2	80.33	93.85	88.68	94.55
3	81.97	92.31	86.79	92.73
4	85.25	95.38	84.91	94.55
5	90.16	95.38	83.02	92.73
6	88.52	93.85	81.13	90.91
7	81.97	89.23	83.02	85.45

（续）

处理	棉铃虫		甜菜夜蛾	
	药后 3 d 防效（%）	药后 7 d 防效（%）	药后 3 d 防效（%）	药后 7 d 防效（%）
8	83.61	87.69	81.13	83.64
9	91.80	86.15	83.02	80.00
10	88.52	90.77	81.13	83.64
11	85.25	89.23	83.02	85.45
12	81.97	92.31	81.13	83.64
13	86.89	89.23	88.68	89.09
14	88.52	87.69	86.79	90.91
15	93.44	96.92	94.34	100.00
16	91.80	96.92	94.34	100.00
17	95.08	96.92	86.79	100.00
18	91.80	98.46	96.23	98.18
19	90.16	98.46	98.11	100.00
20	88.52	98.46	94.34	98.18
21	93.44	98.46	96.23	98.18
22	95.08	98.46	92.45	100.00
23	90.16	96.92	96.23	98.18
24	86.89	96.92	98.11	98.18
25	90.16	98.46	96.23	100.00
26	93.44	98.46	96.23	100.00
27	91.80	98.46	94.34	100.00
28	93.44	96.92	94.34	98.18

⑤ 花生叶斑病和锈病防治效果及花生产量：第三次药后 7 d 各试验处理花生叶斑病和锈病的防治效果及收获时的花生产量见表 5 - 53。

由于试验期间干旱严重，个别处理区未能得到调查结果。由表 5 - 53 可以看出，第三次药后 7 d，空白对照区叶斑病发生严重，病情指数为 5.82，各药剂处理区叶斑病防治效果在 92.06%～99.59% 之间；空白对照区锈病轻度发生，病情指数为 0.24，各药剂处理锈病防治效果在 84.15%～100.00% 之间。收获时，空白对照区每 667 m² 产量为 233.16 kg，各药剂处理区产量在 254.09～387.69 kg 之间，增产率在 8.98%～66.28% 之间。各药剂处理区对花生叶斑病和锈病起到了良好的防控作用，且增产明显。第一次施药后至花生收获，各试验小区均无药害发生。

表 5-53　各试验处理花生叶斑病和锈病的防治效果及花生产量

处理	叶斑病		锈病		每 667 m² 产量（kg）	增产率（%）
	病情指数	防效（%）	病情指数	防效（%）		
对照	5.82	/	0.24	/	233.16	/
1	0.65	92.06	0.03	88.03	296.07	26.98
2	0.59	92.87	0.02	93.23	283.00	21.38
3	0.64	92.19	0.02	91.74	277.71	19.11
4	0.45	94.57	0.02	91.02	285.66	22.52
5	0.43	94.74	0.03	85.76	265.77	13.99
6	0.62	92.43	0.03	87.98	293.12	25.72
7	0.60	92.74	0.04	84.15	254.51	9.16
8	0.51	93.76	0.00	100.00	254.09	8.98
9	0.36	95.56	0.00	100.00	—	
10	0.44	94.70	0.00	100.00	—	
11	0.64	92.25	0.00	100.00	—	
12	0.44	94.67	0.02	92.49	383.07	64.29
13	0.47	94.26	0.00	100.00	387.69	66.28
14	0.49	94.08	0.00	100.00	296.60	27.21
15	—	—	—	—	—	
16	—	—	—	—	—	
17	—	—	—	—	—	
18	0.15	98.23	0.00	100.00	293.57	25.91
19	0.16	98.06	0.00	100.00	340.88	46.20
20	0.17	97.89	0.01	93.82	275.97	18.36
21	0.15	98.22	0.01	97.27	314.02	34.68
22	0.10	98.83	0.00	100.00		
23	0.03	99.59	0.00	100.00	—	—
24	0.05	99.37	0.00	100.00	—	—
25	0.07	99.09	0.00	100.00	—	—
26	0.05	99.37	0.00	100.00	—	—
27	0.18	97.75	0.01	96.59	270.00	15.80
28	0.15	98.14	0.02	92.48	298.36	27.96

（4）小结。使用植保无人机进行低空低容量作业时，在雾滴密度和沉积率方面，在药液中添加喷雾助剂 GY－F1500、全丰飞防专用助剂、一满除、倍达通和杰效飞，应用不同的植保无人机进行喷雾，雾滴在花生植株冠层的沉积结果表现不一；在雾滴覆盖率方面，使用植保无人飞机进行低空低容量作业时，在药液中添加喷雾助剂 GY－F1500、全丰飞防专用助剂和一满除，可提高雾滴在花生植株冠层的雾滴覆盖率，不同植保无人飞机喷施倍达通和杰效飞雾滴在花生植株冠层的雾滴覆盖率受机型影响较大。

第三次药后 3 d，各药剂处理区棉铃虫防治效果在 80.33％～95.08％之间，甜菜夜蛾防效在 81.13％～98.11％之间；第三次药后 7 d，各药剂处理区棉铃虫防治效果在 86.15％～98.46％之间，甜菜夜蛾防效在 83.64％～100.00％之间；第三次药后 7 d，空白对照区叶斑病发生严重，病情指数为 5.82，各药剂处理区叶斑病防治效果在 92.06％～99.59％之间；第三次药后 7 d，空白对照区锈病轻度发生，病情指数为 0.24，各药剂处理锈病防治效果在 84.15％～100.00％之间。收获时，空白对照区每 667 m² 产量为 233.16 kg，各药剂处理区产量在 254.09～387.69 kg 之间，增产率在 8.98％～66.28％之间。各药剂处理区 3 次施药对花生棉铃虫和甜菜夜蛾及花生叶斑病和锈病起到了良好的防控作用，增产明显，且整个试验过程中未见药害发生。

本试验结果表明，应用全丰自由鹰 1S、大疆 T16、高科 M45、汉和金星二号、极飞 P30、天途 M6E－X 和极目 3WWDZ－10B 植保无人机喷施参试药剂与参试飞防助剂组成的多种药剂、助剂配方，各处理均可以对花生病虫害起到良好的防控效果，明显提高花生产量，且在整个过程中不会对花生产生药害。

本次参试的 7 款机型、6 种药剂、5 种助剂均可在花生病虫害的防治应用中推广使用。

彩图 2-1　Y-5B 型飞机

彩图 2-2　Y-11 型飞机

彩图 2-3　N-5A 型飞机

彩图 2-4　M-18 型飞机

彩图 2-5　AT-402B 型飞机

彩图2-6　PL-12型飞机

彩图2-7　画眉鸟S2R-H80型飞机

彩图2-8　恩斯特龙480B型直升机

彩图2-9　小松鼠AS350型直升机

彩图2-10　罗宾逊R44型直升机

彩图2-11　贝尔206型直升机

彩图2-12　3WQF120-12型油动单旋翼
植保无人飞机

彩图2-13　3WQF170-18型油动单旋翼植保无人飞机

彩图2-14　S40-E型电动单旋翼植保无人飞机

彩图2-15　ALPAS型电动单旋翼植保无人飞机

彩图2-16　MG-1P型电动多旋翼植保无人飞机

彩图2-17　T16型电动多旋翼植保无人飞机

彩图2-18　P30型电动多旋翼植保无人飞机

彩图 2-19　M45 型电动多旋翼植保无人飞机

彩图 2-20　E-A10 型电动多旋翼植保无人飞机

彩图 2-21　自由鹰 ZP 型电动多旋翼植保无人飞机

彩图 2-22　自由鹰 1S 型电动多旋翼植保无人飞机

彩图 2-23　天农 M6E-X 型电动多旋翼植保无人飞机

彩图 2-24　3WWDZ-10 型电动多旋翼植保无人飞机

彩图 2-25　3WWDZ-20 型电动多旋翼植保无人飞机

彩图 2-26　金星 25 型电动多旋翼植保无人飞机